Justine A. Lee

Hunde haben Herrchen – Katzen haben Dosenöffner

Was Sie schon immer über Ihren
schnurrigen Liebling wissen wollten

Aus dem amerikanischen Englisch
von Thomas Bauer

GOLDMANN

Die amerikanische Originalausgabe erschien 2008
unter dem Titel »It's a Cat's World ... You Just Live in It«
bei Three Rivers Press, an imprint of the Crown Publishing Group,
a division of Random House, Inc., New York.

Einige der auch auf Hunde bezogenen Informationen
in diesem Buch sind ebenfalls nachzulesen in
Justine Lee, »Warum der Schwanz mit dem Hund wedelt«
(Goldmann Verlag, 2009).

FSC
Mix
Produktgruppe aus vorbildlich
bewirtschafteten Wäldern und
anderen kontrollierten Herkünften

Zert.-Nr. SGS-COC-1940
www.fsc.org
© 1996 Forest Stewardship Council

Verlagsgruppe Random House FSC-DEU-0100
Das FSC-zertifizierte Papier *München Super* für dieses Buch
liefert Arctic Paper Mochenwangen GmbH.

1. Auflage
Taschenbuchausgabe Januar 2010
Wilhelm Goldmann Verlag, München,
in der Verlagsgruppe Random House GmbH
Copyright © der Originalausgabe 2008
by Justine Lee Veterinary Consulting, LLC
Copyright © der deutschsprachigen Ausgabe 2010 by
Wilhelm Goldmann Verlag, München,
in der Verlagsgruppe Random House GmbH
Umschlaggestaltung: UNO Werbeagentur, München
Umschlagillustration: FinePic, München
Redaktion: Antje Steinhäuser
GJ · Herstellung: Str.
Satz: DTP Service Apel, Hannover
Druck und Bindung: GGP Media GmbH, Pößneck
Printed in Germany
ISBN: 978-3-442-15600-9

www.goldmann-verlag.de

Für Ma und Ba, weil sie mich nicht dazu gezwungen haben, Humanmedizin zu studieren …

Für Seamus und Echo, die besten Katzen überhaupt, weil sie mir jeden Abend auf dem Sofa dabei helfen, Stress abzubauen, indem sie mich in Katze hüllen, und mich lehren, dass man das Leben damit zubringen sollte, sich bei einem Nickerchen die Sonne auf den Bauch scheinen zu lassen …

Inhalt

Warum reibt meine Katze ihren Kopf und ihren Körper an mir, meinen Möbeln und meinen Gästen? …

Was ist »Feliway«, und wozu sind Katzen-Pheromone gut? · Wie eng sollte ein Katzenhalsband sitzen? · Kann ich meine Katze daran gewöhnen, ein Geschirr zu tragen und an der Leine zu gehen? · Wie gewöhne ich meiner Katze ab, dass sie kleine, unschuldige Lebewesen tötet? …

Was ist das Idealgewicht meiner Katze? · Meine Katze ist übergewichtig – was soll ich tun? · Ist die (C)atkins-Diät dasselbe wie die Atkins-Diät? · Ist Fettleibigkeit kostspielig? · Darf ich meiner Katze Milch geben? · Warum fressen Katzen Gras? …

Haben Katzen, die ins Freie dürfen, mehr Spaß? · Warum will meine Katze sofort wieder herein, nachdem sie mich angebettelt hat, dass ich sie hinauslasse? · Warum gibt meine Katze seltsame kehlige Laute von sich, wenn sie durchs Fenster einen Vogel sieht? · Wie viele Singvögel tötet eine Katze im Jahr? …

Mit welchen zehn Dingen vergiften sich Katzen am häufigsten? · Können Zimmerpflanzen für Katzen giftig sein? · Meine Katze mag das Lametta am Weihnachtsbaum – ist

das in Ordnung? · Warum notorische Runterspül-Muffel keine Zahnseide verwenden sollten · Wenn meiner Katze ein Faden aus dem Hintern hängt, soll ich dann daran ziehen? ...

Warum ist es so schwierig, das Geschlecht einer Katze zu bestimmen? · Warum haben Kater einen größeren Kopf? · Stimmt es, dass Kater einen nach hinten gerichteten, stacheligen Penis haben, oder: »Warum schreien Streunerkatzen?« · Woran liegt es, dass ich den Penis meines Katers nie zu Gesicht bekomme? ...

Die Fahrt zum Tierarzt macht meiner Katze arg zu schaffen – braucht sie in Zukunft nicht mehr geimpft zu werden, wenn ich sie von jetzt an nicht mehr ins Freie lasse? · Wie viele Impfungen braucht meine Katze wirklich? · Soll ich meine Katze gegen feline Leukämie impfen lassen? ...

Hunde haben Herrchen, Katzen haben Dosenöffner

Katzen sind keine kleinen Hunde, und jeder Katzenbesitzer wird Ihnen gerne bestätigen, dass Hunde Herrchen haben und Katzen Dosenöffner. Nach jüngsten Erhebungen gibt es in den Vereinigten Staaten 76 Millionen Katzenbesitzer, aber nur armselige 68 Millionen Hundebesitzer, und das aus gutem Grund. Für all diejenigen, die in einer Wohnung wohnen, sind Katzen äußerst praktisch: Sie brauchen nicht viel Platz, sie begrüßen einen und zeigen einem ihre Zuneigung, wenn man nach Hause kommt, sie machen nicht viel Arbeit, man kann ihnen ihr Futter hinstellen, wenn man übers Wochenende verreist, man muss nicht mit ihnen spazieren gehen, und was am allerwichtigsten ist, sie sabbern nicht!

Dieses Kapitel möchte sowohl Neulingen als auch erfahrenen Katzenliebhabern dabei helfen, besser mit den Eigenheiten zurechtzukommen, mit denen man sich als Halter dieser unabhängigen und unnahbaren, aber dennoch liebenswerten Wesen konfrontiert sieht. Sie hatten noch nie eine Katze? Schaffen Sie sich keine an, ohne vorher dieses Kapitel zu lesen, damit Sie ihre liebeswerten Fehler kennenlernen. (Ja, sie haben tatsächlich ein paar Fehler, aber haben wir die nicht

alle?) Vielleicht hatten Sie aber auch schon mehrere Katzen, wissen allerdings immer noch nicht, weshalb sie sich manchmal so sonderbar verhalten. Finden Sie heraus, warum Ihre Katze faucht, schnurrt, pupst und sich übergibt. Erhalten Sie Antworten auf Ihre brennenden Fragen, warum Katzen so sind, wie sie sind.

Es versteht sich von selbst, dass ich als Tierärztin sowohl Hunde als auch Katzen liebe. Doch ob Sie es glauben oder nicht, es gibt auch Tierärzte, die eine der beiden Spezies klar bevorzugen! Wenn Sie Ihr Kätzchen in eine Spezial-Tierklinik für Katzen bringen, können Sie sich ziemlich sicher sein, dass der behandelnde Tierarzt Katzen Hunden vorzieht. Meine beste Freundin, die ich über alles liebe (und als deren nächster Hund ich wiedergeboren werden möchte, da sie ihre Vierbeiner nach Strich und Faden verwöhnt), ist zufälligerweise eine Tierärztin, die Katzen nicht besonders mag. Verstehen Sie mich bitte nicht falsch – sie streichelt sie und schmust mit ihnen, möchte aber einfach keine besitzen (oder genauer gesagt, sie möchte nicht mit einer Katzentoilette herumhantieren müssen). Suchen Sie sich Ihren Tierarzt also sorgfältig aus (Hinweis: Falls Sie ein ungleiches Paar vierbeiniger Freunde zu Hause haben, benötigen Sie einen, dessen Sympathien ausgewogen auf Hunde und Katzen verteilt sind). Ich persönlich verbringe mehr Zeit mit Hunden, weil ich gerne draußen im Matsch herumtobe. Trotzdem liebe und besitze ich Katzen und habe festgestellt, dass es nichts gibt, wodurch sich Stress besser abbauen lässt, als nach einem langen Arbeitstag nach Hause zu kommen und mit einer Katze auf dem Schoß auf dem Sofa zu entspannen.

Mein erstes offizielles Haustier (als erwachsener Mensch) war eine Katze. Während meiner Assistenzzeit im Angell Memorial Animal Hospital in Boston adoptierte ich Seamus, meinen grau-weiß getigerten Kater. Seamus wurde damals als vier Wochen altes Kätzchen in die Notaufnahme gebracht, nachdem jemand »versehentlich« auf ihn getreten war. Er war komatös, blind und teilweise gelähmt, doch nachdem sein Schädel-Hirn-Trauma und seine Hirnschwellung behandelt worden waren, verbesserte sich sein Zustand innerhalb weniger Tage zusehends. Ich war mir nicht sicher, ob es sich um einen wirklich unglücklichen Unfall oder womöglich doch um Tierquälerei handelte. Zum Glück hatten seine ursprünglichen Besitzer immerhin so viel Menschlichkeit besessen, ihn in die Tierklinik zu bringen, auch wenn sie nie mehr auftauchten, um ihn wieder abzuholen (vermutlich wollten sie die Rechnung über 273 Dollar nicht bezahlen). So kam es, dass ich Seamus schließlich adoptierte, und ich denke, er hat bei mir ein wesentlich besseres Zuhause gefunden. Ich wurde seine glückliche neue Besitzerin, und er wurde meine »erste Katzenliebe«.

Einer der Gründe, weshalb ich Seamus adoptierte (abgesehen davon, dass ich ihn in seinem verletzlichen, hilflosen Zustand einfach hinreißend fand), war der, dass ich bis dahin nie ein richtiges Haustier besessen hatte. Er sollte mein erstes »Versuchskaninchen« werden, da ich mich als frisch examinierte Tierärztin vergewissern wollte, ob ich auch das Zeug dazu habe, ein gutes Frauchen zu sein. Verstehen Sie mich bitte nicht falsch: Ich bin mit Hunden und Katzen aufgewachsen, doch als »Erwachsene« (mit anderen Worten: als

finanziell, mental und emotional verantwortliche, erwachsene Person) hatte ich bis zu diesem Zeitpunkt, mit Mitte zwanzig, nie ein Haustier besessen. Also beschloss ich, dass es für mich als Tierärztin an der Zeit sei, mir eine Katze zuzulegen, um die Eigenheiten der Katzenhaltung verstehen zu lernen. Abgesehen von dem, was ich in meinem Tiermedizinstudium gelernt hatte, wusste ich nichts darüber, wie es ist, tagein, tagaus mit einer Katze zusammenzuleben. Ich wollte mehr über Katzentoiletten erfahren, über die verschiedenen Sorten von Katzenstreu und über die Haltung von Katzen im Allgemeinen (die sich übrigens nur äußerst ungern halten lassen).

Inzwischen kann ich mir mein Leben ohne Seamus überhaupt nicht mehr vorstellen. Als »Einzelkind« (Ich kann immer nur mit einem bestimmten Maß an Verantwortung umgehen, Leute!) war Seamus extrem anhänglich – oder anders gesagt, er schlief auf meinem Kopf. Während meiner Assistenzzeit in der Tierklinik hatten wir beide einige Katzen-Mitbewohner, sodass er ein paar Freunde hatte, seinen »Einzelkindstatus« verlor er jedoch kurze Zeit später endgültig, als ich JP rettete, einen acht Wochen alten Pitbullterrier. JP, benannt nach Jamaica Plain, einem aufstrebenden Stadtviertel (sprich Ghetto) von Boston, war mit Parvoviren in der Tierklinik abgegeben worden. Offenbar konnten seine Besitzer es sich nicht leisten, ihn behandeln zu lassen, und gaben ihn her, damit ihm zumindest das Leben gerettet werden konnte. Auf diese Weise wurde ich glückliche Besitzerin eines weiteren wunderbaren Tiers. JP und Seamus verstanden sich vom ersten Augenblick an blendend; sie schliefen Seite an Seite, balgten sich

und tobten miteinander herum. Nachdem JP dem Welpenstadium entwachsen war (oder anders formuliert, plötzlich fast fünfundzwanzig Kilo wog), musste Seamus feststellen, dass es sich nicht mehr so gut mit ihm balgen ließ wie früher. Zum Glück fand Seamus ein paar Jahre später einen größenmäßig besser passenden Katzenfreund, als ich Echo bei mir aufnahm, einen jungen, kohlrabenschwarzen Streunerkater.

Echo begegnete ich zum ersten Mal bei tierärztlichen Routineuntersuchungen in einem Tierheim. Als ich ihn aus seinem Käfig hob, um ihn zu untersuchen, stellte ich sofort fest, dass er unter einem schweren Herzfehler litt. Echos Herzgeräusch war so laut, dass es seine Brustwand vibrieren ließ. Leider handelte es sich um einen angeborenen Herzfehler, und ich konnte kaum glauben, dass er die Anästhesie zur Krallenentfernung und zur Kastration vor seiner Ankunft im Tierheim überhaupt überlebt hatte. Ich adoptierte Echo in dem Wissen, dass er nur eine begrenzte Lebenserwartung haben würde, wollte ihm aber zu einem möglichst angenehmen Leben verhelfen, ehe er an Herzversagen stirbt. So kam Echo zu seinem seltsamen Namen: Dieser ist eine Abkürzung für »Echokardiografie«, dem Fachbegriff für eine Herz-Ultraschall-Untersuchungsmethode, und ich sah damals viele von diesen teuren Prozeduren in seiner nahen, aber kurzen Zukunft voraus. Um mich Lügen zu strafen, ist Echo entgegen meiner Prognose, dass er nur noch ein bis zwei Jahre leben werde, noch immer putzmunter. (Aus diesem Grund beantworten Tierärzte nur äußerst ungern die Frage: »Wie lange wird er denn noch leben, Doktor?«) Glücklicherweise verstehen sich meine drei Haustiere prächtig miteinander, und *ich* bin diejenige, die sich

glücklich schätzen kann, dass diese »Verstoßenen«, die niemand mehr haben wollte, bei mir ein neues Zuhause gefunden haben.

Warum schnurren Katzen?

Warum muss das laute Schnurren ausgerechnet um ein Uhr nachts beginnen, wenn man gerade am Einschlafen ist? Warum kann meine Katze nicht einfach beim Abendessen schnurren oder wenn ich abends auf dem Sofa sitze und fernsehe? Schnurren ist jenes merkwürdige Vibrieren, das durch Nervenstimulation der Kehlkopfmuskulatur und des Zwerchfells (der Muskelplatte, welche Brust- und Bauchhöhle voneinander trennt) erzeugt wird. Die Frequenz der Schnurrlaute liegt zwischen 25 und 150 Hertz[1], sodass es laut genug sein kann, um Sie aufzuwecken, wenn Max unmittelbar neben Ihrem Kopf schläft. Schnurrlaute können sowohl beim Einatmen als auch beim Ausatmen auftreten und den Eindruck erwecken, als würde Ihre Katze schwerer atmen als sonst. Die Ursache und der genaue Mechanismus des Schnurrens bereitet selbst den klügsten Wissenschaftlern und Tiermedizinern (Katzen würden sicher behaupten, sie seien schlauer als Menschen) noch immer Kopfzerbrechen. Da Schnurren offenbar keinem evolutionären Zweck dient, vermute ich, dass Katzen aus dem rein praktischen Grund schnurren, um die Bindung zu ihren Liebsten zu verstärken (das heißt, zu Ihnen und zu ihren Jungen). Katzen schnurren vor allem dann, wenn sie sich wohlfühlen und den Kontakt zum Menschen genießen, während Katzenmütter unter Umständen auch beim Säugen schnurren.

In Ausnahmefällen kann es auch vorkommen, dass eine Katze schnurrt, wenn sie unter Stress steht (zum Beispiel auf dem Weg zum Tierarzt) oder schwer krank ist, also interpretieren Sie es nicht in jedem Fall als Zeichen von Zufriedenheit.

Sie sind sich nicht sicher, ob Ihre Katze schnurrt oder Atemprobleme hat? Es ist wichtig, den Unterschied zu kennen, vor allem als Besitzer einer Katze, die an Asthma oder Herzproblemen leidet. Im Zweifelsfall können Sie es überprüfen, indem Sie Ihrer Katze die Hand auf die Brust legen. Wenn Sie kein Vibrieren spüren, hat sie möglicherweise Schwierigkeiten beim Atmen, und das sollte Sie dazu veranlassen, mit ihr umgehend einen Tierarzt aufzusuchen. Wenn Sie dagegen ein Vibrieren spüren und Ihre Katze nach einer Gourmetmahlzeit zufrieden auf Ihrem Kopfkissen schläft, handelt es sich aller Wahrscheinlichkeit nach um ein vollkommen normales »Ich-bin-froh,-in-der-Nähe-meines-Menschen-zu-sein«-Schnurren. Sie sollten sich geschmeichelt fühlen, dass sich Ihre Katze in Ihrer Anwesenheit wohlfühlt.

Warum fauchen Katzen?

Vielleicht ist es nur eine seltsame Tierarztmarotte von mir, aber wenn sich zwei Arbeitskollegen in meiner Gegenwart streiten, fauche ich sie manchmal an. Das ist meine animalische Methode, um ihnen mitzuteilen, dass sie ihre Krallen wieder einfahren und aufhören sollen, wie Katzen zu kämpfen. Wer nichts mit Tieren am Hut hat, würde das vermutlich ziemlich seltsam finden. Aber warum fauchen Katzen denn nun eigentlich?

17

Katzen fauchen, um einschüchternd zu klingen und um denjenigen zu verscheuchen, durch den sie sich bedroht fühlen. Wenn Schlangen Zischlaute von sich geben, wissen andere Lebewesen schließlich auch, dass sie sich besser fernhalten sollten, da solche Geräusche in der Regel mit nichts Gutem assoziiert werden (sondern damit, dass man jeden Moment gebissen oder angesprungen wird). Katzen sind in der Lage, einen scharfen Luftstrahl zusammen mit Speichel auszustoßen, indem sie die Form ihrer Zunge und ihres Pharynx (das Gewebe unmittelbar vor ihrem Kehlkopf) verändern. Als Tierärztin bekomme ich dieses Geräusch häufig zu hören (wenn ich Katzen fixiere oder sie behandle) und lasse dann immer Vorsicht walten. Nehmt euch in Acht, Katzenfreunde! Wenn Sie sich einer Katze (oder einem anderen Menschen) nähern und angefaucht werden, sollten Sie die Botschaft zur Kenntnis nehmen und den Rückzug antreten.

Wie gut sehen Katzen im Dunkeln, und warum haben sie vertikale Pupillen?

Katzen haben sich zu nachtaktiven Jägern entwickelt und sind viel lichtempfindlicher als Menschen, da ihre »minimale Sehschwelle bis zu sieben Mal niedriger ist als beim Menschen«.[2] Darüber hinaus besitzen Katzen vertikale Pupillen, die ihnen dabei helfen, exakt zu steuern, wie viel Licht auf ihre Netzhaut gelangt. Unter Umständen nehmen ihre Pupillen auch eine ovale oder runde Form an, wenn sie sich weiten, um in den Abendstunden mehr Licht einzulassen und ihre Nachtsicht zu verbessern. Genauso kann sich eine vertikale Pupille aber

auch zu einem schmalen Schlitz verengen, um zu verhindern, dass am Tag zu viel Licht ins Auge gelangt.

Haben Sie sich jemals gefragt, warum Ihre Katze auf Fotos manchmal so besonders rote Augen hat? Nun, Katzen besitzen ein sogenanntes »Tapetum«, wie die reflektierende grün, blau oder rot gefärbte Schicht hinter der Netzhaut bezeichnet wird. Dieses Tapetum reflektiert 130-mal stärker als beim Menschen.[3] Aufgrund ihrer höheren Lichtempfindlichkeit, ihrer vertikalen Pupillen, ihres hyperaktiven Tapetums und ihrer Netzhaut, die über mehr Stäbchen-Fotorezeptoren (die für Sehschärfe bei schwachem Licht sorgen) als Zapfen-Fotorezeptoren (die Farben und Details verstärken) verfügt, besitzen Katzen außerordentlich gute Nachtsicht, die ihnen bei der Jagd oder bei den Attacken auf Ihren Kopf um drei Uhr morgens hilft.

Bekommen Katzen Karies?

Da Katzen eingefleischte Fleischfresser sind, gelüstet es sie typischerweise nach nichts anderem als Fleisch, Fleisch und nochmals Fleisch (und hin und wieder nach Katzenminze oder Katzengras); bei diesem Fleisch handelt es sich meist um Trockenfutter in Stern-, Karotten-, Ball-, Klumpen- oder Fischform. Da Katzen zum Glück in der Regel keine Schokolade, keine Süßigkeiten und keine säurehaltigen Nahrungsmittel fressen, ist die Wahrscheinlichkeit geringer, dass sich saccharolytische, Säure produzierende Bakterien (mit anderen Worten Bakterien, die Karies verursachen) bei ihnen im Mundraum einnisten. Außerdem haben Katzen das Glück,

dass ihre Zähne nicht ein ganzes Jahrhundert halten müssen, da sie leider nicht so lange leben wie Menschen. Ein anderer Grund, weshalb Katzen nur selten Karies bekommen, ist der, dass ihre Zähne eine andere Form haben als unsere; das Gebiss einer Katze hat weniger Ecken und Nischen, in denen sich Karies bilden kann. Ihre spitzen, messerscharfen Zähne sind darauf ausgelegt, Fleisch in Stücke zu reißen, und unterscheiden sich darin von den flachen, okklusalen Zähnen von Allesfressern, die darauf ausgelegt sind, zu kauen und zu zermahlen. Wenn Sie Karlos Zahnarztrechnung bekommen, werden Sie jedoch schnell feststellen, dass Katzen feline odontoklastische resorptive Läsionen (FORL) oder kariöse Läsionen am Zahnhals bekommen können, die häufige Tierzahnarztbesuche und ausgiebiges Zähneputzen zu Hause erfordern. Manche Katzen neigen genauso wie manche Menschen stärker zu Karies als andere; leider kann man dagegen abgesehen von routinemäßiger Zahnpflege wenig tun. Diese FORL sind zwar nicht dasselbe wie Karies, aber sehr ähnlich: Sie nagen am Zahnfleisch, am Zahnschmelz und am Zahnbein und sorgen dafür, dass das Zahnmark (im Inneren des Zahns, wo sich die Nerven und Blutgefäße befinden) freigelegt wird und schmerzt, sodass Karlo zu einem wählerischen Esser wird.[4] Falls Sie feststellen, dass Ihre Katze gerötetes Zahnfleisch hat, Futter verweigert oder starken Mundgeruch hat, sollten Sie mit ihr einen Tierarzt aufsuchen, um zu erfahren, ob eine Zahnbehandlung nötig ist oder sogar ein Zahn gezogen werden muss. Zum Leidwesen Ihres Geldbeutels müssen Sie das Ihrem Tierarzt überlassen, ganz egal, wie oft Sie Ihrer Katze die Zähne putzen oder mit Zahnseide behandeln.

Haben Katzen einen Nabel?

Sie werden womöglich Schwierigkeiten haben, ihn unter dem riesigen Fettpolster ausfindig zu machen, aber Ihre Katze besitzt tatsächlich einen *Umbilicus*. Wie Sie und ich war auch Ihre Katze über eine Nabelschnur zum Austausch von Blut, Nährstoffen und Abfallprodukten mit der Plazenta ihrer Mutter verbunden. Katzenmütter kauen diese nach der Geburt ab, wodurch die Blutgefäße abgebunden werden und ein Nabel entsteht. Da kein Geburtshelfer zugegen war, der einen Knoten hätte machen können, wird Ihr Kätzchen keinen deutlich sichtbaren, nach innen oder nach außen gewölbten Bauchnabel besitzen. Wenn der Bauch Ihrer Katze kahl rasiert ist, sehen Sie eine schmale, ein bis zwei Zentimeter lange Narbe, bei der es sich um den Nabel handelt. Falls Sie ein kleines dickes Täschchen (einen nach außen gewölbten Nabel) erkennen, hatte Ihre Katze möglicherweise einen Nabelbruch, der nicht richtig verheilt ist; in den meisten Fällen muss dieser chirurgisch korrigiert und entfernt werden, damit keine inneren Organe aus der Bauchhöhle rutschen und sich verklemmen. Die meisten Katzen, die ich bislang zu Gesicht bekommen habe, hatten allerdings einen so dicken Bauch, dass eigentlich nur Fett hätte hineinrutschen können!

Ist Neugier der Katze Tod?

Weshalb Katzen so neugierig sind, ist Tiermedizinern nach wie vor ein Rätsel. Die Redewendung kommt jedoch nicht von ungefähr – Neugier ist tatsächlich der Katze Tod, will aber

21

dennoch befriedigt werden. Aufgrund ihrer wissbegierigen Raubtiernatur bringen sich Katzen häufig unabsichtlich in Gefahr. Es ist nicht Minkas Schuld, dass das kleine Eichhörnchen auf den Baum geflüchtet ist und sie es verfolgen musste, bis schließlich die Feuerwehr kommen und sie retten musste. Niemand hat ihr gesagt, dass Mäuseklebefallen so klebrig sind. Sie kann nichts dafür, dass Nachbars Französische Bulldogge ohne Vorwarnung aufgetaucht ist. Ihre Verspieltheit ist das, was wir an unseren Katzen am meisten lieben – Sie sollten sich nur darüber im Klaren sein, dass Sie Ihren kleinen Freund wegen seiner Neugier hin und wieder retten müssen.

Tut es meiner Katze weh, wenn man ihr die Schnurrhaare abschneidet?

Nein, es tut Ihrer Katze nicht weh, wenn ihr die Schnurrhaare oder *Vibrissen* versehentlich abgeschnitten werden. Die Schnurrhaare selbst besitzen keine Nerven oder Blutgefäße, sondern sind fest mit einem Haarfollikel und einer blutgefüllten Kapsel verbunden, die über nervale Versorgung verfügt. (Haben Sie sich jemals versehentlich ein Nasenhaar ausgerissen? Autsch!) Ihre Katze benutzt ihre Schnurrhaare als Tastmechanismus, und Luftbewegungen oder Vibrationen ermöglichen ihr zu »spüren«, wo sie sich befindet. Vielleicht ist Ihnen schon aufgefallen, dass die Spannweite der Schnurrhaare Ihrer Katze der Breite ihres Körpers entspricht (oder besser gesagt, der *Idealbreite* ihres Körpers). Das ist evolutionsbedingt und erlaubt es Ihrer Katze, sich durch enge Lücken zu zwängen und zu fühlen, über wie viel persönlichen Freiraum sie ver-

fügt. Bitte schneiden Sie ihr die Schnurrhaare nicht ab – sie sind ein wichtiger Indikator für sie, wie viel Bewegungsfreiheit sie hat!

Pupsen Katzen?

Hunde (und Männer) pupsen. Katzen (und Frauen) nicht. Ja, genau.

Also gut, meine Damen, geben wir es zu: Auch wir sondern gelegentlich übelriechende Ausdünstungen ab. Katzen sind wie Frauen – wir pupsen zwar, tun das jedoch lautlos, vornehm, würdevoll und niemals in der Öffentlichkeit. Während Hunde (und Männer) wesentlich lauter, unanständiger und in der Öffentlichkeit furzen, sind Katzen dazu viel zu majestätisch. Seamus habe ich nur ein einziges Mal pupsen hören und war schockiert – schließlich sind Katzen eigentlich viel zu etepetete, um uns mit ihren Gasen zu beehren. Katzen sind grundsätzlich penible Kreaturen und möchten immer sauber bleiben, deshalb putzen und lecken sie sich ununterbrochen. Wenn man jedoch aufmerksam lauscht, stellt man fest, dass es hin und wieder passiert – und womöglich sogar stinkt. Katzen sind jedoch so schlau, einen glauben zu machen, Hasso sei der Schuldige.

Warum verlieren Katzen Haare?

Katzen besitzen aus gutem Grund Haare – nicht nur, um Ihren allergischen Freund in den Wahnsinn zu treiben. Das Fell Ihrer Katze hat tatsächlich eine Funktion: Es schützt sie vor Käl-

te, Hitze, schädlichen UV-Strahlen und stechenden Gliederfüßlern. (Schließlich ziehen diese Insekten Ihre nackte Haut einem Maul voll Fell vor!) Außerdem fungiert es als Schutzschicht gegen Hautverletzungen, die sie sich zuziehen könnte, wenn sie mit dem Kater aus der Nachbarschaft rauft.

Da Ihr kleines flauschiges Haarknäuel nicht die Option hat, sich im Winter einen warmen Parka überzuziehen oder im Sommer splitternackt herumzulaufen, muss das Fell Ihrer Katze in der Lage sein, sich Veränderungen in der Umgebung anzupassen. In der kalten Jahreszeit hält sie ihr Gehirn unter einem dickeren Fell warm. In den Frühlings- und Sommermonaten werden Sie dagegen wesentlich häufiger bei sich zu Hause wischen müssen, da das Gehirn Ihrer Katze während der längeren Tage auf die sich verändernde Fotoperiode (dem Maß an Tageslicht, dem sie ausgesetzt ist) reagiert und womöglich heftig haart. Wir Tierärzte raten davon ab, Katzen zu scheren, die viel Zeit im Freien verbringen, da sie sonst Gefahr laufen, (a) einen Sonnenbrand zu bekommen, (b) von Insekten attackiert zu werden, (c) sich Schrammen auf der Haut zuzuziehen und (d) zum Gespött der Kater aus der Nachbarschaft zu werden.

Der Haarwuchs lässt sich in drei Stadien unterteilen: die Wachstumsphase, die Übergangsphase und die Ruhephase. Nachdem ein Haar alle diese Phasen durchlaufen hat, verbleibt es als totes Haar in seinem Follikel, bis es ausfällt oder durch Lecken oder Putzen entfernt wird. Dann tut Ihnen Ihre Katze einen Gefallen und erbricht all die abgestorbenen Haare um drei Uhr nachts auf Ihren Orientteppich. Es ist völlig normal, dass Ihre Katze einen *Teil* ihres Fells verliert, um abge-

storbene Haare loszuwerden; falls es jedoch den Anschein hat, als würde sie vollkommen kahl werden, und Sie und Ihre Familie von einem Juckreiz geplagt werden, sollten Sie Ihre Katze zum Tierarzt bringen und mit Ihrer Familie einen Hautarzt aufsuchen. Zeigen Sie Ihrer Katze Ihre Liebe, aber holen Sie sich nicht ihre Flöhe, ihre Milben oder ihre Borkenflechte. Beschuldigen Sie Ihre Katze allerdings nicht zu Unrecht, sofern Sie keine handfesten forensischen Beweise haben. Zu mir kam einmal ein Paar, um seine Katze einschläfern zu lassen, da die beiden angeblich von den »Filzläusen« ihrer Katze gepiesackt wurden. Nach genauerer Untersuchung kam ich zu dem Ergebnis, dass sich die Katze der beiden deren *menschliche Filzläuse* eingefangen hatte und nicht umgekehrt! Ekelhaft! Nach einer strengen Lektion über Krankheitsübertragung zeigten die Besitzer Reue.

Was kann ich tun, damit meine Katze weniger Haare verliert?

Meine Nicht-Tierarzt-Freunde fragen mich immer besorgt: »Fehlt deinen Katzen irgendwas?«, bevor sie die Hand ausstrecken, um eine von ihnen zu streicheln. Die Sache ist die, dass ich Seamus und Echo (die beide kurzhaarig sind) oft schere, sodass sie nur noch einen Pfirsichflaum am Körper tragen. Ich tue das, weil ich es nicht ausstehen kann, wenn im Haus Haare herumfliegen. Das mag zwar keine alltägliche Methode sein, um den Haarausfall im Haus während der Frühjahrs- und Sommermonate zu verringern, doch die Verfügbarkeit einer Tierarzt-Schermaschine ist für mich als Putzteufel-Frau-

chen einfach zu verlockend! Keine Sorge – aus veterinärmedizinischer Sicht ist das völlig unbedenklich, vor allem deshalb, weil meine Katzen nicht ins Freie dürfen und daher nicht den Elementen ausgesetzt sind. Ich sollte Sie jedoch warnen, dass sich alle Ihre Freunde darüber lustig machen werden, dass Sie so hässliche Katzen besitzen. Mir gefällt's, aber sie sehen wirklich aus wie kleine Löwen, seit ihnen das üppigere Fell nur am Kopf und an den Pfoten geblieben ist.

Recht viel mehr kann man abgesehen von regelmäßigem Bürsten und Kämmen nicht tun, um Katzen am Haaren zu hindern. In der Werbung werden zwar Lösungen, Salben, Sprays und andere Wundermittel angepriesen, aber fallen Sie nicht darauf herein. Die beste Methode, um das Haaren auf ein Minimum zu beschränken, ist die, dass Sie Ihre Katze täglich (oder zumindest wöchentlich) bürsten, vor allem dann, wenn sie ein mittellanges bis langes Fell besitzt. Je mehr Haare Sie herausbürsten oder -kämmen (mit einer dieser stacheligen, spitzen Metallbürsten), desto weniger werden an Ihren Möbeln, auf dem Boden, auf Ihrem Schaffell und an Ihren Füßen hängen. Es gibt ein paar Katzenrassen, die überhaupt keine Haare verlieren, wie zum Beispiel die Devon-Rex-Katze oder die haarlose Sphynx-Katze, doch man muss sich erst daran gewöhnen, ihre leicht fettige, rattenähnliche Haut anzufassen, die eigentlich nur eine Mutter lieben kann.

Warum wächst das Fell einer Katze in einer anderen
Farbe nach, nachdem es geschoren wurde?

Falls Sie beabsichtigen, das Fell Ihrer Katze zu scheren, sollten
Sie bedenken, dass es möglicherweise in einer anderen Farbe oder Beschaffenheit nachwachsen wird. Karlos neue Frisur
wird zwar seiner früheren Haartracht ähneln, es könnte allerdings sein, dass seine Unterwolle dichter und seine Zeichnung etwas unspektakulärer wird. Scheren kann eine unty-
pische Musterung hervorrufen oder den normalen dreipha-
sigen Lebenszyklus der Haarfollikel verändern. Mir ist aufgefallen, dass Seamus' getigerte Zeichnung inzwischen weniger
markant ist, nachdem ich ihn etliche Male geschoren habe.
Aber freuen Sie sich nicht zu früh – Sie können aus Ihrem
getigerten Karlo keine helle Himalaya-Katze machen, indem
Sie ihn scheren.

Kann ich mir die Schermaschine meines Nachbarn
ausleihen, um meine Katze zu scheren?

Da Sie nicht riskieren möchten, sich eine Geschlechtskrank-
heit einzufangen, verleihen Sie Ihre »Spielzeuge« ja auch nicht
an Ihre Freunde oder Verwandten, oder? Genauso wenig ver-
leihe ich meine Katzenschermaschine an irgendjemanden. Das
mag kleinkariert klingen, ist jedoch liebevolle Strenge, da sehr
viele Katzen Borkenflechte im Fell haben (bei der es sich um
denselben Pilz wie Fußpilz handelt), ohne jemals Symptome
zu zeigen. Und ich möchte nicht, dass meine Katzen sich diesen Pilz von den Katzen (oder den Füßen) meiner Freunde

einfangen. Greifen Sie in die Tasche und besorgen Sie sich Ihr eigenes Spielzeug, äh, ich meine, Ihre eigene Schermaschine. Es wäre wirklich peinlich vor Ihren Freunden, wenn Sie für Ihre Katze Fußpilzspray kaufen müssten.

Weshalb verlieren Katzen beim Tierarzt besonders viele Haare?

Selbst die tapferste Glückskatze wird in der Tierklinik nervös, und Sie werden womöglich feststellen, dass sie Unmengen von Haaren verliert – das liegt an der Kampf-oder-Flucht-Reaktion, die bei ihr ausgelöst wird. Durch den Stress erhöht sich nicht nur die Herzfrequenz, sondern auch der Atemapparat legt den Schnellgang ein – sodass sie schneller atmet und versucht, ihre Lunge mit mehr Sauerstoff zu versorgen. Der Körper Ihrer Katze bereitet sich auf den Flucht-Modus vor (»Hilfe! Ich rieche Hunde!«). Gleichzeitig erweitern sich sämtliche Blutgefäße und Haarfollikel, damit Blut in die Flucht-Muskeln strömen kann. Aus diesem Grund fallen ihr unter Umständen wie verrückt die Haare aus. Machen Sie sich darüber jedoch keine allzu großen Sorgen (sonst fallen Ihnen womöglich noch selbst die Haare aus); das Problem sollte sich schnell erledigen, nachdem Sie mit Ihrer Katze wieder zu Hause angekommen sind.

Warum schlafen Katzen so viel?

Ach, was für ein Leben Katzen haben. Denken Sie nicht auch, wir Menschen wären ebenfalls wesentlich weniger gestresst

und unleidlich, wenn wir unter der Woche ein paar Nickerchen mehr machen würden?

Bevor Wildkatzen zu Haustieren domestiziert wurden, befanden sie sich ganz oben in der Nahrungskette und mussten deshalb nicht viel Zeit darauf verwenden, nach Nahrung
zu suchen. Wildkatzen hatten typischerweise kurze, schnelle
Phasen von Jagdaktivität, und nachdem sie gejagt, erlegt und
gefressen hatten, hatten sie den Rest des Tages zum Faulen-
zen zur Verfügung. Unsere Hauskatzen haben sich seit damals
weiterentwickelt und können etwa sechzehn Stunden am Tag
herumliegen. Da Katzen nachtaktiv sind, ist Ihnen vielleicht
gar nicht bewusst, wie viel Ihre Katze tagsüber schläft, während Sie sich bei der Arbeit abrackern. Da ich als Tierärztin in
der Notaufnahme im Schichtdienst arbeitete (mit Früh-, Spät-
und Nachtschichten), weiß ich es zu schätzen, dass Seamus
und Echo tagsüber (nach einer Nachtschicht) gemeinsam mit
mir schlafen, ohne mich zu stören. Wenn ich allerdings versuche, nachts zu schlafen (nach einer Früh- oder Spätschicht),
rächen sie sich, indem sie um drei Uhr morgens genau neben meinem Kopf spielen, raufen und herumtoben. Nachdem
sie sich tagsüber sechzehn Stunden lang ausgeruht haben, bekommen sie in den frühen Morgenstunden eben Langeweile.
Wer könnte ihnen das verdenken?

Sind alle Katzen gute Mäusefänger?

Ich müsste lügen, wenn ich Ihnen sagen würde, jede Katze sei
für irgendetwas gut. Schaffen Sie sich nicht eine Katze an, weil
Sie ein Mäuseproblem haben; schaffen Sie sich eine Katze an,

weil Sie für die nächsten zehn bis zwanzig Jahre ihre Gesellschaft genießen möchten. Nicht alle Katzen sind gute Mäusefänger, also ist es durchaus möglich, dass Sie einen schlechten Mäusejäger erwischen. Leider gibt es keine Verhaltensindikatoren, an denen sich erkennen lässt, ob es sich bei der Katze, die Sie zu adoptieren gedenken, um eine gute Mäusefängerin handelt oder nicht (und auch kein Umtauschrecht). Das ist bedauerlicherweise allein von den Genen abhängig. Auch wir Menschen sind nicht alle begnadete Quarterbacks mit guter Arm-Augen-Koordination. Mein Kater Echo ist ein ausgezeichneter Jäger. Ich lasse ihn zwar nicht ins Freie, damit er keine anderen Lebewesen tötet, doch er bereitet allen Krabbelinsekten und Motten, die ins Haus gelangen, ein jähes Ende. Mein anderer Kater, Seamus, ist dicker und fauler. Manchmal beobachtet er Käfer, ohne sich aus der Ruhe bringen zu lassen oder sich auch nur von der Stelle zu rühren. Es könnte also durchaus passieren, dass Sie zufällig eine wirklich dicke, faule Katze erwischen.

Warum halten sich Katzen gerne an der höchsten Stelle im Zimmer auf und benehmen sich dann, als hätten sie Höhenangst?

Ist Ihnen schon einmal aufgefallen, dass Ihre Katze sich am liebsten hinter Ihnen aufhält und auf dem höchsten Sofa oder Stuhl im Zimmer liegt? Unsere domestizierten Katzen klettern gerne und ziehen es vor, sich an der höchsten Stelle aufzuhalten: auf dem Kühlschrank, auf der Küchenanrichte oder auf dem Computermonitor, um einen bei der Arbeit zu stö-

ren. Auf diese Weise können sie das Zimmer aus der Vogelperspektive überblicken, ohne dass ihnen irgendjemand oder irgendetwas entgeht, und den veränderten Blickwinkel genießen. Falls Sie zu den coolen Katzenbesitzern gehören, die eine Laufplanke in der Nähe des Dachgiebels ihres Hauses haben, kann sich Ihre Katze äußerst glücklich schätzen!

Wenn Katzen dort oben herumlümmeln, erinnern sie an einen faulen Panther oder Jaguar, der sich im Dschungel hoch oben auf den Ästen eines Baumes ausruht, während er darauf wartet, sich auf irgendetwas zu stürzen. Das ermöglicht es ihnen, sich gefahrlos auszuruhen und dabei die Welt an sich vorbeiziehen zu sehen. Hauskatzen, die im Freien auf Erkundungstour gehen dürfen, laufen größere Gefahr, in eine verzwickte Lage zu geraten – nur um herauszufinden, dass sie womöglich doch Höhenangst haben. Unsere domestizierten Katzen klettern zwar gerne auf Bäume, wissen allerdings oft nicht, wie sie von dort wieder so elegant wie ein Panther herunterkommen. Naiv, wie Minka ist, klettert sie munter immer höher hinauf, bis ihr plötzlich bewusst wird, dass sie ein zu großer Angsthase ist, um aus dem Wipfel des zwölf Meter hohen Baumes wieder nach unten zu klettern. Es mag also einige Katzen geben, denen es gefällt, sich in luftiger Höhe aufzuhalten, da Neugier jedoch bekanntermaßen der Katze Tod ist, merken sie schnell, dass die Feuerwehr sie wieder auf den Boden der Tatsachen holen muss …

Warnung: Werfen Sie Ihre Katze nicht in die Luft, um herauszufinden, ob sie auf den Pfoten landet! Katzen sind äußerst agile Geschöpfe und springen von Anrichten oder Ästen, um ein Spielzeug oder einen Vogel zu fangen. Während viele Katzen dabei elegant auf den Pfoten landen, ziehen sich manche durch das, was wir Tierärzte als »Hochhaus-Syndrom« bezeichnen, schwere Verletzungen zu.

Das Hochhaus-Syndrom beschreibt jene neugierigen Katzen, die sich zu weit aus dem Fenster lehnen und dabei mindestens aus dem zweiten Stock fallen. Womöglich hat sich Karlo nur zum Fenster begeben, um die Insekten hinter der Scheibe zu inspizieren, doch dann geht seine Neugier im Handumdrehen mit ihm durch, und er fällt hinaus. Es ist keine Überraschung, dass die Mehrheit der Katzen, die dem Hochhaus-Syndrom erliegen, jung (im Durchschnitt zwischen zwei und drei Jahre alt), dumm und männlich (76 Prozent) ist.[5] Ich nehme an, junge Kater sind einfach ein bisschen leichtsinnig und unbedarft (genau wie ihre zweibeinigen Pendants). Tiermediziner haben herausgefunden, dass die durchschnittliche Fallhöhe vier Stockwerke beträgt und dass glücklicherweise der Großteil der betroffenen Katzen (über 95 Prozent) den Sturz überlebt. Leider trägt mehr als ein Drittel dabei Beinbrüche oder ein Brusttrauma (wie zum Beispiel Rippenbrüche, Lungenquetschungen oder einen Lungenriss) davon.[6] Je tiefer der Fall (das heißt, mehr als sechs oder sieben Stockwerke), desto schwerer sind verständlicherweise auch die Verletzungen. (Eigentlich brauchen Sie sich das nicht von einer

Tierärztin erklären zu lassen, oder?) Da Sie der Besuch in der Notaufnahme und das Verarzten von Knochenbrüchen sehr teuer zu stehen kommen wird, sollten Sie versuchen, solche potentiell fatalen Ausrutscher zu verhindern, indem Sie sicherstellen, dass Ihre Hochhausfenster alle fest geschlossen sowie kinder- und katzensicher sind.

Nichtsdestotrotz landen Katzen offenbar aus mehreren Gründen von Natur aus auf den Pfoten. Zum einen erreichen Katzen viel schneller Endgeschwindigkeit (die sich einstellt, sobald die nach unten gerichtete Schwerkraft dem nach oben gerichteten Luftwiderstand entspricht, was zu einer konstanten Geschwindigkeit führt) als ein Mensch beim Fallschirmspringen. Tiermediziner schätzen, dass Katzen nach ungefähr fünf Stockwerken Endgeschwindigkeit erreichen. Außerdem verfügen Katzen über einen starken Korrekturreflex, was bedeutet, dass sie in der Lage sind, sich in die korrekte Position zu drehen, bis die »richtige« Seite nach oben zeigt. Da Katzen flexibel und agil sind, können sie sich »ausfächern« (indem sie ihre Beine abspreizen), um damit ihre Oberfläche zu vergrößern und den Fall abzubremsen. Wie Sie jedoch aus den oben erwähnten Statistiken erfahren haben, landen nicht alle Katzen auf den Pfoten. Beugen Sie vor und helfen Sie mit, die anderen acht Leben Ihrer Katze zu bewahren: Schließen Sie Ihre Fenster!

Warum trinken Katzen am liebsten fließendes Wasser?

Katzen sind von Natur aus neugierige Wesen und spielen gerne mit Wasser, solange sie dabei *überwiegend* trocken bleiben.

Meine Mutter, die kein Katzen-Typ ist, rief mich einmal bestürzt an, als sie auf Seamus aufpasste; sie erklärte mir, sie müsse den Hahn am Waschbecken leicht tropfen lassen, um ihn dazu zu bewegen, genug Wasser zu trinken. Sie sagte, sie sähe Seamus nie an seiner Wasserschüssel und sei besorgt, er werde sonst womöglich dehydrieren. Ich erinnerte sie daran, dass Katzen ursprünglich Wüstenbewohner waren; sie besitzen spezielle Nieren (mit extralangen Henle-Schleifen, wenn Sie es genau wissen wollen), die ihnen dabei helfen, ihren Urin zu konzentrieren und so viel Wasser wie möglich aus den Nieren aufzusaugen. Aus diesem Grund sieht man Katzen nicht annähernd so oft an der Wasserschüssel wie Hunde. Ich persönlich weiß, dass Seamus für sein Leben gern ins Badezimmer kommt, wenn ich mit dem Duschen fertig bin, und das übrig gebliebene Wasser aufleckt. Mit seinen Nieren ist alles in Ordnung, aber er mag unterschiedlich schmeckende Wassersorten (vielleicht mundet ihm die Essenz vom »Dove«-Duschgel ganz besonders) von unterschiedlichen Oberflächen. Das ist aber noch lange kein Grund, durchzudrehen und sämtliche Wasserhähne für Ihre Katze aufzudrehen – was Ihre Wasserrechnung drastisch ansteigen lassen und Umweltschützer gegen Sie aufbringen würde. In den meisten Fällen trinken gesunde Katzen nur der Abwechslung halber aus tropfenden Wasserhähnen, wobei eine normale Schüssel mit sauberem, frischem Wasser völlig ausreichend ist.

Falls Sie allerdings feststellen, dass Ihre nicht mehr ganz junge Katze (a) sich dauernd in der Nähe der Wasserschüssel aufhält, (b) versucht, den Toilettendeckel anzuheben, um sich einen Schluck zu genehmigen, (c) die Klumpen in der Katzen-

toilette größer sind als ihr Kopf (oder der Ihre!), oder (d) dass Sie ständig ihre Schüssel nachfüllen müssen, sollten Sie mit ihr zum Tierarzt gehen und eine Blut- und Urinuntersuchung machen lassen, um etwaige medizinische Probleme bereits im Keim zu ersticken. Einige Krankheiten, wie zum Beispiel Diabetes, Hyperthyreose, Nierenversagen oder Erkrankungen des unteren Harnwegs äußern sich nämlich in gesteigertem Durst und unausgewogenem Wasserhaushalt; in solchen Fällen ist es unerlässlich, die zugrundeliegende Erkrankung zu behandeln und sicherzustellen, dass Ihre Katze mehr als sonst trinkt. Da einige Katzen aus Zimmerbrunnen (aus denen ständig in einem melodisch plätschernden Bach Wasser tröpfelt) tatsächlich *mehr* trinken, sind diese Geräte äußerst förderlich, falls Ihre Katze unter einer der oben genannten, Furcht erregend klingenden Krankheiten leiden sollte. Ich empfehle Ihnen, schnellstmöglich die Tierhandlung Ihres Vertrauens aufzusuchen und einen solchen Brunnen zu kaufen, wenn bei Ihrer Katze eine dieser Krankheiten diagnostiziert wurde – es lohnt sich!

Schwimmen Katzen gerne?

Lassen Sie Ihren Freund das bloß nicht lesen, sonst denkt er am Ende noch, er könnte Ihre Katze in die Badewanne oder in den Swimmingpool setzen – es sei denn, bei Ihrem Kätzchen handelt es sich um eine Türkisch-Van-Katze. Diese einzigartige Rasse ist seit Mitte der Neunzigerjahre von der Cat Fanciers' Association anerkannt und gehört zu den wenigen Katzenrassen, die freiwillig im Wasser spielen. Da diese Kat-

zen ursprünglich in der Nähe des Vansees im Osten der Türkei gezüchtet wurden, hat sich ihr Schwimm-Gen, das sie zu den Michael Phelps unter den Katzen macht, weitervererbt. Van-Katzen, die nicht mit Türkischen Angorakatzen zu verwechseln sind, besitzen ein extrem weiches, schnell trocknendes Fell, das dafür sorgt, dass sie nach ihrem Tauchgang schnell wieder ihre Fasson und ihre Fassung zurückgewinnen.

Alle anderen Katzen hassen Schwimmen und bevorzugen es in der Regel, nicht mit einem Bad gequält zu werden. Katzen sind zwar neugierig und tauchen gerne einmal eine Pfote ins Wasser, die meisten bleiben aber lieber trocken und möchten nicht vollständig untergetaucht werden. Was für eine Demütigung! Wie können Sie es wagen, ihre Frisur zu verpfuschen? Die meisten Katzen stammen ursprünglich aus den Wüstenregionen dieser Welt, wo sie nicht regelmäßig schwimmen gingen. Während manche große Raubkatzen (wie zum Beispiel Tiger) sehr gerne schwimmen und im Wasser herumtollen, um sich abzukühlen, vermeiden es die meisten anderen Großkatzen (wie zum Beispiel Löwen und Panther), mit dem Kopf unterzutauchen; sie schwimmen nur, um von A nach B zu kommen oder um ihre nächste Mahlzeit zu fangen.

Warum sind rötlich getigerte Katzen fast immer Männchen und Glückskatzen und Schildpattkatzen fast immer Weibchen?

In den meisten Fällen handelt es sich bei rötlich-weiß getigerten Katzen um Kater und bei sogenannten Glückskatzen (mit rötlichem und/oder schwarzem Fell und großen, »scheckigen«,

weißen Flecken) oder Schildpattkatzen (weiß, schwarz und rötlich gemustert ohne weiße Flecken) um Weibchen. Diese Tatsache ist auf das komplizierte, geschlechtsabhängige Farb-Gen zurückzuführen.

Bevor wir uns mit Geschlechtern, Genen und Farben befassen, sollten Sie wissen, dass einige Tierärzte in Bezug auf Katzenfarben voreingenommen sind. In der Tiermedizin wurde aus unerfindlichen Gründen jahrelang angenommen, diese Farbmuster stünden auch im Zusammenhang mit dem Zutraulichkeits-Gen. Interessanterweise verfügen wir inzwischen womöglich über wissenschaftliche Fakten, die dieses tiermedizinische Ammenmärchen untermauern: Eine neuere Studie hat gezeigt, dass das Fell domestizierter Füchse, bei deren Zucht der Schwerpunkt auf Zutraulichkeit lag, räudiger und hässlicher wirkt. Aufgrund dieser Studie sind viele der Ansicht, dass die Farbe des Fells von Hormonen abhängt, die ein Tier möglicherweise zutraulicher machen.[7]

Ich persönlich bin der Meinung, dass es sich bei rötlich getigerten Katern um die kontaktfreudigsten und liebenswertesten aller Katzen handelt, während Glückskatzen die »Prinzessinnen« sind. (»Fass mich bitte nicht an. Du *störst* mich.«) Wenn Sie es wirklich wissen möchten, in der Tierklinik erweisen sich Glückskatzen häufig als besonders lebhaft und rabiat. Verstehen Sie mich bitte nicht falsch – zu Hause mögen sie wahre Engel sein, doch beim Tierarzt kämpfen sie bis aufs Messer. Ihr Tierarzt verrät Ihnen vermutlich nicht, dass Ihre Katze zu einem bösartigen, geifernden, furchterregenden Tiger mutiert, der versucht, allen die Augen auszukratzen (ja, wirklich), sobald sie sich in der Tierklinik befin-

det. Ob das nun daran liegt, dass sie ein Weibchen ist oder nicht, oder ob es auf den genetischen Zusammenhang zwischen Zutraulichkeit und Fellfarbe zurückzuführen ist, sie verwandelt sich in einen beißenden, kratzenden, fauchenden und gemeingefährlichen Teufel, sobald Ihr Tierarzt mit ihr im Hinterzimmer verschwindet. Die meisten Veterinärmedizinisch-technischen Assistenten und Tierärzte haben einen gesunden Respekt vor diesen wild gewordenen Weibchen. Ich spreche von Beruhigungsmitteln, Netzen, Lederhandschuhen, Maulkörben, Handtüchern, fliegendem Fell, Verfolgungsjagden und Ähnlichem. Falls Sie eine Katze mit dieser Färbung Ihr Eigen nennen und wissen, dass sie sich schlecht benimmt, wenn Sie mit ihr zum Tierarzt gehen, dann tun Sie uns allen bitte einen Gefallen: Besorgen Sie zuerst Beruhigungstabletten – das macht allen Beteiligten das Leben leichter!

Von Farbpräferenzen einmal abgesehen wissen Tierärzte, dass es sich bei fast allen rötlich getigerten Katzen um Kater handelt, während die meisten Glückskatzen und Schildpattkatzen Weibchen sind. Die Fellfärbung ist eine überaus komplexe Angelegenheit, da sie von vielen Genen und deren genetischem Status als chromosomal dominant oder rezessiv (was ihre Ausprägungsstärke bezeichnet) beeinflusst wird. Für jede Farbe gibt es mehrere Allele, die mit O für das rötliche Allel bezeichnet werden (bei dem es sich um das dominante Farb-Gen handelt, das die rötliche Färbung bedingt), und mit o für das schwarze Allel (bei dem es sich um das rezessive Farb-Gen handelt, das für die nicht-rötlichen Fellstellen verantwortlich ist). Diese Farben gelten als geschlechtsspezifisch, da sie in

Verbindung mit dem weiblichen X-Chromosom stehen: Das O-Gen ist auf dem X-Chromosom angeordnet, und wenn Sie sich an Ihren Biologieunterricht in der zehnten Klasse und an Mendels Erbsen zurückerinnern, wird Ihnen wieder einfallen, dass XY männliche Lebewesen bezeichnet und XX weibliche. Oder anders formuliert: Da Kater nur ein X-Chromosom besitzen und es sich um ein dominantes Gen handelt, ist bei ihnen die Wahrscheinlichkeit höher, dass ihr Fell rötlich ist. Nachdem o rezessiv ist, bedarf eine nicht-rötliche Färbung einer oo-Kombination, während aus Oo eine Schildpatt-Musterung resultiert. Für die typische Glückskatzen-Zeichnung muss sowohl O als auch o auf dem weiblichen X-Chromosom ausgeprägt sein, und da Kater nur ein X-Chromosom besitzen, ist die Mehrzahl der Glückskatzen weiblich (über 90 Prozent). Voilà! Also, überspringen Sie einfach acht Jahre tiermedizinische Ausbildung und bestimmen Sie das Geschlecht Ihres neuen Kätzchens anhand seiner Färbung. Falls Sie sich gerade ein Kätzchen zugelegt haben, dann gehen Sie auf Nummer sicher und suchen Sie sich für rötliche Tigerkatzen Ihre bevorzugten männlichen Namen und für Glückskatzen oder Schildpattkatzen Ihre bevorzugten weiblichen Namen aus. Wenn Sie jemals eine männliche Glücks- oder Schildpattkatze zu Gesicht bekommen, sind Sie entweder (a) ein Glückspilz oder (b) womöglich der stolze Besitzer eines XXY-Tiers, das Sie »Hermie« nennen können. (Herzlichen Glückwunsch – eine hermaphroditische Katze zu besitzen ist eine ziemliche Seltenheit!) Da der Zusammenhang zwischen genetischer Ausprägung und Fellfarbe äußerst kompliziert ist, sollten Sie sich einfach merken, dass rötlich getigerte Katzen fast immer

Männchen sind und Glücks- und Schildpattkatzen fast immer weiblich.

Bringen schwarze Katzen Unglück?

Als Besitzerin einer komplett schwarzen Katze schenke ich dem Wirbel und Aberglauben um ihre Farbe persönlich keinen Glauben. Dieser Aberglaube reicht möglicherweise bis in die Regierungszeit von König Karl I. von England zurück, der seine schwarze Katze so vergötterte, dass er sie streng bewachen ließ. Wie der Zufall es wollte, wurde König Karl am Tag nach ihrem Ableben verhaftet, was zu dem Aberglauben geführt haben mag, dass schwarze Katzen Unglück brächten. Was vermutlich außerdem dazu beitrug, ist die Tatsache, dass die Ehefrauen von Fischern der Überlieferung zufolge zu Hause schwarze Katzen hielten, um für die Sicherheit ihrer Ehemänner auf See zu sorgen. Aufgrund ihres vermeintlichen Werts wurden schwarze Katzen häufig gestohlen. Seeleute glaubten, es brächte Glück, wenn sich an Bord eine schwarze Katze einem näherte, und Unglück, wenn sie sich von einem abwendete. Der Legende zufolge konnten sich Hexen in schwarze Katzen verwandeln, was dazu führte, dass Letztere gefürchtet wurden. Sollten wir also angesichts dessen heutzutage Angst vor schwarzen Katzen haben?

Aufgrund meiner Erfahrungen als Tierärztin bin ich der Ansicht, dass rötlich-weiß getigerte Kater ganz oben auf der Freundlichkeitsskala stehen, dicht gefolgt von schwarzen Katern. Glückskatzen bilden das Schlusslicht, was Freundlichkeit betrifft (siehe »Warum sind rötlich getigerte Katzen fast

immer Männchen und Glückskatzen und Schildpattkatzen fast immer Weibchen?« in diesem Kapitel), zumindest in der Tierarztpraxis, während graue, langhaarige Katzen am scheuesten sind. Ich verfüge natürlich nicht über die wissenschaftlichen Daten, um dies zu beweisen (es gibt keine!), aber meiner voreingenommenen Meinung nach ist Schwarz wunderschön.

Warum sieht meine Katze gerne Formel 1 im Fernsehen?

Sie haben vielleicht festgestellt, dass Ihre Katze alles, was sich schnell auf dem Fernsehbildschirm bewegt, mit Begeisterung verfolgt. Manche Katzen widmen dem Fernsehprogramm große Aufmerksamkeit, anderen ist es dagegen völlig schnuppe. Aufgrund ihres stark ausgeprägten Raubtierinstinkts betrachten manche Katzen Fernsehen möglicherweise als günstige Gelegenheit, um an ihren Fähigkeiten zu feilen. Falls Ihre Katze auf zwitschernde Vögel oder rasende Formel-1-Wagen so reagiert wie mein Hund, wenn es im Fernsehen an der Tür klingelt, dann sollten Sie auf jeden Fall den Fernseher für Ihre Katze angeschaltet lassen, wenn Sie zur Arbeit gehen (erkundigen Sie sich nur vorher bei Ihrem Ehemann, um sicherzugehen, dass er nichts gegen die Katzenstreustaub-Pfotenabdrücke auf dem neuen Plasmabildschirm einzuwenden hat). Ihre Katze hat zwar keine persönliche Vorliebe für Fernando Alonso oder Lewis Hamilton, wohl aber für alles, was sich schnell bewegt. Ich glaube allerdings, dass sich der damit verbundene Stromverbrauch nicht lohnt, und bin der Meinung, dass zehn

Minuten Körperertüchtigung, wenn Sie nach Hause kommen, mental und körperlich stimulierender für Ihre Katze sind. Auf diese Weise können Sie die Erde und gleichzeitig die Taille Ihrer Katze retten.

Warum mögen Katzen Laserpointer, und können sie daran erblinden?

Keine Sorge – niemand wird Sie beschuldigen, Sie würden versuchen, ein Flugzeug zum Absturz zu bringen, wenn Sie mit dem Laserpointer Ihrer Katze spielen (nur Erwachsene, bitte, und nehmen Sie bloß keinen zu starken). Laserpointer sind tolle, billige Katzenspielzeuge und können Ihre Katze vor Freude oder Frust verrückt machen. Mit Hilfe eines Laserpointers lässt sich das Maß an Bewegung, das Ihre übergewichtige Hauskatze bekommt, leicht steigern (siehe »Wie verschaffe ich meiner übergewichtigen Hauskatze Bewegung?« im 5. Kapitel). Ein besonders findiger Katzenbesitzer hat sich die Idee der Verwendung eines Laserpointers zur Körperertüchtigung von Katzen sogar patentieren lassen (US-Patent 5.443.036).[8] Offenbar bin ich nicht die Einzige, die das für etwas übertrieben hält (oder haben wir es hier etwa mit Patentneid zu tun?): Freepatentsonline.com, der Große Bruder der Patente, hat dieses Patent in seine Liste der verrücktesten und albernsten Patentideen aller Zeiten aufgenommen.[9]

Je nach Stärke des Laserpointers (die in der Regel über 5 mW liegt) kann es unter Umständen zu Netzhautschädigungen kommen, wenn der Laserstrahl direkt ins Auge gerichtet wird. Zum Glück verringert regelmäßiges Blinzeln die Ge-

fahr von Augenverletzungen, doch Ihre Katze wird sich dessen beim Spielen möglicherweise nicht bewusst sein (»Blinzeln, Felix, blinzeln!«). Grundsätzlich sollten Sie Ihren Laserpointer zum Boden richten (nicht auf hoch fliegende Flugzeuge) und die Augen Ihrer Katze meiden.

Gibt es Siamesische Katzen, die völlig gleich aussehen?

Siamkatzen gibt es seit Ende des 19. Jahrhunderts. Sie stammen ursprünglich aus Siam (dem heutigen Thailand, für alle Geografie-Banausen). Diese einzigartige, wunderschöne Katzenrasse ist für ihr cremefarbenes bis dunkelbraunes Fell und ihre blauen Augen bekannt und wurde durch das denkwürdige Katzenlied »Wir sind Siamesen, und zwar echte« aus dem Disney-Zeichentrickfilm *Susi und Strolch* bekannt. Falls Sie kurz davorstehen, Besitzer einer Siamkatze zu werden, sollten Sie sich darauf gefasst machen, sie (ununterbrochen) schreien zu hören, da diese Rasse äußerst mitteilungsbedürftig ist.

Der Begriff »siamesische Zwillinge« bezieht sich in der Regel auf menschliche Zwillinge, die sich im Mutterleib nicht voneinander getrennt haben, und wurde vermutlich zu Beginn des 19. Jahrhunderts geprägt. Die Zwillinge Chang Bunker und Eng Bunker (11. Mai 1811 bis 17. Januar 1874), Söhne chinesischer Cham, wurden in Siam geboren und waren über Haut, Knorpelgewebe und eine gemeinsame Leber miteinander verbunden.[10] Nachdem sie als »Siamesische Zwillinge« mit dem Barnum-Zirkus auf Reisen gegangen waren, bürgerte sich der Begriff ein. Obwohl die ersten siamesischen Zwillinge und

die ersten Siamkatzen aus demselben Land stammen, gleichen sich Letztere nicht wie ein Ei dem anderen.

Was, in aller Welt, ist Analatresie?

Coole Begriffe, die Sie bei der nächsten Cocktailparty verwenden können: Apoptose (programmierter Zelltod), Neuralleistenzelle und Analatresie. Schon möglich, dass Mediziner nicht ganz dicht sind, aber was soll's …

Unter Analatresie versteht man traurigerweise das genuine (angeborene) Fehlen eines Anus oder eines angemessen großen Anus. Manchmal ist anstelle einer Öffnung nur eine kleine Vertiefung zu erkennen. Das wird ein paar Tage nach der Geburt Ihres Kätzchens ziemlich offensichtlich (überraschenderweise halten die meisten Menschen nicht automatisch nach einem Poloch Ausschau). Möglicherweise wird Ihnen auffallen, dass die Katzenmutter ihr neugeborenes Kätzchen nicht putzt, dass es keinen Stuhlgang hat und dass es einen immer größeren Kugelbauch bekommt, da kein Kot ausgeschieden wird (ein wirklich schlimmer Fall von Verstopfung). In diesem Fall muss so schnell wie möglich ein chirurgischer Eingriff erfolgen. Betroffen sind vor allem Kätzchen und Kälber, obwohl es bei allen Tierarten vorkommt – ganz große Kacke, im wahrsten Sinne des Wortes.

Warum haben Manx-Katzen keinen Schwanz?

Während bei einigen Hunderassen der Schwanz kupiert wird (oder gemäß den Zuchtstandards chirurgisch entfernt), fehlt

manchen Katzen von Natur aus der Schwanz. Selbstverständlich verliert so manche Katze ihn auch bei einem knappen Entkommen oder durch einen dieser verdammten Schaukelstühle (Autsch!). Als Manx-Katze kann man jedoch der Neuralleistenzelle die Schuld für das anatomisch abwesende Anhängsel geben. Offenbar sind diese für die frühe Entwicklungsphase zuständigen Nervenzellen ziemlich wichtig, da sie für die Ausbildung des Rückenmarks, der Wirbelsäule und des Schwanzes zuständig sind. Ohne diese Neuralleistenzellen bildet sich kein Schwanz aus – was dann in einer Manx-Katze gipfelt. Sie finden Grouchos Stummelschwänzchen womöglich süß, doch diese abnormalen Zelldefekte können unter Umständen zu schweren, lebensbedrohlichen Missbildungen wie *Spina bifida* (unvollständig ausgebildetes Rückenmark oder unvollständig ausgebildeter Spinalkanal), Analatresie (kein After) oder Fäkalinkontinez (kein Spaß für alle Beteiligten!) führen; leider ist keines dieser Probleme leicht zu behandeln. Wenn Sie also im Tierheim eine schwanzlose Manx-Katze entdecken und sie womöglich so süß finden, dass Sie sie adoptieren möchten, sollten Sie sich unbedingt erkundigen, ob sie nicht wegen Fäkalinkontinez abgegeben wurde. Hoffentlich hatte sie eine Schwanzamputation (weil sie von einem Auto angefahren wurde oder ihr Schwanz in einer Tür eingeklemmt wurde) und besitzt einen funktionierenden Schließmuskel (was in der Regel bedeutet, dass sie nicht fäkalinkontinent ist). Keine Sorge – Ihr Tierarzt wird für Sie nachkontrollieren, ob dieser Teil Ihrer neuen Katze gut funktioniert.

Stimmt es, dass Katzen zwei Paar Augenlider besitzen?

Katzen besitzen insgesamt drei Lider pro Auge: das obere und das untere Lid, die es Felix ermöglichen zu blinzeln, und ein zusätzliches Lid, das im Augenwinkel verstaut ist. Dieses dritte Augenlid wird als »Nickhaut« bezeichnet und dient als ergänzender Schutz für die Hornhaut, da Katzen nun einmal gerne mit anderen Katzen aus der Nachbarschaft raufen. In manchen Fällen tritt das zusätzliche Augenlid infolge einer Verletzung hervor (wie zum Beispiel wegen eines Hornhautgeschwürs, das durch einen Kratzer auf der klaren Augenoberfläche entstehen kann), es kann aber auch aufgrund allgemeinen Unwohlseins (bei starker Dehydration oder starkem Gewichtsverlust) oder aufgrund von Viren (Infektionen der oberen Atemwege) sichtbar werden. Normalerweise sollte das dritte Augenlid nicht zu sehen sein. Wenn es dennoch in Erscheinung tritt, stimmt irgendetwas nicht, und Sie sollten mit Ihrer Katze zum Tierarzt gehen, um sie untersuchen zu lassen.

Hört mir meine Katze zu, wenn ich spreche?

Auch wenn Sie vielleicht anderer Meinung sind, Ihre Katze lauscht tatsächlich Ihrer Stimme, zumindest der *Tonlage* Ihrer Stimme. Was wir allerdings nicht wissen, ist, ob Ihre Katze versteht, was Sie sagen, oder ob sie es überhaupt verstehen *möchte*. Sowohl Seamus als auch Echo erkennen ihren Namen und kommen, wenn ich sie rufe, doch alles, was darüber hinausgeht, hat ungefähr dieselbe Wirkung, als würde ich ver-

suchen, während eines Fußballspiels mit meinem Freund zu sprechen. Da Katzen im Gegensatz zu Hunden nicht nach menschlicher Anerkennung lechzen, müssen sie auch nicht so tun, als würden sie einem zuhören. Hunde wurden ursprünglich für bestimmte Zwecke gezüchtet (wie etwa dazu, Ihnen Ihr Abendessen aus dem Schilf zu fischen, Ihre Schafe zu bewachen oder Sie und Ihre Liebsten zu beschützen) und sind aus diesem Grund stimmen- und kommandoorientiert. Mit anderen Worten: Die Gene derjenigen, die nicht auf ihre Besitzer hörten oder Befehle nicht befolgten, gelangten vermutlich nicht mehr in den Zuchtpool (Sie hätten Ihren Hund wahrscheinlich auch nicht mehr zur Jagdhundzucht herangezogen, wenn er nicht in der Lage gewesen wäre, einen Hasen zu fangen, und einfach von Ihnen weggelaufen wäre). Im alten Ägypten wurden Katzen gezüchtet, damit sie Mäuse fingen und gut aussahen, was ihnen beides bis heute gelingt – ohne uns dabei zuhören zu müssen.

Warum liegen Katzen am liebsten auf Ihrer Zeitung, während Sie lesen?

Katzen lieben es, im Mittelpunkt zu stehen, ohne wirklich im Mittelpunkt zu sein – oder anders gesagt, sie möchten genau dort sein, wo man sie sehen, aber nicht *anfassen* kann. Denken Sie einmal darüber nach: Sie haben sicher oft irgendwo in einer Ecke einen Stapel Zeitungen auf dem Fußboden liegen. Haben Sie Ihre Katze jemals darauf liegen sehen? Fehlanzeige – es sei denn, Sie versuchen, am Küchentisch Zeitung zu lesen. Es geht also nicht darum, dass Ihre Katze zur Abwechs-

lung einmal auf einem anderen Untergrund liegen möchte; Ihre Katze möchte Ihnen damit klarmachen, dass sie für Sie da ist und Ihnen jeden Wunsch von den Lippen abliest.

Warum machen Katzen einen Buckel?

Katzen machen aus verschiedenen Gründen einen Buckel. Nachdem Seamus von einem Nickerchen in der Sonne erwacht, streckt er auf diese Art und Weise seine epaxiale Muskulatur und seine untere Rückenmuskulatur. Wenn ich Seamus einen sanften »Steißklaps« gebe, wie ich es liebevoll nenne, reckt er genüsslich sein Hinterteil empor, weil er am hinteren Teil seines Rückens vor seinem Schwanz gekrault werden möchte. Das ist in etwa dasselbe, als würde unsereins eine kostenlose Rückenmassage bekommen. Falls Ihnen jedoch auffällt, dass Ihre Katze einen Buckel macht, faucht, die Haare aufstellt und versucht, größer und bedrohlicher zu erscheinen, als sie ist, hat sie Angst und möchte vermutlich die Katze, den Hund oder das Eichhörnchen in Nachbars Garten einschüchtern und zum Rückzug bewegen.

Warum schlafen Katzen so gerne in der Sonne?

Die normale Körpertemperatur beträgt bei Katzen zwischen 37,8 und 39,2 Grad, und Ihre Katze ist in der Lage, diese Temperatur beizubehalten, unabhängig davon, wie sparsam Sie mit Ihrer Heizung und Ihrer Klimaanlage umgehen. Ihre Katze liegt nicht in der Sonne, um sich aufzuwärmen – sie tut es aus demselben Grund, aus dem Sie an einem schönen, son-

nigen Tag nach draußen gehen und sich hinlegen möchten. Die Sonnenstrahlen fühlen sich einfach unglaublich gut an. Und es fühlt sich toll an, sich das Fell wärmen zu lassen; das ist für eine Katze wie eine Warmsteintherapie.

Für den seltenen Fall, dass Ihre Katze ständig auf der Suche nach Wärme sein sollte, ist jedoch Vorsicht geboten. Obwohl die Wahrscheinlichkeit äußerst gering ist, könnte es sein, dass ihre Schilddrüse hypoaktiv ist (ein Problem, das manchmal infolge der Behandlung von Hyperthyreose auftritt) und ihre Stoffwechselrate sich verlangsamt hat. Entweder ist es das, oder sie genießt doch einfach nur die Sonnenstrahlen – oder die Tatsache, dass Sie bei sich zu Hause die Heizung aufgedreht haben.

Warum riecht Katzenurin unangenehmer als Hundeurin?

Diejenigen unter Ihnen, die schon einmal einen Kater in Pflege oder eine Streunerkatze im Garten hatten, können bestätigen, dass Katzenurin wesentlich penetranter stinkt als Hundeurin. Aber woran liegt das? Katzen scheiden deutlich stärker konzentrierten Urin aus als Hunde. Die normale Konzentration von Urin hängt von der *relativen Dichte* ab (von faulen Tierärzten, wie ich einer bin, häufig mit »d« abgekürzt), welche die Dichte einer Flüssigkeit (das heißt, wie konzentriert diese Flüssigkeit ist) bestimmt. Mit Hilfe eines einfachen, als »Refraktometer« bezeichneten Geräts kann Ihr Tierarzt die Konzentration des Urins Ihrer Katze überprüfen. Die relative Dichte von Katzenurin beträgt normalerweise mindestens

1,040, während die relative Dichte von Hundeurin zwischen 1,020 und 1,040 liegen sollte. Das mag nach einem Haufen medizinischem Hokuspokus klingen, bedeutet jedoch nichts anderes, als dass Hunde wesentlich wässrigeren Urin haben, der nicht nur weniger stinkt als der von Katzen, sondern auch weniger konzentriert und deshalb weniger gelb ist.

Der Urin von Katzen ist deshalb so konzentriert, weil sie ursprünglich aus Wüstenregionen stammen und ihre Nieren über besonders lange Henle-Schleifen verfügen, die für Filtrierung und Konzentration sorgen. Sie besitzen ebenfalls eine Henle-Schleife (*très romantique!*), die jedoch nicht so lang ist wie die Ihrer Katze, und Ihr Urin wird deshalb weniger stark konzentriert (es sei denn, Sie verausgaben sich bei hohen Temperaturen und trinken nicht genug). Aufgrund dieser Tatsache nehmen Katzen eine große Menge Wasser aus ihrem Urin auf. Das erklärt, weshalb man sie so gut wie nie trinken sieht: Ihre Konzentration ist überaus effektiv! Die Henle-Schleife einer Katze ist so gut darin, jeden absorbierbaren Tropfen Wasser herauszuquetschen, dass der konzentrierte Urin ziemlich übel riecht. Die gute Nachricht lautet, dass das auch einige Vorteile mit sich bringt: Katzen urinieren nicht nur weniger als Hunde (stellen Sie sich nur einmal vor, Sie müssten ein Hundeklo in Schuss halten), sondern sind aufgrund ihres höher konzentrierten Urins auch einem geringeren Risiko ausgesetzt, dass in ihrer Blase Bakterien gedeihen. Letzteres kann allerdings auch Probleme auslösen, falls Ihre Katze zu Blasenkristallen neigt. Je konzentrierter der Urin ist, desto konzentrierter sind auch die Kristalle, was wiederum zur Bildung von Blasensteinen führen kann. Nähere Informationen zu Erkrankungen des un-

teren Harnwegs bei Katzen finden Sie im Abschnitt »Wie oft muss ich die Toilette meiner Katze *wirklich* saubermachen?« im 3. Kapitel.

Bei unkastrierten Katern kommt noch das Testosteron hinzu, das ihren Urin zehnmal schlimmer riechen lässt als den von weiblichen Katzen. Sie können das Vorhandensein dieses übelriechenden Urins in Ihrer Katzentoilette sowie die unangenehme Angewohnheit des Markierens (das heißt, des Verspritzens von konzentriertem Urin gegen sämtliche Wände bei Ihnen zu Hause) minimieren, indem Sie Ihren Kater kastrieren lassen, bevor er acht bis neun Monate alt wird.

Wenn Sie feststellen sollten, dass der Urin Ihrer Katze zu wässrig ist und weniger stinkt als gewöhnlich oder die Klumpen in der Katzentoilette immer größer werden, sollten Sie einen Tierarzt konsultieren, da sich dahinter oft Nierenerkrankungen, Schilddrüsenprobleme oder sogar Diabetes verbergen (siehe »Welche Klumpengröße ist normal?« im 3. Kapitel). Da Ihre Katze nicht nur Ihrer empfindlichen Nase zuliebe mehr als acht Gläser Wasser am Tag trinkt, wenn Sie mit Toilettendienst an der Reihe sind, ist also möglicherweise irgendetwas mit ihr nicht in Ordnung.

Warum läuft Ihnen Ihre Katze ins Badezimmer hinterher?

Tja, das liegt nicht an unseren geruchsintensiven Angewohnheiten. Katzen scheinen unseren Mief trotz ihres stark ausgeprägten Geruchssinns zu tolerieren und folgen uns mit Begeisterung ins Bad. Manche sind der Meinung, dieses Phäno-

men sei darauf zurückzuführen, dass Katzen nicht gerne aus einem Teil der Wohnung oder des Hauses ausgesperrt werden und unbedingt erforschen möchten, was hinter einer Tür vor sich geht, sobald sich diese schließt. Ich glaube dagegen eher, Ihre Katze weiß, dass Sie wie eine Maus in der Falle sitzen, nachdem Sie auf dem stillen Örtchen Platz genommen haben, und sie streicheln *müssen*. Jetzt kann sie den Kopf an Ihren Beinen reiben, und Sie entkommen ihr nicht und können sich nicht wehren. Zumindest wissen Sie jetzt, dass sie Sie und Ihre Gerüche liebt.

Neugier ist der Katze Tod
2. KAPITEL

Sie haben gerade Ihr Studium abgeschlossen, Ihren ersten Job an Land gezogen, Ihre erste eigene Wohnung bezogen und sie mit einem Haufen IKEA-Möbeln eingerichtet? Sind Sie bereit für den nächsten Haushaltsartikel – mit anderen Worten: *Ziehen Sie in Erwägung, sich eine Katze anzuschaffen?* Vielleicht denken Sie darüber nach, ein kleines Kätzchen zu adoptieren oder eine teure reinrassige Katze zu erstehen, haben aber als voll entwickelter, quasi-verantwortungsbewusster erwachsener Mensch bislang noch keine Katze Ihr Eigen genannt. Vielleicht lieben Sie Katzen von Natur aus, sind sich jedoch nicht sicher, ob Sie bereit sind, die nächsten fünfzehn bis zwanzig Jahre mit einer zusammenzuleben. (Wagen Sie es bloß nicht, Karlo nach zehn Jahren im Tierheim abzugeben!) Falls Sie ein Katzen-Novize sind, sollten Sie unbedingt dieses Kapitel lesen, bevor Sie sich eine Katze zulegen – finden Sie heraus, was Sie lernen müssen, bevor Sie diese Verpflichtung eingehen. Lesen Sie weiter, denn das ist *der* Insider-Leitfaden zur Katzenhaltung!

Vielleicht sind Sie einer von meinen Lieblingskunden: einer von denjenigen, die gleich mehrere Exemplare von verschie-

denen Haustiergattungen besitzen (in Anbetracht von Seamus, JP und Echo können Sie vermutlich erraten, warum). Dann werden Sie wahrscheinlich (irrtümlicherweise) denken, dass ein »Hundejahr« auch bei Katzen sieben Jahren entspricht, habe ich recht? Sie sind der Meinung, Sie wüssten, wie man einer Katze Medikamente verabreicht, da Sie Hasso schon öfter eine Tablette in ein Stück Wurst gesteckt haben? Sie glauben, Sie könnten den sperrigen, metallisch-kalten, guillotinenartigen Hunde-Krallenknipser für die Krallen Ihrer Katze verwenden? Sie glauben gar nicht, wie falsch Sie da liegen.

Neugierig auf Haustiere? Vielleicht hatten Sie bislang noch kein Haustier und sind sich nicht ganz sicher, ob Sie ein Katzen-Typ oder ein Hunde-Typ sind. Manche wissen das von Haus aus, je nachdem, mit welchen Tieren sie aufgewachsen sind. Wie bereits erwähnt, habe ich in meinem Leben mehr Zeit mit Hunden verbracht, da ich eine Frischluftfanatikerin bin, ich liebe und besitze aber trotzdem auch Katzen. Seamus war mein erstes »Versuchs-Adoptivkind«, und als meine erste offizielle eigene Katze hat er mir alles über Katzen beigebracht, was ich nicht in meinem Tiermedizinstudium gelernt habe – ich liebe ihn seit dem ersten Tag.

Ist den erfahrenen Katzenhaltern unter Ihnen schon einmal aufgefallen, wie schnell Ihre Katze das Weite sucht, sich im Schrank versteckt oder sich verzweifelt an Ihnen festkrallt und Ihnen dabei Ihr hübsches seidenes Kleid zerreißt und auf Ihre Manolo-Blahnik-Riemchensandalen pinkelt, wenn Sie die Katzen-Tragetasche hervorholen? Katzen sind schlauer, als Sie denken, und erinnern sich an den letzten Tierarztbesuch, als wäre es gestern gewesen. Seien Sie beruhigt, Ihr

freundlicher Tierarzt versucht nicht, Ihren Liebling zu foltern (Ehrenwort!), aber Katzen verstehen das manchmal einfach nicht. Im Folgenden finden Sie Antworten, die Ihnen Ihr Tierarzt gerne geben würde, wofür ihm aber während des 15-minütigen Termins womöglich keine Zeit bleibt. In diesem Kapitel erfahren Sie, weshalb Ihre Katze vor den tiermedizinischen Antworten davonläuft, nach denen Sie suchen.

Bin ich ein Katzen-Typ oder ein Hunde-Typ?

Katzen sind im Allgemeinen eigenständiger als Hunde und benötigen weniger Zuwendung. Sie halten sich gerne in unserer Nähe auf, erwarten jedoch, dass man sie nur dann füttert und streichelt, wenn sie es wollen. Katzen leisten einem großartig Gesellschaft, die mit entspannenden, blutdrucksenkenden Schnurrlauten und dem zusätzlichen Bonus bulimischen Erbrechens von Haarballen auf den Teppich um drei Uhr nachts einhergeht. Sie können gut in kleineren Wohnungen gehalten werden, benötigen jedoch routinemäßige tierärztliche Fürsorge (wie zum Beispiel alljährliche Untersuchungen), auch wenn sie nicht den Elementen und anderen Katzen ausgesetzt sind. Als Katzenbesitzer kann man durchaus einmal übers Wochenende verreisen, ohne sich um einen Tiersitter kümmern zu müssen, der zwei- bis dreimal am Tag vorbeikommt. Da Katzen eine durchschnittliche Lebenserwartung von 15 bis 20 Jahren haben, sollten Sie sich nur dann eine anschaffen, wenn Sie auch wirklich bereit sind, einem Haustier gegenüber eine Verpflichtung über einen so langen Zeitraum einzugehen.

Hunde sind im Vergleich dazu wesentlich anspruchsvollere Gefährten. Sie müssen nicht nur dreimal am Tag spazieren geführt werden, sondern brauchen jemanden, der verantwortungsbewusst ihre Hinterlassenschaften aufsammelt, sie mit Futter und Wasser versorgt, mit ihnen spielt und in ihrer Nähe schläft. Falls Sie sich nicht sicher sind, wie viel Zuwendung Sie aufbringen können, sollten Sie sich klarmachen, dass Hunde sehr viel Arbeit machen. Ihre Gesellschaft, Freundschaft und Anhänglichkeit sind das natürlich allemal wert, wenn Sie jedoch nicht die erforderliche Zeit und Energie haben, ist jetzt noch nicht der richtige Zeitpunkt für Sie, sich einen Hund zuzulegen. Außerdem – und das würde Ihnen jede Katze bestätigen – sind Katzen ohnehin viel kultivierter als Hunde.

Entspricht ein Jahr im Leben einer Katze tatsächlich sieben Jahren im Leben eines Menschen?

Viele sind der Meinung, ein Jahr im Leben eines Hundes entspräche sieben Jahren im Leben eines Menschen, doch das stimmt nicht ganz und gilt auch nicht für Katzen. Es gibt weder eine Regel für dieses 1:7-Verhältnis noch irgendwelche wissenschaftlichen Daten zu diesem Thema. Außerdem gilt es zu berücksichtigen, dass verschiedene Rassen oder Züchtungen unterschiedlich schnell altern und (Über-)Gewicht, Ernährung, genetische Voraussetzungen und Umweltfaktoren ebenfalls eine Rolle spielen. Diese Formel kann zwar als gute allgemeine Richtlinie dienen, ist aber vor allem an den beiden Enden des Altersspektrums ungenau: bei sehr jungen und bei sehr alten Tieren. Eine einjährige Katze befindet sich unter

Umständen bereits in der »Pubertät«, was für ein siebenjähriges Mädchen nicht gilt. Andererseits werden viele Katzen 15 bis 20 Jahre alt, was nach dieser Umrechnungsmethode beim Menschen einem Alter von 105 bis 140 Jahren entspräche, und es gibt bekanntlich nicht viele Menschen, die 140 werden. Am ehesten entspricht ein Katzen-Lebensjahr im »mittleren Alter« sieben Lebensjahren eines Menschen.

Eine einjährige Katze lässt sich in ihrer Entwicklung mit einem etwa 15-jährigen Jugendlichen vergleichen, eine zweijährige Katze mit einem ungefähr 24-jährigen jungen Erwachsenen. Danach entspricht jedes Lebensjahr etwa fünf Jahren im Leben eines Menschen. Ich teile das Lebensalter gerne in weiter gefasste Kategorien ein: Baby, Kleinkind, Kind, Jugendlicher, junger Erwachsener, Erwachsener, Erwachsener mittleren Alters, Senior, Greis und, äh, tot. Der Alterungsprozess wird von verschiedenen Faktoren beeinflusst, doch das Wichtigste, woran Sie denken müssen, ist die Tatsache, dass Ihre Katze altert, und mit ihr ihr Körper, und Sie deshalb unbedingt regelmäßig für Vorsorgeuntersuchungen mit ihr zum Tierarzt gehen sollten. Werfen Sie außerdem einen Blick auf die Altersvergleichstabelle auf Seite 58 und besuchen Sie die Antech- und IDEXX-Websites.

Wie viele Katzen sind zu viele?

Müssen wir diese Frage tatsächlich beantworten?

Ja, leider müssen wir. Hin und wieder hört man in den Nachrichten, dass ein verrückter »Tier-Messie« enttarnt wurde – einer von den Menschen, die bei sich zu Hause heimlich

Hunde				Katzen	Äquivalentes Menschenalter
Alter	Kleine Rasse	Mittelgroße Rasse	Große Rasse	Alter	
1	15	15	15	6 Monate	10
2	24	24	24	1	15
3	28	28	28	2	24
4	32	32	32	3	28
5	28	36	36	4	32
6	40	42	45	5	36
7	44	47	50	6	40
8	48	51	55	7	44
9	52	56	61	8	48
10	56	60	66	9	52
11	60	65	72	10	56
12	64	69	77	11	60
13	68	74	82	12	64
14	72	78	88	13	68
15	76	83	93	14	72
16	80	87	120	15	76
17	84	92		16	82
18	88	96		17	84
19	92	101		18	88
20				19	92
21				20	96
				21	100

IDEXX Altersvergleichstabelle[1] (siehe Quellenverzeichnis)
http://www.idexx.com/animalhealth/education/diagnosticedge/200509.pdf

hundert Katzen gehortet haben (und hoffentlich nicht in Ihrer Nachbarschaft wohnen).[2] Zum Leidwesen der Katzen ist der Modus Operandi von katzenbegeisterten, nach Urin stinkenden und derangierten Tier-Messies ziemlich traurig. Erhebungen zufolge sind die meisten von ihnen unverheiratet und leben alleine (und Sie dachten schon, es sei schwierig, mit zwei Katzen einen Partner zu finden!). Tier-Messies stammen aus den unterschiedlichsten sozioökonomischen Verhältnissen und sind in der Regel älter als 60 Jahre. Um dem Ganzen die Krone aufzusetzen, handelt es sich bei über drei Vierteln aller Tier-Messies um Frauen, was nicht gerade zum guten Ruf alleinstehender Frauen beiträgt. In etwa 70 Prozent der Fälle werden größere Mengen von Tierurin und -fäkalien im Wohnbereich gefunden. Falls Sie das bereits schlimm finden, sollten Sie wissen, dass auch jedes vierte Tier-Messie-Bett mit Tierkot verschmutzt ist – was Ihnen vermutlich keine große Lust darauf macht, sich mit einem von ihnen zu verabreden oder gar in die Kiste zu steigen. Traurigerweise werden in 80 Prozent der Fälle kranke oder tote Tiere im Haus aufgefunden, und in 60 Prozent der Fälle sind sich die verantwortlichen Personen des Problems nicht einmal bewusst. Offenbar sind Katzen dabei die »Verliererspezies«: In etwa zwei Drittel der Fälle sind die betroffenen Tiere Katzen, wobei manchmal auch kleine Hunde und Hasen gehortet werden.[3]

Dieses Buch wird zwar aller Wahrscheinlichkeit nach nicht den Weg ins Bücherregal eines Tier-Messies finden, doch wir Tierärzte empfehlen normalerweise, nicht mehr als vier bis fünf Katzen zu halten. Manchmal stoße ich meine Kollegen und Freunde vor den Kopf, wenn ich sage, dass für mich die

Grenze zum Wahnsinn bei sechs Katzen liegt. Bei allem, was darüber hinausgeht, hat man meines Erachtens die eine oder andere Schraube locker. Wenn Sie zehn verschiedene Tierärzte fragen, werden Sie vermutlich zehn verschiedene Antworten bekommen. Doch bis diese anderen neun Tierärzte ein rechthaberisches Buch zu diesem Thema geschrieben haben, bleibe ich bei meiner Empfehlung von maximal vier bis fünf Katzen pro Haushalt. Tierverhaltensforscher weisen auf etliche Gefahren in Haushalten mit mehreren Katzen hin. Das Vorhandensein zu vieler Katzen kann zu Problemen beim Urinieren (das heißt, zu »Wildpinkeln« außerhalb der Katzentoilette!), zu Aggressionen und Raufereien zwischen Katzen und zu Schwierigkeiten bei der Überwachung des allgemeinen Gesundheitszustands führen. Wenn man sechs Katzen besitzt, ist es zum Beispiel schwieriger, die Katzentoilette zu kontrollieren, um herauszufinden, ob eine von ihnen unter einer Harnwegserkrankung leidet. Und obwohl ich mein Zuhause *und* meine Tiere liebe, ziehe ich es vor, wenn die Ecken meines mit Teppich ausgelegten Erdgeschosses nicht vollgepinkelt sind – aber das ist natürlich Geschmackssache.

Wie viele Katzen sollten Sie sich also anschaffen? Ich muss sagen, dass ich es genossen habe, einen Ein-Katzen-Haushalt zu führen – als Einzelkind war Seamus Menschen gegenüber (oder genauer gesagt, mir gegenüber) freundlicher und anhänglicher. Seit ich Echo adoptiert habe, bekomme ich Seamus seltener zu Gesicht. Ich wurde offiziell zur Futterquelle und Toilettenfrau degradiert, während meine beiden Katzen nur noch miteinander spielen, sich balgen und herumtoben, und zwar vorzugsweise um drei Uhr nachts neben meinem

Kopf, wenn ich versuche zu schlafen. Die gute Nachricht lautet, dass sich Seamus' Lebensqualität und soziale Kompetenz verbessert haben und er sich mehr bewegt. Leider bekomme ich infolgedessen weniger Schlaf. Zum Glück kann ich mich manchmal rächen, indem ich sie willkürlich um zwei Uhr nachmittags wecke (»Aufwachen, aufwachen!«), während sie ein Nickerchen in der Sonne machen (»Tut mir leid, habt ihr geschlafen?«). Zwei Katzen, ein Hund und Unmengen von Hasen und Vögeln im Garten reichen mir in meinem Haus völlig aus …

Soll ich mir ein junges Kätzchen oder eine ausgewachsene Katze anschaffen?

Ich muss mich beider Varianten schuldig bekennen: Ich habe Seamus als kleines Kätzchen bei mir aufgenommen und Echo als ausgewachsenen Kater. Eigentlich bin ich ein glühender Verfechter der Adoption ausgewachsener Katzen, da Tierheime sich bei ihnen schwerer tun, ein neues Zuhause für sie zu finden. Die meisten Leute wollen süße, knuddelige und verspielte kleine Kätzchen, die in der Regel einen höheren Unterhaltungswert haben; deshalb finden sich für junge Kätzchen in der Regel schnell Adoptiveltern, während die »weniger begehrenswerten« ausgewachsenen Katzen im Tierheim zurückbleiben. Denken Sie jedoch daran, wenn Sie sich ein Kätzchen holen, dass junge Katzen ziemlich übermütig und äußerst aktiv sind – falls Sie also eher nach einem Couchpotato-Gefährten suchen, sind Sie besser damit bedient, eine erwachsene Katze zu adoptieren. Junge Kätzchen bedürfen außerdem einer

gewissen Ausbildung, da sie an die Verwendung eines Kratzbaums oder der Katzentoilette möglicherweise erst herangeführt werden müssen. Allerdings ist eine Katze nur einmal im Leben ein Kätzchen, und falls Sie über die nötige Beharrlichkeit, Zeit und Energie verfügen, stellt die Anschaffung eines jungen Kätzchens eine tolle Möglichkeit dar, eine enge Bindung mit Ihrem neuen vierbeinigen Freund aufzubauen. Falls Sie jedoch nicht auf ein Kätzchen festgelegt und bereit sind, eine ältere Katze zu adoptieren, dann tun Sie es – Ihr Tierarzt und Ihre barmherzigen Mitmenschen werden *richtig* stolz auf Sie sein. Wahrscheinlich werden Sie Mauz damit das Leben retten.

Soll ich mir eine Kurzhaarkatze oder eine Langhaarkatze zulegen?

Sie können sich nicht zwischen einer Kurzhaarkatze und einer Langhaarkatze entscheiden? Ihre Präferenzen in Bezug auf die Haarlänge sollten davon abhängen, wie oft Sie Ihre Katze bürsten oder scheren, erbrochene Haarballen aufsammeln und staubsaugen möchten. Welche Art von Katze Sie sich zulegen, entscheidet darüber, wie oft Sie sie bürsten und sich um ihre Haarpracht kümmern müssen. Ich gebe zu, dass langhaarige Katzen wunderschön, weich und seidig sind. Doch solche Katzen müssen mindestens einmal in der Woche gebürstet werden, um sicherzustellen, dass ihr Fell nicht verfilzt (was schmerzhaft und schwer wieder rückgängig zu machen ist und mich davon abhält, mir selbst jemals Dreadlocks wachsen zu lassen). Leider passen langhaarige Katzen nicht zu meinem ziemlich hek-

tischen Lebensstil. Ehrlich gesagt schaffe ich es kaum, mich um mein eigenes Haar zu kümmern, und ich habe nicht die Zeit, einmal in der Woche eine langhaarige Katze zu bürsten. Seamus und Echo sind beide kurzhaarig (und noch kurzhaariger, nachdem ich sie geschoren habe), und dafür liebe ich sie.

Falls Sie in Erwägung ziehen, sich eine Langhaarkatze zuzulegen, sollten Sie sich darüber im Klaren sein, dass ihre üppige Haarpracht eine Menge Arbeit bedeutet. Stellen Sie sich die Frage, ob es für Sie in Ordnung ist, hin und wieder die ganze Wohnung oder das ganze Haus von Haarballen zu befreien. Wenn nicht, sollten Sie sich eine Kurzhaarkatze zulegen oder Ihrer Langhaarkatze regelmäßig den Löwenschnitt verpassen lassen. Die meisten Haarballen werden problemlos zusammen mit dem Kot ausgeschieden, manchmal können sie jedoch zu Erbrechen oder sogar zu einer Obstruktion führen, die eine teure Operation erfordert. Für diesen Preis können Sie ihr etliche Male eine Löwenfrisur schneiden lassen.

Sind Rassekatzen die besseren Katzen?

Es gibt nicht nur Rassehunde, sondern auch einige wunderschöne Rassekatzen. Je nachdem, nach welchen Charaktereigenschaften, welcher Fellzeichnung, welcher Farbe oder welcher Größe Sie suchen, stehen zahlreiche verschiedene Katzenarten zur Auswahl. Im Gegensatz zu Hunden werden Katzen nicht für bestimmte Zwecke eingesetzt, was auch gut ist, da ich mir nicht sicher bin, ob ich lieber eine Nutzkatze (Polizeikatze gefällig?) oder eine Hütekatze adoptieren würde. Nichtsdestotrotz haben manche Leute möglicherweise Rasse-

präferenzen aufgrund bestimmter Persönlichkeitstypen. Wenn Sie nach einer Rassekatze suchen, sollten Sie sich allerdings im Vorfeld umfassend informieren; wie bei Rassehunden gibt es verschiedene Krankheiten – wie zum Beispiel feline infektiöse Peritonitis, Katzenleukämie oder genetisch vererbte Defekte (wie Herzfehler oder polyzystische Nieren) –, die auf eventuelle Inzucht zurückzuführen sind und deshalb überwiegend in weniger feinen und reinrassigen Katzenzuchten auftreten, bei denen möglicherweise auf entsprechende Überwachung und Tests verzichtet wird. Bevor Sie sich eine Rassekatze anschaffen, sollten Sie sich gründlich über die Rasse Ihrer Wahl informieren und tierärztlichen Rat einholen, um sicherzustellen, dass Sie eine fundierte und gut durchdachte Entscheidung treffen. Falls Sie keine Präferenz haben, sollten Sie bedenken, dass Sie im Tierheim kurz- oder langhaarige Hauskatzen oder -kater jeder erdenklichen Farbe, Rasse, Größe und Zeichnung finden. Sehen Sie sich also um und erforschen Sie Ihre Möglichkeiten.

Welche Katzenrassen sind die beliebtesten,
und welche Rasse eignet sich am besten für mich?

Im Internet findet man zwar das eine oder andere »Welche-Katzenrasse-bin-ich?«-Quiz, doch diese sind nicht mit einem Hunde-Quiz zu vergleichen. Es geht bei ihnen nicht darum, herauszufinden, welcher Rasse man zugehören würde, wenn man als Katze wiedergeboren werden würde (Wäre ich eine Siamkatze, weil ich Asiatin bin?); vielmehr geht es darum, herauszufinden, ob man die Abstammung und Geschichte der

jeweiligen Katzenrasse kennt (Ich kann mit Stolz sagen, dass ich 80 Prozent erreicht habe – allerdings erst nach meinen Recherchen für dieses Buch).

Immer noch nicht sicher? Ich möchte Sie nicht dazu ermuntern, mit dem Strom zu schwimmen, habe aber trotzdem im Folgenden die nach einem Bericht der Cat Fanciers' Association aus dem Jahr 2006 zehn beliebtesten Katzenrassen aufgelistet. Als pessimistische Tierärztin (tut mir leid, aber Ihr Wohl und das Ihrer Katze liegt mir nun einmal am Herzen) habe ich auch die bei den verschiedenen Rassen am häufigsten vorkommenden genetischen Probleme aufgeführt. Ich will damit nicht sagen, dass sie bei allen Katzen der jeweiligen Rasse auftreten, sondern Sie nur wissen lassen, worauf Sie achten sollten!

1. Perserkatzen

Perserkatzen sind bekannt für ihr knautschiges Gesicht, ihre tränenden Augen, ihr chronisches Niesen, ihr gelegentliches Schnarchen und ihr pflegeintensives langhaariges Fell (was bedeutet, dass die Prinzessin häufig gebürstet werden muss). Trotz alledem sind sie aus gutem Grund beliebt: Sie besitzen ein Gesicht, das nur eine Mutter lieben kann. Die schlechte Nachricht lautet, dass diese Rasse ein ererbtes Nierenproblem hat, das als »polyzystische Nierendegeneration« bezeichnet wird. Dabei füllen sich die Nieren mit nicht-funktionierenden Zysten, was bereits in jungen Jahren zu lebensbedrohlichem Nierenversagen führen kann.

2. Maine-Coon-Katzen

Maine-Coon-Katzen gehören zu meinen Favoriten. Sie sind stämmig und grobknochig, besitzen ein wunderschönes, langhaariges Fell und sind außerdem enorm anhänglich. Sie sind die sanften Riesen unter den Katzenrassen, müssen allerdings ausgiebig gekämmt und gebürstet werden. Leider vererbt sich bei dieser Rasse hypertrophe Kardiomyopathie und ist am häufigsten bei jungen Maine-Coon-Katern festzustellen. Dabei handelt es sich um dieselbe Art von Herzkrankheit, die gelegentlich Profi-Basketballspieler tot umfallen lässt, da sie den Herzmuskel zu dick und ineffizient werden lässt.

3. Exotische Kurzhaarkatzen

Die Exotische Kurzhaarkatze wird auch als »Perserkatze für Faulpelze« bezeichnet. Sie sieht aus wie eine Perserkatze und hat dieselbe Persönlichkeit, macht jedoch weniger Arbeit. Perfekt! Ihr kurzhaariges Fell braucht weniger Pflege als das von Perserkatzen, und sie hat trotzdem dieses Gesicht, das nur ihre Mutter (oder ihr Vater) lieben kann.

4. Siamkatzen

Dank *Susi und Strolch* waren Siamkatzen in den Achtzigerjahren überaus populär. Die beiden Siamkatzen aus dem Disney-Film sind recht wirklichkeitsnah dargestellt – mitteilsam, elegant und sehr vorlaut. Fühlen Sie sich allein in Ihrem großen Haus? Das Miauen einer Siamkatze wird es schnell füllen (und zwar andauernd), wenn sie Ihnen von Zimmer zu Zimmer folgt und nach Zuneigung verlangt. Da bei dieser Rasse Asthma und Diabetes mellitus ziemlich verbreitet sind, lassen

Sie mich Ihnen einen Rat geben: Wenn Sie Raucher sind oder dazu neigen, Ihre Katzen fettleibig werden zu lassen (und es hassen, zweimal täglich Injektionen zu geben), ist diese Rasse womöglich nicht die richtige für Sie.

5. Abessinierkatzen

Ich persönlich halte Abessinierkatzen für die schönsten Katzen überhaupt – sie haben ein einzigartiges rotbraunes Fell (wenngleich es sie auch in anderen Farben gibt) und sind extrem anhänglich. Diese Rasse sieht aus wie die ursprüngliche, elegante und königliche Katze, die von den alten Ägyptern verehrt wurde. Abessinierkatzen sind aktive Akrobaten und sind oft dabei zu beobachten, wie sie auf den Kühlschrank und auf Möbelstücke springen. Eine seltene, lebensbedrohliche Krankheit namens Amyloidose, die zum Eindringen abnormalen Gewebes in die Organe führt, ist bei dieser Rasse verbreitet, wenn auch nicht mehr so stark wie früher. Ich bin von dieser Rasse so fasziniert, dass ich mich auf die Warteliste einer Abessinierkatzen-Rettungsorganisation habe setzen lassen.

6. Ragdoll-Katzen

Ragdoll-Katzen sind wie ihr Name – wenn man sie auf den Arm nimmt, bleiben sie dort schlaff wie eine Stoffpuppe liegen. Sie sind die Bob Marleys unter den Katzenrassen: relaxt, locker und sanft.

7. Burma-Katzen

Burma-Katzen sehen aus wie langhaarige Siam-Perserkatzen mit weißen Vorderpfoten. Sie stammen ursprünglich aus Bur-

ma (dem heutigen Myanmar), wo sie von den Khmer als heilig verehrt wurden, da sie mit den Kittah-Priestern in Tempeln lebten. Wie alle Katzenrassen möchten sie wie Könige behandelt werden!

8. American-Shorthair-Katzen

American-Shorthair-Katzen sind vermutlich die einzige Katzenrasse, die in die Kategorie »Nutzkatzen« passen würde, falls es diese gäbe. Sie stammen von den Schiffskatzen auf der *Mayflower* ab, die an Bord gehalten wurden, um die Nagetier-Population im Zaum zu halten. Bei dieser Rasse gibt es eine Menge Variationen, berühmt ist sie aber vor allem für ihre auffällige, schwarz gestromte Fellzeichnung.

9. Orientalisch-Kurzhaar-Katzen

Von der Orientalisch Kurzhaar gibt es über dreihundert verschiedene Untergattungen. Sie stammt von der Siamkatze ab und ist im Wesen sehr ähnlich (wenngleich sie vielleicht nicht ganz so vorlaut ist). Man bekommt sie in fast jeder erdenklichen Farbe und Zeichnung.

10. Sphynx-Katzen

Sie können Katzenhaare nicht ausstehen? Dann legen Sie sich eine unbehaarte Sphynx-Katze zu. Diese Rasse wird seit 1966 gezüchtet, als eine kurzhaarige Hauskatze ein haarloses Kätzchen zur Welt brachte, und hat sich seitdem verbreitet. Sphynx-Katzen sind einzigartig in ihrer äußeren Erscheinung und fühlen sich etwas merkwürdig und fettig an, wenn man an Katzenhaar gewöhnt ist. Aber seien Sie ge-

warnt: Diese Rasse ist nicht hypoallergen! Die winzigen Partikel, die in getrocknetem Katzenspeichel zu finden sind und nicht im Fell, sind der Auslöser Ihrer Allergien – und auch Sphynx-Katzen putzen sich. Im Abschnitt »Kann ich mir eine hypoallergene Katze kaufen?« in diesem Kapitel erfahren Sie mehr über Hautschuppen, Speichel und Allergien.

Bevor Sie eine Entscheidung treffen, sollten Sie die wichtigsten Eckdaten jeder Katzenrasse kennen, die Sie problemlos im Internet finden. Recherchieren Sie sorgfältig, und wenden Sie sich im Zweifelsfall an große Züchterverbände, etwa den 1. Deutschen Edelkatzen-Züchterverband oder den Verband Deutscher Katzenfreunde.

Welche Lebenserwartung hat die Katze meiner Freundin?

Katzen, die in der Wohnung oder im Haus gehalten werden, haben eine durchschnittliche Lebenserwartung von 14 bis 18 Jahren. Die eine oder andere erreicht sogar das greisenhafte Alter von 20 Jahren. Leider ist der Lebensspanne von Katzen, die das Abenteuer in der freien Natur suchen, wesentlich kürzer und beträgt Statistiken zufolge nur zwei bis fünf Jahre.[4] Zu den häufigsten Todesursachen bei Katzen, die in der Wohnung oder im Haus gehalten werden, zählen chronisches Nierenversagen und Krebs; bei Katzen, die im Freien leben, sind Verletzungen (die sie sich zuziehen, wenn sie zum Beispiel von einem Auto angefahren, von einem anderen Tier angegriffen

oder von Nachbars Rotzbengel mit einer Steinschleuder an-
geschossen werden) und ansteckende Krankheiten wie Katzenleukämie, feline infektiöse Peritonitis oder das feline Immundefizienzvirus die häufigsten Todesursachen. Sie können
die Katze Ihrer Freundin nicht leiden? Sie zu einem unfrei-
willigen Wochenend-Frischluftfanatiker zu machen ist wirklich … unangebracht!

Eine kürzlich vom Tierfutterhersteller Purina durchgeführte Studie, in der auf Diät gesetzte Hunde mit kontrolliert ge-
fütterten Hunden (denen die auf Hundefutterdosen empfohlene Menge gefüttert wurde) verglichen wurden, kam zu dem
interessanten Ergebnis, dass die Hunde, die weniger zu fressen
bekamen, auch weniger wogen und einen geringeren Körper-
fettanteil hatten.[5] Laut dieser Studie hatten diese Hunde auch
eine deutlich höhere Lebenserwartung. Klinische Anzeichen
für chronische Erkrankungen traten bei ihnen ebenfalls später
auf. Die Ergebnisse legen nahe, dass eine 25-prozentige Ver-
ringerung der Nahrungsmenge die mittlere Lebenserwartung
erhöht und das Ausbrechen chronischer Erkrankungen ver-
zögert.[6] Mit anderen Worten: Schlanke Hunde leben voraus-
sichtlich länger als übergewichtige, was man sich unbedingt
merken sollte, nachdem in Amerika zwischen 40 und 70 Prozent aller Haustiere fettleibig sind.[7] Wir Katzenbesitzer sollten
uns das ebenfalls zu Herzen nehmen, schließlich möchten wir
doch alle, dass unsere Lieblinge ihren 20. Geburtstag erleben,
oder etwa nicht? Nachdem die Mehrheit unserer Hauskatzen
zu dick ist, sind das ermutigende Nachrichten, die Felix dabei
helfen werden, an seinen Vorsätzen fürs neue Jahr festzuhalten.
Noch warten wir darauf, dass Purina dieselbe Studie auch bei

Katzen durchführt, doch im Großen und Ganzen gilt dieser Rat vermutlich für alle Arten (diejenige, der Sie und ich angehören, eingeschlossen). Abgesehen von Gewichtsabnahme sind vor allem jährliche tierärztliche Routineuntersuchungen wichtig, und zwar insbesondere dann, wenn Ihre Katze in die Jahre kommt, da auf diese Weise gesundheitliche Probleme früher erkannt werden.

Sie müssen sich unbedingt darüber im Klaren sein, für wie lange Sie sich festlegen, wenn Sie sich eine Katze anschaffen: Das Kätzchen in der Zoohandlung oder im Tierheim mag hinreißend aussehen, doch wie schon einmal gesagt: Sie müssen sich darauf einstellen, dass Sie eine Verpflichtung über einen Zeitraum von 20 Jahren eingehen! Das bedeutet eine Menge Katzenstreu, Aufweck-Übungsläufe um Ihren Kopf um drei Uhr nachts, Katzenfutter und Tierarztrechnungen. Zum Glück werden Sie dafür aber im Gegenzug mit Schnurren und Zuneigung belohnt.

Soll ich mit meinem Freund Schluss machen, weil er meine Katze nicht mag?

Ja.

Einige Pikanterien finden Sie im Abschnitt »Wie bringe ich meinen Freund dazu, dass er Katzen mag?«, doch bis dahin sollten Sie noch einmal in sich gehen.

Welche sind die zehn beliebtesten Katzennamen?

Natürlich, wenn etwas Geschmacksache ist, dann ein Name. Und es gibt jede Menge Exotisches. Manch Katzenliebhaber nennt seinen vierbeinigen Liebling Flamedancer, Thabatitha-lai oder Ataaha. Aber es gibt doch Namen, die sich verbreite-ter Beliebtheit erfreuen:

Weibliche Katzennamen:	Männliche Katzennamen:
1. Minka	1. Felix
2. Miezi	2. Karlo
3. Tinka	3. Tiger
4. Purzel	4. Cäsar
5. Schnurri	5. Max
6. Molly	6. Simba
7. Kitty	7. Tom
8. Julchen	8. Charlie
9. Cleo	9. Lucky
10. Lilly	10. Sammy

Die beliebtesten Katzennamen der 450.000 bei der größten amerikanischen Haustier-Krankenversicherungsgesellschaft (VPI) versicherten Katzen (beider Geschlechter):

1. Max
2. Chloe
3. Lucy
4. Karlo

5. Tiger
6. Smokey
7. Oliver
8. Bella
9. Sophie
10. Princess

Wenn Sie vermeiden möchten, bei der Namensfindung für Ihr neues Kätzchen langweilig zu sein, habe ich ein paar hilfreiche Tipps für Sie. Zunächst einmal sollten Sie nichts überstürzen, wenn Sie einen Namen für Ihre Katze aussuchen – schließlich wird sie ihn ohnehin wochenlang ignorieren, bevor sie auch nur so tut, als würde sie ihn erkennen. Vielleicht wird Ihnen ihre Persönlichkeit einen Hinweis darauf geben, wie Sie sie nennen könnten. Sie werden einige Zeit brauchen, um festzustellen, dass Miezi ziemlich schüchtern ist, während sich Hermes als erstaunlich faul erweist. Ich persönlich benenne Tiere am liebsten nach Erinnerungen – ob es sich dabei nun um mein Lieblingsherrchen oder -frauchen, meinen Lieblingspatienten, meine Lieblingsstadt oder meine Lieblingswandergegend handelt. Für den Namen »Seamus« habe ich mich entschieden, weil ich während meiner Zeit in Boston einen Langzeit-Patienten hatte, der so hieß. Nachdem ich ihn irrtümlicherweise im Wartezimmer als »Si-mus« (und nicht mit der korrekten irischen Aussprache als »Schä-mus«) aufgerufen hatte, entschloss ich mich zum Zeichen der Demut, meinem Kater diesen tollen Namen zu geben. Eine meiner Kolleginnen taufte ihr neues Kätzchen Tettegouche nach einer ihrer Lieblingswandergegenden im Norden von Minnesota.

Zugegeben, Tettegouche ist ein echter Zungenbrecher, doch daraus entstand der wirklich niedliche Spitzname Gouche.

Allem voran sollten Sie einen Namen aussuchen, der für Ihre Katze leicht zu erkennen ist, weil sie sonst nur Bahnhof verstehen wird. Ein zweisilbiger Name, der auf einen Vokal endet (wie »Micki« oder »Sally«) macht es Ihrer Katze leichter, ihren Namen zu identifizieren. Einer meiner Katzen-Patienten heißt Odysseus, doch sein leichter zu erkennender Spitzname lautet Fetti – das mag zwar nicht gerade politisch inkorrekt sein, endet aber auf einen Vokal, und von daher geht das in Ordnung. Er scheint seinen Spitznamen gut zu erkennen. Zu guter Letzt sollten Sie noch darauf achten, einen Namen auszuwählen, für den Sie sich nicht schämen, wenn Ihr Tierarzt ihn im Wartezimmer aufruft. »Muschi« ist auch Ihrem Tierarzt ein bisschen unangenehm, wie lustig Sie es auch finden mögen.

Soll ich mir lieber eine reinrassige Katze oder lieber eine »Mischlingskatze« (kurzhaarige Hauskatze) zulegen?

Grundsätzlich plädiere ich dafür, eine Katze aus dem Tierheim oder aus einer Notsituation zu retten, es sei denn, man sucht aus einem bestimmten Grund nach einer bestimmten Rasse. Verstehen Sie mich bitte nicht falsch, ich habe selbst Vorlieben für bestimmte Rassen und würde gerne einige reinrassige Katzen besitzen. Das wachsende Problem der Haustier-Überbevölkerung spricht allerdings dafür, eine gute alte, stinknormale (aber liebenswerte) Mischlingskatze davor zu retten, im Tierheim eingeschläfert zu werden. Aufgrund des

Heterosis-Effekts bei Hybriden, der Kombination des »besten genetischen Materials«, sind kurzhaarige Hauskatzen in der Regel gesünder als Rassekatzen und weniger anfällig für Erbkrankheiten.

In jüngerer Vergangenheit wurden einige rassespezifische Rettungsorganisationen ins Leben gerufen. Rassekatzen werden von ihren Besitzern häufig wegen Verhaltens- oder Gesundheitsproblemen abgegeben, und rassespezifische Pflegeorganisationen helfen, ein neues Zuhause für sie zu finden. Auch viele Tierheime haben oft reinrassige Katzen abzugeben und sind manchmal sogar bereit, Interessenten auf eine Warteliste für eine bestimmte Rasse zu setzen. Es ist immer das Beste, sich genau zu informieren, welche Optionen zur Auswahl stehen.

Wie suche ich beim Züchter die richtige Katze aus?

In diesem Zusammenhang muss ich noch einmal die Werbetrommel für die Vorzüge des Heterosis-Effekts rühren. Hauskatzen oder »Mischlingskatzen« haben aufgrund des erweiterten Genpools mit »besserem« genetischen Material weniger Probleme als Rassekatzen; außerdem bekommt man eine »Mischlingskatze« in der Regel umsonst. Das soll nicht heißen, dass kurzhaarige oder langhaarige Hauskatzen keine gesundheitlichen Probleme haben; diese Probleme treten bei ihnen nur seltener auf.

Von der robusteren Gesundheit abgesehen gibt es noch einen weiteren guten Grund dafür, eine stinknormale 08/15-Katze zu adoptieren: Sie helfen dadurch mit, der Überbele-

gung von Tierheimen entgegenzuwirken. Es landen jährlich Zigtausende von »unerwünschten« Katzen und anderen Tieren im Tierheim. Wenn Sie eine von ihnen adoptieren, retten Sie ein Leben und reduzieren die Zahl der Katzen, die jedes Jahr wegen Überfüllung der Tierheime eingeschläfert werden müssen.

Trotz alledem ist nichts verkehrt daran, sich eine reinrassige Katze zu wünschen. Manche Rassen haben tatsächlich wunderbare Eigenschaften, und falls Sie sich eine ganz bestimmte Farbe oder Fellzeichnung wünschen, ist eine Rassekatze womöglich genau das, wonach Sie suchen. Ob Sie Ihre Katze auf Ausstellungen oder nur Ihren Freunden präsentieren möchten – bei einer Rassekatze haben Sie die beste Chance, genau die Farbe, Ausführung und Variante zu bekommen, die Sie sich in den Kopf gesetzt haben. Bevor Sie jedoch willkürlich eine erwerben, sollten Sie ausgiebig recherchieren und Ihre Hausaufgaben machen. Holen Sie unbedingt Informationen über die medizinische Vorgeschichte des Züchters Ihrer Wahl ein, ehe Sie Ihre Rassekatze bei ihm erwerben. Sind bei ihren Eltern und Wurfgeschwistern irgendwelche für diese Rasse typischen Anzeichen für ererbte oder angeborene Krankheiten zu erkennen? Verantwortungsbewusste Züchter lassen ihre Katzen vor dem Verkauf untersuchen und ihre Gesundheit bescheinigen, damit Sie sich sicher sein können, ein gesundes Tier zu erwerben. Da die Vererbung von Herzkrankheiten, Asthma, Diabetes und entzündlichen Darmerkrankungen innerhalb einer Zucht häufiger vorkommt, sollten Sie sich vor dem Erwerb einen umfassenden Stammbaum zeigen lassen. Nehmen Sie sich vor Züchtern in Acht, deren

gesamte Zuchtlinie von Katzen völlig makellos ist – das ist nämlich äußerst unwahrscheinlich. Verantwortungsbewusste, ehrliche Züchter geben einem diese Informationen unaufgefordert. Vermeiden Sie zukünftigen Kummer, indem Sie sich Zeit nehmen und sicherstellen, dass Ihr Kätzchen gesund ist.

Statten Sie als Nächstes dem Züchter Ihrer Wahl einen Besuch ab und inspizieren Sie seine Einrichtungen. Sind die Käfige sauber, trocken und gut in Schuss? Sind sie ausreichend beleuchtet und in einer freundlichen Umgebung aufgestellt? Falls sich die Käfige in einem dunklen Keller oder in einer dunklen Garage befinden, sollten Sie sich anderweitig umsehen. Besteht die Möglichkeit, sich die Eltern anzusehen? Wurden die Eltern regelmäßig geimpft, und sind sie jährlich zur Routineuntersuchung beim Tierarzt gewesen? Sind alle Katzen des Züchters negativ auf Katzenleukämie und feline Immundefizienz getestet worden? Hat der Züchter jemals einen Fall von feliner infektiöser Peretonitis gemeldet? Bekommen die Eltern Floh- und Zeckenprophylaxe, oder werden sie im Idealfall sogar im Haus gehalten? Sind die Wurfgeschwister alle gesund und gut versorgt? Hat der Züchter sie bereits entwurmen und ihnen ihre erste Impfung (von drei bis vier Kätzchenimpfungen) geben lassen? Falls dem nicht so ist, empfehle ich Ihnen, sich anderweitig umzusehen. Wenn sich der Züchter diese erste Impfung und Untersuchung nicht leisten kann, kann er es sich nicht leisten, zu züchten, und sollte es auch nicht tun. Darüber hinaus sollten Kätzchen bei ihrer Mutter bleiben, bis sie mindestens sechs oder sieben (besser noch acht) Wochen alt sind, damit sichergestellt ist, dass sie sich angemessen sozialisieren; jeder, der junge Kätzchen vor diesem

Alter verkauft, sorgt dafür, dass sie sich isoliert fühlen, und ist womöglich nicht auf das Wohlergehen seiner Katzen bedacht. Zu guter Letzt sollte ein verantwortungsbewusster Züchter bereit sein, die Gesundheit seines Kätzchens zu garantieren und Rückerstattung oder ein Umtauschrecht einräumen, falls sich irgendwelche Probleme ergeben sollten.

Wenn Sie sich nicht sicher sind, wohin Sie sich wenden sollen, um Ihre Suche nach einer Rassekatze zu beginnen, dann lassen sie sich von einem Tierarzt einen guten Züchter empfehlen. Hören Sie sich bei Freunden und Verwandten um. Recherchieren Sie im Internet. Zeigen Sie Verantwortungsbewusstsein und informieren Sie sich. Es ist wirklich herzzerreißend, mit ansehen zu müssen, wenn jemand, der gerade eine Bindung mit seinem neuen Kätzchen eingegangen ist, nach acht Wochen herausfindet, dass es an einer angeborenen Krankheit leidet. Da ich Ihnen garantieren kann, dass Ihnen Ihr neuer vierbeiniger Freund sehr schnell ans Herz wachsen wird, sollten Sie gleich am Anfang sichergehen, dass er gesund ist.

Haben Katzen tatsächlich neun Leben?

Katzen sind wahre Überlebenskünstler, und das sage ich Ihnen als Tierärztin. Ich habe schon mehrmals miterlebt, dass Katzen wirklich Unglaubliches überstanden haben. Ein Kollege von mir behandelte einmal ein Kätzchen, das halberfroren, halbtot ins Animal Medical Center (AMC) in New York gebracht worden war. Obwohl er fünf Versuche von Herz-Lungen-Wiederbelebung unternahm, starb das Kätzchen

und konnte nicht reanimiert werden. Mein Kollege eilte zum nächsten Notfall, doch als er zurückkam, stellte er fest, dass das Licht im OP noch brannte und das Kätzchen inzwischen wieder am Leben war, aufgewärmt und wiederbelebt von der Beleuchtung. Das tapfere Kätzchen wurde nach der Fernsehserie *Ripley's unglaubliche Welt* auf den Namen »Ripley« getauft. Es trug dabei zwar ein chronisches Nierenleiden davon, war jedoch jahrelang das Wunder-Maskottchen der AMC-Notaufnahme. Manche Katzen scheinen also tatsächlich neun Leben zu haben.

Wie gebe ich meiner Katze Tabletten?

Nun, als Katzenbesitzerin kann ich mit denjenigen meiner Patientenherrchen und -frauchen mitfühlen, die ich mit Antibiotika in flüssiger Form oder in Tablettenform nach Hause schicke. Es ist nicht ganz so einfach, wie es aussieht, und erst als ich selbst versucht habe, meiner Katze flüssige Medikamente einzuflößen, wurde mir bewusst, dass das noch schwieriger ist, als Tabletten zu verabreichen.

Bevor Sie beginnen, sollten Sie sicherstellen, dass Sie die Tablette zwischen Daumen und Zeigefinger Ihrer dominanten Hand halten oder sie in Reichweite deponiert haben. Am einfachsten ist es, wenn Sie Ihre Katze zunächst in die richtige Position bringen: Keilen Sie sie mit dem Rücken zu Ihnen sanft zwischen Ihren Beinen ein, während Sie über ihr in die Hocke gehen. Legen Sie Daumen und Zeigefinger Ihrer nicht-dominanten Hand von oben um den Kopf Ihrer Katze, und zwar sicher hinter die Eckzähne (die großen, spitzen)

des Oberkiefers, damit sie Sie nicht beißen kann. Gleichzeitig dirigieren Sie die Nase Ihrer Katze Richtung Zimmerdecke, wodurch sich ihr Unterkiefer leicht öffnen wird. Legen Sie den Mittelfinger Ihrer dominanten Hand zwischen die unteren Eckzähne Ihrer Katze und drücken Sie ihren Unterkiefer kurz nach unten, wenn Sie ihr die Tablette, die Sie zwischen Daumen und Zeigefinger halten, in den Rachen fallen lassen, während Sie ihre Nase weiterhin zur Decke gerichtet halten. Schließen Sie mit sanftem Druck das Maul Ihrer Katze, während sie wie wild schleckt und (hoffentlich) die Tablette schluckt. Unter Umständen hilft es auch, ihr den Hals zu streicheln, was sie zu unwillkürlichem Schlucken stimuliert.

Verzweifeln Sie nicht, falls Ihnen meine Beschreibung nicht ganz einleuchtet – es gibt zahlreiche tolle Videos und Websites im Internet, die zeigen, wie man einer Katze Tabletten gibt.[8] Konsultieren Sie tiermedizinische Quellen wie das Cornell Feline Health Center, um sich Tipps auf Video zu holen. Falls Sie Zweifel haben, bitten Sie Ihren Tierarzt oder einen seiner Assistenten, Ihnen zu zeigen, wie man Tabletten verabreicht. Sie werden im Handumdrehen entweder (a) ein Tabletten-Profi werden oder (b) einen Haufen ausgespuckte Tabletten hinter dem Sofa im Wohnzimmer finden.

Für diejenigen unter Ihnen, die erfahren darin sind, ihrer Katze Tabletten zu verabreichen, ist hier etwas Stoff zum Nachdenken, der seit einer Weile im Internet zirkuliert:[9]

Wie man einer Katze eine Tablette verabreicht

1. Heben Sie die Katze hoch und positionieren Sie sie in der linken Armbeuge, als würden Sie ein Baby halten. Legen Sie Daumen und Zeigefinger der rechten Hand links und rechts ans Maul der Katze und üben Sie leichten Druck auf ihre Wangen aus, während Sie die Tablette in der rechten Hand halten. Sobald die Katze das Maul öffnet, lassen Sie die Tablette hineinfallen. Erlauben Sie der Katze, das Maul zu schließen und zu schlucken.

2. Heben Sie die Tablette vom Boden auf und holen Sie die Katze hinter dem Sofa hervor. Positionieren Sie die Katze sanft in der linken Armbeuge und wiederholen Sie die oben beschriebenen Schritte.

3. Holen Sie die Katze aus dem Schlafzimmer; heben Sie die durchweichte Tablette auf und werfen Sie sie weg.

4. Nehmen Sie eine neue Tablette aus der Verpackung, positionieren Sie die Katze in der linken Armbeuge und halten Sie ihre hinteren Pfoten mit der linken Hand fest. Drücken Sie ihr Ober- und Unterkiefer auseinander und drücken Sie ihr die Tablette mit dem rechten Zeigefinger in den Rachen. Halten Sie ihr das Maul zu und zählen Sie bis zehn.

5. Bergen Sie die Tablette aus dem Goldfischglas und holen Sie die Katze vom Schrank herunter. Rufen Sie Ihren Ehepartner aus dem Garten herein.

6. Knien Sie sich auf den Boden, klemmen Sie sich die Katze fest zwischen die Beine und halten Sie ihre hinteren und ihre vorderen Pfoten fest. Ignorieren Sie das tiefe Knurren der Katze. Bitten Sie Ihren Ehepartner, den Kopf der Kat-

ze mit einer Hand festzuhalten und ihr mit der anderen Hand ein Holzlineal ins Maul zu schieben. Lassen Sie die Tablette über das Lineal rollen und reiben Sie der Katze energisch den Hals.

7. Holen Sie die Katze von der Vorhangstange und nehmen Sie eine neue Tablette aus der Verpackung. Notieren Sie sich, dass Sie ein neues Lineal kaufen und die Vorhänge reparieren müssen.

8. Wickeln Sie die Katze in ein großes Handtuch und bitten Sie Ihren Ehepartner, sich so auf die Katze zu legen, dass nur ihr Kopf unter seiner Achsel hervorschaut. Stecken Sie die Tablette in einen Trinkhalm, hebeln Sie der Katze mit einem Bleistift das Maul auf und pusten Sie in den Trinkhalm.

9. Lesen Sie auf dem Beipackzettel nach, um sich zu vergewissern, dass die Tablette nicht schädlich für Menschen ist, und trinken Sie ein Glas Wasser, um den Geschmack zu neutralisieren. Bringen Sie ein Pflaster am Unterarm Ihres Ehepartners an und entfernen Sie mit kaltem Wasser und Seife das Blut vom Teppich.

10. Holen Sie die Katze aus dem Schuppen Ihres Nachbarn. Nehmen Sie eine neue Tablette aus der Verpackung. Setzen Sie die Katze in einen Schrank und schließen Sie die Tür so weit, bis nur noch ihr Kopf herausschaut. Hebeln Sie ihr Maul mit einem Teelöffel auf. Bitten Sie Ihren Ehepartner, ihr die Tablette mit einem Gummiband in den Rachen zu schießen.

11. Holen Sie einen Schraubenzieher aus der Garage und hängen Sie die Schranktür wieder in ihre Scharniere ein.

Drücken Sie sich einen kalten Wickel gegen die Wange und sehen Sie nach, wie lange Ihre letzte Tetanusimpfung zurückliegt.

12. Lassen Sie sich von Ihrem Ehepartner in die Notaufnahme fahren. Bleiben Sie ruhig sitzen, während ein Arzt Ihre Finger und Unterarme näht und die Tablette aus Ihrem rechten Auge entfernt.

13. Lassen Sie die Katze vom Tierschutzverein abholen und erkundigen Sie sich bei der örtlichen Tierhandlung, ob Hamster vorrätig sind.

Nur zur Sicherheit: Das war natürlich alles ein Scherz!!

Wie Sie sehen, ist es nicht ganz so einfach, wie es scheint. Bitten Sie Ihren Tierarzt bei Bedarf um Hilfe (wie zum Beispiel um Tabletten mit Fischgeschmack).

Wie man einem Hund eine Tablette verabreicht

1. Wickeln Sie die Tablette in Schinkenspeck.

Warum sind so viele Menschen allergisch gegen Katzen, und was löst diese Allergien aus?

Tiermediziner sind sich nicht sicher, weshalb offenbar immer mehr Menschen allergisch gegen Katzen sind. Vielleicht werden heutzutage mehr Katzen um ihrer Gesundheit und Sicherheit willen in der Wohnung oder im Haus gehalten, sodass die Allergene konzentrierter auftreten. Möglicherweise liegt

es aber auch daran, dass die Katzenpopulation in Privathaushalten mit 80 Millionen mittlerweile die Hundepopulation in den Vereinigten Staaten übersteigt, und deshalb immer mehr Menschen feststellen, dass sie allergisch sind. Der Übeltäter heißt Fel d1, ein Glycoprotein, das Katzen in ihren Talgdrüsen produzieren und dann über Haut und Speichel ausscheiden. Wenn Katzen sich putzen, verteilen sie dieses Allergen auf ihrem ganzen Körper (und überall in Ihrem Haus, auf Ihrem Teppich, in Ihrem Bett, auf Ihren Haushaltstextilien und Kleidungsstücken) und sorgen damit bei Ihnen für rote, juckende Augen und eine laufende Nase.

Kann ich mir eine hypoallergene Katze kaufen?

Zwischen 5 950 und 125 000 Dollar müssen Sie hinblättern, um eine hypoallergene Katze von Allerca Lifestyle Pets – 2006 von der Zeitschrift *Time* zu einer der besten medizinischen Erfindungen gewählt – Ihr Eigen nennen zu können. Lifestyle Pets hat offenbar einen Weg gefunden, um genetische Abweichungen zu kreieren, die das Katzenallergen Fel d1 reduzieren. Auf diese Weise entsteht eine sogenannte »Allerca-GD-Katze«, die keine Allergien auslöst. Je nachdem, wie exotisch Sie Ihre neue hypoallergene Katze haben möchten (vielleicht mit etwas afrikanischem Serval oder asiatischer Bengalkatze vermischt), werden Sie mit bis zu 125 000 Dollar zur Kasse gebeten. Keine Sorge – diese hypoallergenen Katzen sind angeblich »freundlich, verspielt und anhänglich«[10], wobei sie bei ihrem Preis eigentlich auch in der Lage sein sollten, ihre Toilette selbst auszuleeren und Ihnen dabei gleich Ihre Post mit-

zubringen. Für Ihr Geld bekommen Sie auch eine Katze mit mittellangem Haarkleid und können aus einem ganzen Sortiment von Fellfarben und -mustern sowie verschiedenen Größen wählen. Leider müssen Sie sich auf eine ein- bis zweijährige Lieferzeit einstellen, wenn Sie jedoch 1950 Dollar extra zahlen, können Sie die Wartezeit von zwei Jahren auf wenige Monate verkürzen.

Wie Sie sehen, kann man sich mit Geld also doch Glück kaufen. Oder eine Menge Taschentücher und Allergietabletten.

> Ich liebe meine Katze, reagiere aber extrem allergisch auf sie! Was soll ich tun?

Diejenigen unter Ihnen, die auf ihre Katze allergisch reagieren, sollten ihrem katzenfeindlich eingestellten Hausarzt nicht glauben: Sie müssen sich nicht *unbedingt* von Ihrer Katze trennen, nur weil Sie Allergiker sind. Falls Sie unter schweren Allergien und Asthma leiden und Medikamente Ihnen nicht helfen, ist das natürlich eine andere Geschichte. Vermeidung ist in der Regel die beste präventive Medizin gegen Ihre Allergien, aber Katzen sind einfach so liebenswert, dass wir ohne sie nicht überleben können (sehr zum Missfallen Ihres Allergologen). Ein überraschend hoher Prozentsatz von Tierärzten leidet ebenfalls unter Katzenallergie, doch wir werden damit fertig, indem wir Katzen-Schnüffel-Wettbewerbe meiden und Antihistaminika einnehmen. Glücklicherweise bin ich persönlich nur gegen Hasen allergisch und meide Meister Lampe deshalb wie die Pest.

Es gibt einige Tricks, die Sie anwenden können, um Ihre allergischen Reaktionen zu lindern. Mit Hilfe von Schwebstofffiltern, Antihistaminika, Inhalatoren, Steroiden und Anti-Allergiespritzen lassen sich einige mildere Formen von Allergien hemmen. Für das richtige Antihistaminikum zur Langzeitanwendung konsultieren Sie bitte Ihren Hausarzt oder Allergologen. Zu empfehlen sind darüber hinaus Parkettböden, die einfacher zu reinigen sind als Teppiche, und häufiges Saugen (mit einem Staubsauger mit Schwebstofffilter) kann ebenfalls einige Symptome lindern. Außerdem ist es wichtig, dass Sie bei sich zu Hause einen katzenfreien, ausschließlich für Zweibeiner reservierten Bereich haben (zum Beispiel das Schlafzimmer, wo Sie ein Drittel Ihres Lebens verbringen). Zu guter Letzt – auch wenn Ihre Katze Sie dafür hassen wird – lässt sich die Menge von Hautschuppen (die sich auf ihrem ganzen Fell befinden, da sie sich überall leckt und putzt) drastisch reduzieren, wenn Sie sie einmal in der Woche mit Wasser waschen. Falls Sie finanziell gut gestellt sind und zwei Jahre warten können, bleibt immer noch die Option, dass Sie sich eine hypoallergene Katze anschaffen.

Muss ich meine Katze hergeben, weil meine Kinder allergisch gegen sie sind?

An alle Kinder-Allergologen, die das hier lesen: Bitte raten Sie Ihren Patienten nicht, ihre Katze herzugeben, nur weil ihr Kind allergisch ist! Je früher Kinder Allergenen wie Katzen-Hautschuppen oder Hundehaaren ausgesetzt sind, so haben verschiedene Studien gezeigt, desto *weniger* Allergien haben

sie als Erwachsene![11] Falls Ihre Katze bei Ihrem Kind allerdings asthmatische allergische Anfälle auslöst, sollten Sie mit Ihrem Ehepartner in einem aufrichtigen Gespräch darüber entscheiden, ob Sie sich Ihrer Katze oder Ihres Kindes entledigen.

Wie kann ich meine Katze für meine allergischen Gäste erträglicher machen?

Falls Sie Freunde haben, die gegen Katzen allergisch sind, sollten Sie ein paar Tage lang einen Schwebstofffilter laufen lassen, bevor diese Freunde zu Besuch kommen (was Überraschungsbesuchen vermutlich einen Riegel vorschiebt). Gründliches Staubsaugen und Putzen im Vorfeld hilft ebenfalls. Am meisten würde es allerdings bringen, wenn Sie Ihre Teppichböden entsorgen und durch einen Parkettboden ersetzen würden ... aber das hängt vermutlich davon ab, wie eng Sie tatsächlich mit Ihren Besuchern befreundet sind. Vorausgesetzt, Sie besitzen einen guten Luftfilter, den Sie häufig austauschen, lässt sich auch durch das Einschalten der Klimaanlage oder durch Ausräuchern ein Teil der Hautschuppen entfernen. Schließen Sie Ihre Katze(n) vor der Ankunft Ihrer Gäste in einem Zimmer ein, das niemand benutzen wird, damit Letztere nicht unmittelbar mit ihnen in Kontakt kommen. Abgesehen davon können Sie noch in Erwägung ziehen, Antihistaminika als Party-Geschenke zu verteilen. Wenn alle Stricke reißen, dürfen Sie in Zukunft eben nur noch mit nicht-allergischen Katzenliebhabern befreundet sein.

Warum hat es den Anschein, als würden die Krallen
meiner Katze an den hinteren Pfoten langsamer
wachsen als an den vorderen?

Die meisten Katzenbesitzer stellen fest, dass sie ihrer Katze die
Krallen an den hinteren Pfoten nur selten schneiden müssen,
während die Krallen an den vorderen Pfoten deutlich schneller wachsen. Woran liegt das? Leider sind wir Tiermediziner
uns nicht ganz sicher, denn es gibt dafür keinen pathophysio-
logischen Grund. Da Katzen die Krallen an ihren Vorderpfoten zur Verteidigung, zum Klettern und zum Scharren in der
Katzentoilette verwenden, nutzen diese sich aufgrund der höheren Beanspruchung stärker ab, was sie möglicherweise zu
schnellerem Wachstum stimuliert. Die Krallen an den hinteren Pfoten dienen Katzen zum Erklimmen von Bäumen und
helfen ihnen bei »spielerischen« Attacken auf ihre Mitbewohner, wenn sie mit den Hinterbeinen »ausschlagen«, besitzen
davon abgesehen aber eigentlich keine Funktion. Vermutlich
wachsen die Krallen an den vorderen Pfoten schneller, damit
sie trotz häufiger Verwendung messerscharf bleiben.

Wie schneide ich meiner Katze die Krallen, und wie oft
muss ich sie ihr schneiden?

Ah, die Freuden der Katzen-Eigentümerschaft. Es ist nicht
immer so einfach, wie es aussieht, nicht wahr? Sie müssen Ihre
Katze nicht nur in Ihren vier Wänden ihr Geschäft verrichten
lassen und anschließend ihre Toilette leeren, sondern auch versuchen, ihr die Krallen zu schneiden, ohne dabei einen Besuch

in der Notaufnahme (Ihretwegen!) zu riskieren. Um nicht zerfleischt zu werden, gewöhnen Sie Ihre Katze am besten früh ans Krallenschneiden. Spielen Sie jeden Tag ein paar Minuten lang sanft mit ihren Pfoten und Ballen, solange sie noch ein Kätzchen ist – auf diese Weise gewöhnt sie sich daran, dass Sie ihre Füße berühren (schließlich hat nicht jeder einen Fußfetisch). Besorgen Sie sich einen sanften, aber effektiven Nagelknipser. Ich persönlich bevorzuge Miniatur-Krallenknipser mit gummierten Griffen speziell für Katzen, die aussehen wie eine Schere. Die sind klein, benutzerfreundlich, preiswert und ihr Geld wert. Nagelknipser für Menschen funktionieren ebenfalls gut, da sie klein und handlich sind. Kommen Sie aber bloß nicht auf die Idee, einen von diesen sperrigen, guillotinenartigen Krallenknipsern für Hunde zu verwenden, die die Krallen Ihrer Katze zerschreddern und ihr eine hässliche und schmerzhafte Pediküre bescheren würde.

Üben Sie sich in Geduld. Versuchen Sie erst gar nicht, alle Krallen in einem Aufwasch zu schneiden; Sie und Ihre Katze werden sich sonst hassen. Ich nehme mir immer nur eine Pfote vor und gebe mich mit dem zufrieden, was ich meinen Katzen abverlangen kann. Ihre Katze wird sich womöglich wundern, warum sie mit einer Pfote auf ihren langen Krallen steppt, während sie mit der anderen plattfüßig dahintappt, aber glauben Sie mir, das ist ihr lieber, als einer Rundumbehandlung unterzogen zu werden.

Um Ihrer Katze die Krallen zu schneiden, legen Sie den Daumen von oben auf einen »Zeh« und den Zeigefinger von unten auf den entsprechenden Ballen. Wenn Sie beide vorsichtig zusammendrücken, werden Sie feststellen, dass Ihre

Katze die Kralle ausfährt. Sie können jetzt erkennen, dass die Kralle aus einem durchsichtigen und einem rosafarbenen Teil besteht. Knipsen Sie rasch und beherzt so viel wie möglich von dem durchsichtigen Teil der Kralle ab. Gehen Sie dabei nicht zu nah an das rosafarbene Gewebe heran (das von Nerven und Blutgefäßen durchzogen ist), da das für Ihre Katze schmerzhaft ist und Blutungen hervorruft. Nach ein paar erfolgreich getrimmten Krallen sollten Sie Ihrer Katze eine wohlverdiente Belohnung geben und sich selbst eine Pause gönnen.

Wie oft Sie Ihrer Katze die Krallen schneiden, hängt davon ab, wie sehr Ihnen Ihr Ledersofa am Herzen liegt. Ich versuche, einmal im Monat daran zu denken, und werde schmerzhaft daran erinnert, wenn Seamus und Echo nachts über meinen Kopf marschieren, um mit mir zu kuscheln. Da die Krallen an den Vorpfoten schneller zu wachsen scheinen als die Krallen an den Hinterpfoten, müssen Sie Letztere seltener trimmen (was auch gut ist, weil sich das Schneiden der hinteren Krallen als schwieriger erweist). Ich habe festgestellt, dass ich die vorderen Krallen meiner Katze einmal im Monat schneiden muss, die hinteren dagegen nur alle paar Monate. Im Zweifelsfall ist es das Sicherste, wenn die Krallen Ihrer Katze immer so kurz wie möglich getrimmt sind, damit niemand verletzt wird (sprich Sie!). Das ist besonders wichtig, wenn noch andere Tiere oder Kinder in Ihrem Haushalt leben und es Kratzer und Verletzungen (absichtliche oder unabsichtliche) zu verhindern gilt. Denken Sie daran: Je länger die Kralle, desto größer der Schaden, den sie anrichten kann (da sie tiefer ins Gewebe eindringt). Außerdem gibt es einige, wenn auch seltene Krankheiten, die Sie sich von Ihrer Katze holen können, wenn

Sie von ihr gekratzt werden, also achten Sie darauf, dass ihre Krallen stets gestutzt sind (siehe »Was versteht man unter der Katzenkratzkrankheit?« im 10. Kapitel).

Falls Ihre Katze unter Hyperthyreose (Schilddrüsen-Überfunktion) leidet, werden Sie womöglich feststellen, dass ihre Krallen überdurchschnittlich schnell wachsen. Die Krallen sind in diesem Fall auch häufig brüchig und besonders dick und können beim Schneiden brechen. Ihre Katze braucht zwar keine Maniküre mit Paraffinwachs oder Vaseline, doch Sie sollten beim Trimmen ihrer Krallen besonders vorsichtig sein. Was noch wichtiger ist: Falls Ihnen gleichzeitig übermäßiger Durst, größere Klumpen in der Katzentoilette und Gewichtsabnahme trotz Heißhunger auffallen, sollten Sie Ihre Katze für eine Schilddrüsenuntersuchung zum Tierarzt bringen – und ihr bei der Gelegenheit gleich noch einen kostenlosen Krallenschnitt verpassen lassen. Weitere Informationen finden Sie im Abschnitt »Was ist Hyperthyreose?« in diesem Kapitel.

Warum benutzt meine Katze mein Sofa als Kratzbaum, und wie bringe ich sie dazu, dass sie damit aufhört?

Obwohl Sie Unsummen ausgeben und Ihrer Katze hübsche kleine, mit Teppich verkleidete Häuschen, Kratzbäume, Katzenminze und Spielzeuge kaufen, bevorzugt sie aus unerfindlichen Gründen teure Einrichtungsgegenstände wie zum Beispiel Ihr Mikrofaser-Sofa. Warum?

Katzen kratzen aus verschiedenen Gründen. Da sich unter ihren Ballen Duftdrüsen befinden, verbreiten sie gerne ihren

Geruch, um andere Katzen wissen zu lassen, dass dieser Teil des Hauses ihnen gehört. Katzen kratzen aber auch, weil es sich gut anfühlt – vielleicht haben Sie die Krallen Ihrer Katze zu lang wachsen lassen, und das ist ihre Methode, um sie auf natürliche Weise abzunutzen oder sogar abzureißen. (Ist Ihnen schon einmal aufgefallen, dass gelegentlich die äußere Hülle einer Kralle herumliegt?) Außerdem werden beim Kratzen die vorderen Gliedmaßen gedehnt, was ungefähr dasselbe ist, als würden Sie eine Handmassage bekommen.

Es gibt ein paar Dinge, die Sie tun können, um Ihre Katze am Kratzen zu hindern. Zum einen sollten Sie die Krallen Ihrer Katze kurz halten, da sie dann weniger Schaden anrichten kann und ihr Kratzbedürfnis hoffentlich geringer ist. Zum anderen sollten Sie versuchen, Ihre Möbel weniger verlockend zu machen (da Mikrofaser einfach so schön weich ist). Das erreichen Sie, indem Sie an bevorzugten Stellen doppelseitiges Klebeband oder Alufolie anbringen. Vergewissern Sie sich aber, dass das Klebeband Ihre Möbel nicht stärker beschädigt, als Ihre Katze es tun würde. (Tipp: Bringen Sie an antikem Holz kein Klebeband an.) Die klebrige Oberfläche des doppelseitigen Klebebands hält Katzenpfoten von gefährdeten Stellen fern. Falls Sie skeptische Blicke Ihrer Besucher nicht stören, können Sie auch Alufolie auf Ihre Möbel kleben: Die kalte, metallische, knittrige Oberfläche wird Ihre Katze in die Flucht schlagen. Sie wird schnell lernen, dass es nicht mehr so viel Spaß macht wie früher, am Sofa zu kratzen. Ihre Freunde werden diese Dekoration zwar für ein wenig seltsam halten, aber was tut man nicht alles, um den Mikrofaserbezug zu retten. Die schlechte Nachricht lautet, dass Ihre Katze womög-

lich erst recht kratzen wird, sobald Sie das Klebeband oder die Alufolie wieder entfernen. Noch ein Tipp zur Auswahl Ihrer Möbel: Mein Examensgeschenk an mich selbst war eine teure italienische Couchgarnitur (mit Fünfjahresgarantie); der Verkäufer versicherte mir, dass das Leder weich und geschmeidig genug sei, um dem Druck von Krallen nachzugeben, und er sollte Recht behalten. Das Leder reizt meine Katzen einfach nicht und hat – toi, toi, toi – bislang noch keine Kratzspuren.

Eine andere Methode, mit der Sie die Couchgewohnheiten Ihrer Katze korrigieren können, ist die, ihr negatives Feedback zu geben. Das setzt allerdings voraus, dass Sie sie auf frischer Tat beim Kratzen ertappen. Falls Ihnen das gelingt, wird eine kurze Dusche aus einer Wasserpistole sie schnell lehren, nicht in Ihrer Gegenwart zu kratzen. Ihre Katze kratzt zwar womöglich den ganzen Tag, während Sie bei der Arbeit sind, aber auf diese Weise können Sie sich zumindest für ein paar Minuten wie die Alpha-Katze fühlen. Leider ist es äußerst unwahrscheinlich, dass Ihre Katze lernen wird, sich in Ihrer Abwesenheit zurückzuhalten, und wenn Sie nicht gerade planen, Ihren Job zu kündigen, um Ihr Sofa zu retten, müssen Sie wahrscheinlich auf andere Möglichkeiten zurückgreifen.

Wichtig ist auch, dass Sie Ihrer Katze beibringen, einen Kratzbaum zu benutzen. Falls Ihr Billig-Kratzbaum in der hintersten dunkelsten Kellerecke versteckt ist, in die sich niemand verirrt, wird er nichts nützen. Wenn sich das Kratzbaum-Material beim Kratzen nicht gut anfühlt (wie zum Beispiel billiger Karton), wird Ihre Katze ihn nicht benutzen. Gönnen Sie Ihrer Katze nur das Beste! Versuchen Sie es mit grob gefloch-

tenem Seil, Teppich oder Sisal (einem teppichähnlichen Material) und achten Sie darauf, dass der Kratzbaum gut positioniert und stabil konstruiert ist (wenn er auf Ihre Katze fällt, während sie daran kratzt, kann ich Ihnen garantieren, dass sie ihn nie wieder anrühren wird). Auch wenn es Ihr Feng Shui beeinträchtigen mag, sollten Sie den Kratzbaum in der Zimmermitte oder in der Nähe einer vertikalen oder horizontalen Oberfläche aufstellen, an der Ihre Katze gerne kratzt, da Katzen nun einmal gern im Mittelpunkt stehen. Ich habe einen meiner Kratzbäume unter dem Couchtisch stehen; dort schmerzt er meine Innenarchitekten-Freunde nicht in den Augen, ist aber trotzdem zentral genug positioniert, damit meine Katzen ihn auch benutzen.

Zu guter Letzt können Sie es auch mit Bestechung versuchen. Verleiten Sie Ihre Katze dazu, in der Nähe des Kratzbaums zu spielen, indem Sie dort Belohnungen und Spielzeug platzieren. Sie können jederzeit Katzenminze auf dem Kratzbaum verstreuen, da gegen chemische Beeinflussung unter bestimmten Umständen nichts einzuwenden ist. Wenn alle Stricke reißen, können Sie immer noch einen Tiertrainer konsultieren oder, im schlimmsten Fall, eine Krallenentfernung in Erwägung ziehen. Ich persönlich führe diesen chirurgischen Eingriff nicht durch, wenn er jedoch verhindert, dass Ihre Katze im Tierheim landet oder gar eingeschläfert wird, unterstütze ich Ihre Entscheidung.

Ist es Tierquälerei, einer Katze die Krallen
entfernen zu lassen?

Krallenentfernung bei Katzen ist auch unter Tiermedizinern
noch immer ein höchst umstrittenes Thema. In vielen Ländern ist sie verboten, etwa in Deutschland. Einige Tierärzte
befürworten Krallenentfernung aus zwei Gründen: Zum einen
kann sie einer Katze helfen, ein neues Zuhause zu finden, da
sie das Risiko von Schäden an Einrichtungsgegenständen reduziert. Zum anderen bewahrt sie möglicherweise einige Katzen davor, eingeschläfert zu werden, nachdem sie Möbelstücke
beschädigt oder Kinder im Haushalt gekratzt haben.

Ich persönlich plädiere dafür, es stattdessen zunächst mit
Verhaltenstraining und Vorbeugungsmaßnahmen zu versuchen. Deshalb führe ich selbst auch keine Krallenentfernungen
durch. Selbstverständlich habe ich diesen Eingriff erlernt und
im Lauf meines Tiermedizinstudiums ein oder zwei Mal vorgenommen, doch ich bin keine Expertin darin. Das liegt daran, dass ich meine Assistenzzeit im Angell Memorial Animal Hospital (das der Massachusetts Society for the Prevention of Cruelty to Animals angegliedert ist) verbracht habe,
wo dieser Eingriff aus ethischen Gründen nicht durchgeführt
wurde.

Wenn alle Tricks nichts nützen und Ihre Katze Sie einfach ignoriert, ist eine Krallenentfernung unter Umständen
der letzte Ausweg. Zunächst sollten Sie wissen, dass es etliche verschiedene Varianten der Krallenentfernung gibt: Onychektomie, Lasertherapie, Tendotomie und die Verwendung
von Krallen-Überzügen aus Vinyl. Wenn Tierärzte Krallen

entfernen, tun sie das im Allgemeinen nur an den Vorderpfoten, da sich dort die Krallen befinden, die Ihr Sofa zerkratzen. Nur die vorderen Krallen zu entfernen, ist nicht nur preiswerter, die Entfernung der Krallen an den hinteren Pfoten ist in der Regel sogar überflüssig und verursacht Ihrer Katze mehr Schmerzen als nötig. Wenn Sie Ihrer Katze die Krallen an den Vorderpfoten haben entfernen lassen, dürfen Sie trotzdem nicht vergessen, ihr die Krallen an den Hinterbeinen alle paar Monate zu stutzen.

Unter Onychektomie versteht man die Entfernung des dritten Zehenglieds mit Hilfe eines Skalpells oder Nagelknipsers. Dabei wird der vorderste Teil der Zehen Ihrer Katze amputiert (was Ihrer Fingerspitze einschließlich Fingernagel entspricht), sodass die Kralle nie wieder nachwächst. Das ist die am weitesten verbreitete Methode zur Krallenentfernung, die Tierärzte durchführen und die in der Regel problemlos verläuft. Zu den gelegentlichen Komplikationen bei diesem Eingriff gehören Schmerzen, Blutungen, bleibende Schäden an den Ballen, vorübergehende Schwellungen an den Pfoten, Infektionen und chronische Lähmungserscheinungen. In seltenen Fällen kann unvollständiges Entfernen der Keimzellen zum Nachwachsen der Kralle führen. Da diese Methode der Krallenentfernung die schmerzhafteste ist, sollten Sie unbedingt sicherstellen, dass Ihr Tierarzt Ihrem Kätzchen vor und nach der Operation genügend Schmerzmittel verabreicht.

Lasertherapie stellt eine andere, konservative Variante der Onychektomie dar. Sie ist schnell, verursacht minimale Gewebeschäden und sorgt für einen raschen Heilungsprozess. Allerdings ist sie nur bedingt verfügbar, da längst nicht alle Tier-

ärzte über die teuren Gerätschaften verfügen. Außerdem erfordert Lasertherapie eine Menge Erfahrung, also sollten Sie sich unbedingt mit Ihrem Tierarzt unterhalten, um herauszufinden, ob diese Methode in Frage kommt.

Tendotomie ist weniger invasiv, da die Kralle dabei nicht entfernt wird. Stattdessen wird die tiefe Beugesehne im Pfotengelenk durchtrennt, sodass Ihre Katze ihre Krallen nicht mehr ausfahren kann. Oder anders formuliert: Sie besitzt nach wie vor ihre geladene Pistole, kann sie aber nicht mehr ziehen. Die Krallen bleiben eingezogen, nachdem die Sehnen durchtrennt wurden, was die Fähigkeit zu kratzen einschränkt, doch die Krallen werden infolgedessen möglicherweise stumpf und dick und müssen trotzdem regelmäßig getrimmt werden. In seltenen Fällen kann es bei einer Tendotomie zu Komplikationen kommen. Falls Ihr Tierarzt zum Beispiel die falsche Sehne durchtrennt (die benachbarte oberflächliche Beugesehne), besteht die Gefahr, dass Ihre Katze auf Dauer unter einer abnormalen plattfüßigen Pfotenstellung leidet. (Die gute Nachricht lautet, dass sie dann nicht zum Wehrdienst eingezogen werden kann.)

Falls Sie Ihrer Katze die Krallen entfernen lassen möchten, sollten Sie das grundsätzlich lieber früher als später tun (im Alter zwischen etwa drei und sechs Monaten). Sie sollten den Eingriff durchführen lassen, bevor Ihre Katze lernt, an Möbelstücken zu kratzen. Ein weiterer wichtiger Grund, früh zu handeln, ist der, dass sich junge Katzen schneller erholen und der Heilungsprozess bei ihnen kürzer ist – sie laufen binnen weniger Tage wieder herum und spielen. Entgegen dem verbreiteten Großstadtmythos führt Krallenentfernung bei äl-

teren Katzen nicht zu einem Verlust von Gleichgewicht und Agilität, doch ihre Genesung kann ein paar Wochen länger dauern. Schlussendlich sollten Sie sich einen Tierarzt suchen, der ihr nach dem Eingriff schmerzstillende Medikamente gibt. Ich gebe Katzenbesitzern nach jeder Operation ein orales Schmerzmittel namens Buprenorphin (ein Morphium-ähnliches Medikament) für mehrere Tage mit nach Hause.

Für diejenigen unter Ihnen, die vor einer Operation zurückschrecken, bieten sich als Alternative die sogenannten »Soft Paws«, die keinen chirurgischen Eingriff erfordern. Dabei handelt es sich um Kappen aus Vinyl, die auf die vorderen Krallen Ihrer Katze geklebt werden und sie auf nichtinvasive Weise daran hindern sollen, Möbelstücke zu beschädigen. Obwohl diese Kappen vermutlich nicht besonders bequem sind (stellen Sie sich vor, Sie müssten mit aufgeklebten Fingernägeln tippen), scheinen Katzen sie einigermaßen gut zu tolerieren. Auf der Soft-Paws-Website finden Sie außerdem nützliche Tipps, wie Sie Ihrer Katze die Krallen schneiden, wie Sie die Kappen mit Klebstoff füllen und wie Sie diese schnell und sicher ankleben (siehe Quellenverzeichnis). Angeblich halten Soft Paws vier bis sechs Wochen (abhängig von Ihren Klebekünsten), doch ich habe immer wieder welche im Haus verstreut, in der Katzentoilette und sogar in Seamus' Stuhlgang (sie sind ziemlich ungefährlich und offenbar leicht wieder auszuscheiden, wie Seamus bewiesen hat) gefunden, als ich sie ausprobiert habe. Das Gute daran ist, dass Sie mit allen möglichen Farben und Ausführungen experimentieren können. Und nein, Sie können Ihre Katze nicht im Nagelstudio abgeben, werden aber zum Profi, nachdem die ersten zehn oder zwölf Soft Paws

in Ihrem Haar, im Gesicht Ihrer Katze, an Ihren Fingerspitzen und auf Ihrer Kleidung kleben.

Darf ich meine krallenlose Katze ins Freie lassen?

Eine krallenlose Katze ins Freie zu lassen, ist dasselbe, als würde man sie unbewaffnet in die Schlacht schicken. Da Katzen sich ohne ihre Krallen nicht verteidigen können, müssen sie unbedingt in der Wohnung oder im Haus gehalten werden, nachdem ihnen diese entfernt wurden. Falls sich Ihre Krallenlose nach einem Ausflug ins Freie sehnt, können Sie in Betracht ziehen, sie draußen unter Zuhilfenahme einer Leine zu beaufsichtigen (siehe »Kann ich meine Katze daran gewöhnen, ein Geschirr zu tragen und an der Leine zu gehen?« im 5. Kapitel). Obwohl manche Katzen auch ohne Krallen auf Bäume klettern können, um sich vor Gefahren in Sicherheit zu bringen (mit Hilfe ihrer Krallen an den hinteren Pfoten), ist dies ganz offensichtlich viel schwieriger und setzt Ihre Katze unmittelbaren Risiken aus. Ich habe bereits viel zu viele Katzen in der Notaufnahme gesehen, die von Hunden oder Kojoten schrecklich zugerichtet worden waren, und wenn ich feststelle, dass es sich bei ihnen um arme und wehrlose krallenlose Katzen handelt, die ins Freie gelassen wurden, bricht mir das jedes Mal das Herz.

Warum hat meine Katze zusätzliche Zehen?

Genau wie Menschen in seltenen Fällen zusätzliche Finger besitzen, können Katzen zusätzliche Zehen haben. Bei diesem

als »Polydaktylie« bezeichneten Phänomen ist ein zusätzlicher Zeh vorhanden, der funktional ist oder nicht und über normal entwickelte Knochen und Gelenke verfügt oder nicht. Dieses ererbte Merkmal nützt Ihrer Katze zwar nichts (da sie trotzdem nicht in der Lage ist, einen Stift in die Pfote zu nehmen), schadet ihr aber auch nicht. In Ithaca im US-Bundesstaat New York gab es einen rötlich getigerten Kater mit zusätzlichen Zehen, der in der Stadt offenbar viel herumgekommen ist. Deshalb ist die Quote feliner Polydaktylie in Ithaca merklich höher als anderenorts. Polydaktylie stellt aus medizinischer Sicht zwar kein Problem dar, Sie dürfen aber trotzdem nicht vergessen, dass die Kralle am zusätzlichen Zeh ebenfalls geschnitten werden muss. Mein grau-weißer Kater Seamus, den ich in Boston adoptiert habe, hat an beiden vorderen Gliedmaßen jeweils zwei zusätzliche Zehen; da er aussieht, als würde er riesige Handschuhe tragen, hätte ich ihn beinahe nach dem berühmten Bostoner Baseballstadion Fenway getauft. Da die Red Sox zur damaligen Zeit allerdings nicht besonders erfolgreich waren, habe ich mich schließlich doch dagegen entschieden. Inzwischen bereue ich es hin und wieder.

Kann meine Katze Blut spenden?

Ob Sie es glauben oder nicht, auch in der Veterinärmedizin werden Bluttransfusionen vorgenommen. Katzen, die bei chirurgischen Eingriffen Blut verlieren oder unter Blutarmut leiden (aufgrund von Nierenversagen, Problemen mit dem Immunsystem, Krebs oder Katzenleukämie), brauchen unter Umständen eine Bluttransfusion, damit sich die Anzahl ihrer

roten Blutkörperchen wieder erhöht. Bei Katzen gibt es nur drei Hauptblutgruppen: A, B und AB. Inzwischen ist noch eine weitere Blutgruppe mit der Bezeichnung »Mik« (benannt nach einer Katze namens Michael) aufgetaucht, doch dieser Typ ist so selten, dass es bislang noch keine verlässliche Testmöglichkeit gibt. Grundsätzlich muss jede Katze einem Blutgruppentest unterzogen werden (der im Rahmen einer Blutuntersuchung erfolgen kann), bevor sie eine Bluttransfusion erhält, da es bei Katzen keinen »universellen Spender« gibt (mit Ihrem 0-Negativ-Blut kann sie nichts anfangen).

Falls Sie in der Nähe einer veterinärmedizinischen Hochschule oder einer Tierklinik wohnen, können Sie in Erwägung ziehen, Ihre Katze zu einem periodischen Blutspender zu machen. Dafür bekommt Ihr Kätzchen nicht nur einen goldenen Stern von seinem Tierarzt, sondern auch kostenloses Katzenfutter, eine medizinische Untersuchung und ein gutes Katzenkarma für die Zukunft. Da Katzen nicht ganz so entspannt sind wie Hunde, müssen sie zum Blutspenden sediert werden, ganz egal, wie gut ihre Venen sind. Um als Spender in Frage zu kommen, muss eine Katze generell ziemlich umgänglich sein, mehr als fünf Kilo wiegen, zwischen zwei und sieben Jahre alt sein, ein lückenloses Impfbuch haben, über eine Gesundheitsbescheinigung verfügen und ausschließlich in der Wohnung oder im Haus gehalten werden (was auch für alle anderen Mitbewohner-Katzen im Haushalt gilt). Außerdem darf sie (abgesehen von Herzwurm-, Floh- und Zeckenprophylaxe) keine Medikamente einnehmen. Eine potentielle Spenderkatze muss darüber hinaus negativ auf Katzenleukämie und felines Immundefizienzvirus getestet sein, darf noch nie zur Zucht

verwendet worden sein und noch keine Bluttransfusion erhalten haben. Diese Liste mag Ihnen lang erscheinen, aber prüfen Sie, ob Ihre Katze geeignet wäre, da sie womöglich helfen könnte, einer anderen Katze das Leben zu retten. Und das ist ein wirklich tolles Gefühl!

Was versteht man unter FIV und FeLV?

Katzen-AIDS ist unter der Bezeichnung felines Immundefizienzvirus (FIV) bekannt und wird von einem Lentivirus verursacht, das derselben Familie von Retroviren angehört, die sich für Katzenleukämie (FeLV oder »felines Leukämie-Virus«) verantwortlich zeigen. Diese beiden Viren können zwar nicht auf den Menschen übertragen werden, ähneln jedoch beide dem menschlichen AIDS-Virus und waren deshalb die ersten Viren, die Wissenschaftler zur Erforschung von AIDS heranzogen. Sowohl FIV als auch FeLV werden von Katze zu Katze über Speichel, Blut und Körperflüssigkeiten übertragen, wobei die Ansteckung meistens bei Kämpfen (mit Streunerkatzen aus der Nachbarschaft) oder über die Plazenta (das Junge bei der Mutter) erfolgt. Darüber hinaus können diese Viren durch sexuellen Kontakt übertragen werden, was jedoch eher selten geschieht. Aggressive, nicht kastrierte Kater, die im Freien unterwegs sind und gerne raufen und beißen, sind am stärksten gefährdet, sich diese Viren einzufangen, und geben sie durch Bisse weiter. Falls Sie Ihre gesunde Katze nach draußen lassen, lesen Sie bitte den Abschnitt »Soll ich meine Katze gegen Katzen-Leukämie impfen lassen?« im 10. Kapitel.

Katzen mit FIV können wesentlich länger leben als Kat-

zen mit FeLV, obwohl beide Viren dem HI-Virus ähneln und das Immunsystem der Katze schwächen, was zu chronischen Krankheiten, Unwohlsein und Gewichtsverlust führt. Betroffene Katzen können Bakterien, Viren und Parasiten nicht mehr abwehren und leiden deshalb unter Anämie, schweren Zahnfleischerkrankungen, Fieber, Augenproblemen (Uveitis), Atemnot (aufgrund von Flüssigkeit in der Lunge) und sogar Krebs (Lymphosarkome).

Da diese potentiell tödlichen Viren die Lebenserwartung Ihres frisch adoptierten Kätzchens drastisch senken und möglicherweise an Ihre anderen Katzen übertragen werden können, müssen Sie Ihren Neuzugang unbedingt so bald wie möglich testen lassen. Ihr Tierarzt kann diesen Test bei Ihrem neuen Kätzchen anhand von ein paar Tropfen Blut sofort durchführen und Ihnen binnen weniger Minuten die Ergebnisse mitteilen. Glücklicherweise ist dieser Bluttest ziemlich genau, sodass Sie anschließend beruhigt nach Hause gehen können. Falls Ihre Katze positiv getestet wird, sollten Sie sofort mit Ihrem Tierarzt besprechen, was zu tun ist. Leider sind beide Viren so ansteckend für andere Katzen, dass positiv getestete Katzen nur in Wohnungen und Häusern gehalten werden sollten und nur in Haushalten, in denen es keine anderen oder nur FIV- oder FeLV-positive Katzen gibt. Schließlich möchten Sie doch nicht, dass Ihre infizierte Katze zur Thypus-Mary des Viertels wird, oder?

Was ist Hyperthyreose?

Unter Hyperthyreose versteht man eine Hormonstörung (oder endokrine Disruption, für diejenigen unter Ihnen, die wissenschaftlich bewandert klingen möchten), bei der die Schilddrüse zu viele Schilddrüsenhormone produziert. Das führt zu einem überstimulierten, hyperaktiven Stoffwechsel. Die Schilddrüsen befinden sich zu beiden Seiten der Luftröhre, und wir Tierärzte sollten normalerweise nicht in der Lage sein, sie zu ertasten – was wir versuchen, wenn wir bei einer Routineuntersuchung den Hals Ihrer Katze in Ihren Augen unsanft bearbeiten. Aber machen Sie sich keine Sorgen, falls wir tatsächlich einen Schilddrüsenknoten ausfindig machen sollten, da diese nur selten kanzerös sind. Es besteht jedoch die Gefahr, dass es sich dabei um ein gutartiges, aber überaktives Adenom handelt (das überschüssige Gewebehormone produziert), das irgendwann Hyperthyreose auslösen kann. Sollte Ihr Tierarzt ein Adenom im Frühstadium entdecken, ist dieses möglicherweise noch nicht »funktionell«. Mit anderen Worten, Ihre Katze wird *eines Tages* an Hyperthyreose erkranken, muss aber jetzt noch nicht daran leiden. Ich war vor einem Jahr sehr erschrocken, als ich bei Seamus einen Schilddrüsenknoten entdeckte. Glücklicherweise hatte er einen normalen Thyroidspiegel im Blut und zeigte noch keine Symptome. Da dieser Schilddrüsenknoten jedoch leider irgendwann aktiv werden wird, muss ich ihn genau im Auge behalten.

Von Hyperthyreose sind üblicherweise Katzen ab dem mittleren Alter betroffen. Falls Sie feststellen, dass Ihre Katze abnimmt, mehr als gewöhnlich trinkt oder trotz Gewichtsverlust

mit Heißhunger frisst (wünschen wir uns nicht alle, wir hätten dieses Problem?), dann gehen Sie mit ihr zum Tierarzt, um einen Bluttest und eine Schilddrüsenuntersuchung durchführen zu lassen. Keine Sorge – Hyperthyreose ist nicht tödlich, muss aber behandelt werden, sonst können schwere, unter Umständen lebensbedrohliche Nebenwirkungen wie Bluthochdruck, Herzerkrankungen und Erblindung auftreten. Sprechen Sie mit Ihrem Tierarzt über sämtliche Optionen, zu denen orale Medikamente (Methimazol), eine Behandlung mit radioaktivem Jod (I_{131}), ein chirurgischer Eingriff oder sogar chemische Entfernung zählen.

Sind Katzen mit weißem Fell und blauen Augen taub?

Taubheit bei weißen Katzen mit blauen Augen wurde bereits 1828 entdeckt[12] und 1859 in Darwins *Die Entstehung der Arten* dokumentiert. Knapp 40 Jahre später wurde von gehörlosen blauäugigen Dalmatinern berichtet. Seit damals wurden weitere wissenschaftlich fundierte Beweise für den Zusammenhang zwischen weißer Pigmentation, blauen Augen und Taubheit bei Hunden und Katzen gesammelt.[13] Dieser komplexe Zusammenhang geht vermutlich auf die Melanozyten zurück, jene Zellen, die für die Pigmentation der Haut und der Haare verantwortlich sind. Sie stammen aus der Neuralleiste, der Quelle aller Nervenzellen im Embryo. Das mag zwar langweilig klingen, erklärt jedoch den Ursprung des Zusammenhangs zwischen Pigmentation und neurologischen Problemen.

Ich werde Sie nicht mit Erklärungen über Pigmentkörn-

chen in Melanozyten und abnormale Neuralleistenzellen-Migration überhäufen, doch Genetiker haben aufgezeigt, dass viele (wenn auch nicht alle) Tiere mit weißem Fell und blauen Augen taub sind. Da die Ausprägung von Genen (oder ihre Fähigkeit, ihre Merkmale zu zeigen) variiert, ist ein gewisser Prozentsatz von weißen Katzen mit blauen Augen taub. Falls Ihre Katze dunkle Flecken, eine gewisse Schwarztönung oder verschiedenfarbige Augen hat (zum Beispiel ein blaues und ein grünes Auge), haben Sie womöglich Glück gehabt, da diese Variablen die Wahrscheinlichkeit verringern, dass sie aufgrund der komplexen genetischen Verbindung taub ist.

Wenn Sie sich nicht sicher sind, ob Ihre Katze taub ist oder nicht, sollten Sie zu Hause einen Verhaltenstest durchführen, bevor Sie eine tierärztliche Untersuchung vornehmen lassen. Reagiert Schneewittchen, wenn Sie eine Leckerli-Schachtel schütteln? Falls nicht, können Sie mit Ihrer Katze zu einem Veterinärneurologen gehen und einen Hirnstammaudiometrie-Hörtest durchführen lassen. Sollte sich herausstellen, dass Ihre weiße, blauäugige Katze tatsächlich taub ist, brauchen Sie sich deshalb keine allzu großen Sorgen zu machen. Die meisten Katzen ignorieren ohnehin, was man zu ihnen sagt, also braucht es Sie nicht weiter zu beunruhigen, dass Schneewittchen Ihre Stimme *immer* ausblendet. Zum Glück lernen gehörlose Katzen schnell, mit ihrem Handicap umzugehen und sich stattdessen anderer Formen der Sinneswahrnehmung zu bedienen, wie etwa ihres Sehvermögens, Stimuli von ihren Schnurrhaaren (durch Luftbewegung) und Vibrationen. Allerdings müssen Sie einige Regeln befolgen, wenn Sie eine gehörlose Katze besitzen: Bitte lassen Sie Schneewittchen

nicht ins Freie, da sie nicht in der Lage ist, bellende Hunde oder sich anpirschende Eichhörnchen zu hören. Abgesehen davon ist sie ziemlich zufrieden damit, zu fressen, zu schlafen, ihr Geschäft zu verrichten und Sie den Rest der Zeit zu ignorieren.

Was hat es zu bedeuten, wenn meine Katze abnimmt?

Die vier häufigsten Gründe für Gewichtsverlust bei Katzen sind chronisches Nierenversagen, Diabetes, Hyperthyreose und Krebs. Bei den ersten drei genannten Erkrankungen werden Sie feststellen, dass Ihre Katze mehr als sonst trinkt. Wenn Sie den *Eindruck* haben, dass Ihre Katze auffallend viel trinkt, dann tut sie das aller Wahrscheinlichkeit nach auch, und zwar schon länger, als Sie denken.

Falls Sie immer mehr Katzenstreu kaufen und immer größere Klumpen aus der Katzentoilette schaufeln müssen oder Ihre Katze ständig neben ihrer Wasserschüssel sitzt, dann fassen Sie sich ein Herz und gehen Sie mit ihr zum Tierarzt, um sie durchchecken zu lassen. Ihr Tierarzt wird eine Untersuchung durchführen, bei der er den Darm, den Magen, die Nieren und die Schilddrüse abtastet. Bei der Blutuntersuchung sollten Leber- und Nieren-Funktion, Proteine, Blutzucker und Elektrolyten evaluiert, ein großes Blutbild erstellt (zur Überprüfung der Anzahl der roten und weißen Blutkörperchen, der Proteine und der Thrombozyten), eine Urinanalyse vorgenommen (um festzustellen, ob der Urin zu wässrig ist und Bakterien oder Kristalle enthält) und ein Schilddrüsentest (meistens als »T_4« bezeichnet) durchgeführt werden. Falls alle diese Tests

normale Ergebnisse liefern, ist das Röntgen von Brust und Abdomen oder eventuell sogar eine Ultraschalluntersuchung erforderlich, um herauszufinden, weshalb Ihre Katze weiterhin abnimmt. Viele mögliche Ursachen sind viel einfacher zu behandeln, wenn sie früh erkannt werden, also warten Sie nicht zu lange damit, dem Problem auf die Schliche zu kommen, das Ihrem geliebten felligen Freund Probleme macht.

Warum übergeben sich Katzen so häufig?

Vor ein paar Jahren fragte mich meine damalige Mitbewohnerin (die gerade ihre Ausbildung zur Internistin machte und von Erbrochenem und Durchfall und Ähnlichem fasziniert war), ob ich jemals ein Blutbild und eine Röntgenuntersuchung gemacht hätte, um herauszufinden, weshalb Seamus ein chronischer Erbrecher ist. (»Was soll das heißen? Einmal im Monat ist für eine Katze *völlig* normal!«) Nachdem meine Mitbewohnerin mir ein schlechtes Gewissen eingejagt hatte, dachte ich darüber nach, warum wir Katzenbesitzer so tolerant sind, was das häufige Erbrechen unserer Vierbeiner betrifft. Ich meine, würden *Sie* etwa nicht zum Arzt gehen, wenn Sie sich über Jahre hinweg jede Woche übergeben müssten? Wenn sich Ihr Hund sein ganzes Leben lang einmal in der Woche übergeben müsste, würden Sie mit ihm wahrscheinlich auch früher oder später zum Tierarzt gehen. Woran liegt es also, dass wir uns bei Katzen dadurch nicht aus der Ruhe bringen lassen? Vielleicht schieben Sie häufiges Erbrechen auf Haarballen. Wenn sich Ihre Katze allerdings ständig übergibt und sich in ihrem Erbrochenen keine Haare befinden, sollten Sie

noch einmal nachdenken. Unter Umständen gibt es nämlich einen medizinischen Grund für häufiges Erbrechen.

Falls Ihre Katze Haarballen erbricht, werden Sie sie würgen sehen (wobei sich ihr Bauch hebt und senkt). Tierärzte bezeichnen das ziemlich geschmacklos als *produktives* Übergeben, bei dem Katzen gelbliche Gallenflüssigkeit, unverdautes Futter oder Haare erbrechen. Würgen oder Erbrechen kann allerdings auch auf ein anderes Problem hindeuten, wie zum Beispiel, dass irgendetwas im Maul, im Rachen oder in der Speiseröhre stecken geblieben ist. Falls das Erbrechen unproduktiv ist, das heißt, wenn dabei nichts herauskommt, hustet Ihre Katze möglicherweise nur, was ein klassisches Zeichen für Asthma ist. Sollte Ihre Katze eines von beiden mehr als ein bis zwei Mal im Monat tun, liegt womöglich ein ernsteres Problem vor, das einen Besuch beim Tierarzt rechtfertigt. Röntgen von Brust und Abdomen, ein kleines Blutbild und eine Lungenspülung (auch endotracheale Lavage genannt) sind nötig, um Asthma ausschließen zu können. Bevor Sie Ihrer Katze vorwerfen, sie würde Ihren Perserteppich ruinieren, sollten Sie sicherstellen, dass Sie kein medizinisches Problem übersehen!

Warum erbrechen Katzen Haarballen, und weshalb sehen diese aus wie Kot?

Katzen sind extrem pingelig, was Sauberkeit betrifft, und würden nicht im Traum daran denken, sich auf übelriechenden, verwesten Kadavern zu wälzen oder die Exkremente anderer Tiere zu fressen, wie würdelose Hunde es tun. Da Katzen in

der Regel nicht so schmutzig werden wie Hunde und Wasser hassen, müssen (und wollen) sie auch nicht gebadet werden. Allerdings können Katzen sich nicht selbst bürsten, deshalb putzen sie sich mit der Zunge. Diejenigen von Ihnen, die schon einmal einen Zungenkuss von einer Katze bekommen haben, wissen, dass ihre Zunge rau wie Schmirgelpapier ist, da sie über winzige faserige Widerhaken verfügt. Das hilft ihr dabei, sich sauber, sorgfältig frisiert und frei von Parasiten zu halten. Leider verschluckt sie eine Menge Haare, wenn sie sich putzt. Da Haare schwer verdaulich sind, wandern sie entweder durch den Gastrointestinaltrakt (wobei sie in seltenen Fällen im Magen oder im Darm hängen bleiben und chirurgisch entfernt werden müssen), oder sie reizen den Magen und sorgen um vier Uhr nachts dazu, dass Ihre Katze zu würgen beginnt und Sie aus dem Bett springen, über Ihre Lampe stolpern, sich den Zeh anstoßen und das Erbrochene auf der Zeitung von gestern auffangen, bevor es auf dem Teppich landet. (»Fast überall ist Parkett – warum musst du dir ausgerechnet den Teppich aussuchen?«)

In den meisten Fällen lässt sich das Haarballen-Problem relativ leicht bewältigen. Zunächst können Sie es mit Scheren (tschüss, Fell, hallo, Löwenfrisur) und Bürsten (und zwar richtig, mehr als einmal in der Woche) versuchen, in Verbindung mit gelegentlichen Heilmitteln wie speziellem Haarballen-Futter, das einen höheren Ballaststoffanteil hat, oder Laxatone, einem schmackhaften, gelartigen und abführenden »Schmiermittel«, das unter Umständen hilft, die Häufigkeit der Bildung von Haarballen zu verringern. Falls das nichts nützt, muss Ihre Katze womöglich beim Tierarzt untersucht

werden, um sicherzugehen, dass sie nicht unter etwas anderem leidet (wie etwa einer entzündlichen Darmerkrankung, Nierenversagen, Parasiten, irgendeinem Fremdkörper im Darm oder sogar Krebs).

Nachdem Sie jetzt wissen, wie man Haarballen vorbeugt und sie in den Griff bekommt, werde ich Ihnen die alles entscheidende, unappetitliche Haarballen-Frage beantworten: Warum sehen Haarballen aus wie Kot? So widerlich und ekelerregend das laute, heftige Würgen Ihrer Katze klingen mag, es kann nicht zur Folge haben, dass *Fäkalien* aus ihrer Speiseröhre kommen (die durch Dünn- und Dickdarm ein gutes Stück rückwärts reisen müssten). Die Haarballen Ihrer Katze sehen zwar aus wie Kot, Sie können jedoch beruhigt sein, dass es sich bei ihnen nicht um Kot handelt. Was Sie aufsammeln, ist nur ein röhrenförmiger Haarballen, der in die Form der Speiseröhre oder des Magens Ihrer Katze gepresst wurde.

Warum lecken sich Katzen zwischen den Hinterbeinen?

Jeder weiß, dass Hunde sich an den Hoden lecken, und dafür gibt es keine schlaue Erklärung – sie tun es, weil sie es tun können. Katzen tun es dagegen in der Regel nicht nur zum Zeitvertreib. Wenn sich eine Katze zwischen den Hinterbeinen leckt, tut sie es höchstwahrscheinlich zur Körperhygiene.

Falls Sie feststellen, dass Karlo sich in eine Yoga-Stellung verdreht, auf die Ihr Yoga-Lehrer stolz wäre, tut er nichts anderes, als sich zu putzen. Da er kein Toilettenpapier benutzen kann und Sie ihm dabei nicht zur Hand gehen, hat er keine andere Wahl, wenn er makellos sauber bleiben möchte.

Falls Karlo allerdings ein bisschen *zu viel* Zeit dort unten verbringt, sollten Sie einmal genauer hinsehen, ohne ihn dabei anzufassen (Katzen mögen dort nicht einmal *sanfte* Berührungen). Wenn sein Penis hervorschaut, stimmt irgendetwas nicht (siehe »Woran liegt es, dass ich den Penis meines Katers nie zu Gesicht bekomme?« im 9. Kapitel). Falls Ihnen auffällt, dass er sich übertrieben putzt, lethargisch ist, laut miaut, Blut im Urin hat, zwölf bis 18 Stunden überhaupt nicht uriniert, aber häufig seine Katzentoilette aufsucht, ohne Klumpen zu hinterlassen, sich übergibt, den Anschein erweckt, als hätte er Schmerzen, oder an seltsamen Orten in die Hocke geht, um zu urinieren (wie zum Beispiel in Ihrer Badewanne, auf Ihrer Daunendecke oder im Topf Ihrer großen Zimmerpflanze – »Hallo! Was muss ich noch alles tun, damit du mit mir zum Tierarzt gehst?«), sollten Sie sofort zum Tierarzt gehen. Karlo tut alles, was er kann, um Sie darauf aufmerksam zu machen, dass er Hilfe braucht. Möglicherweise leidet er unter einer felinen Urethralobstruktion (FUO), bei der der Harnweg oder die Blase blockiert sind. Sie können sich vermutlich vorstellen, wie schmerzhaft es wäre, ein oder zwei Tage nicht urinieren zu können, doch noch entscheidender ist, dass Karlos Harnwegsobstruktion zu einem Nierenversagen führen kann oder dass er an schweren elektrolytischen Abnormalitäten stirbt, weil er nicht Wasser lassen kann.

Zu den harmloseren möglichen Ursachen für Karlos ausgiebiges Lecken zwischen den Hinterbeinen zählen eine Reizung seiner Penisspitze, ein Blasen- oder Harnröhrenstein und eine sterile Blasenentzündung. Letztere wird auch als *Feline Lower Urinary Tract Disease* (FLUTD, »untere Harnwegserkrankung

bei Katzen«) bezeichnet und im nächsten Abschnitt genauer erläutert. Die Symptome einer Harnwegsobstruktion sind denen einer unteren Harnwegserkrankung sehr ähnlich, also gehen Sie mit Karlo zum Tierarzt, damit dieser seine Blase abtastet – das ist die einfachste und zuverlässigste Methode, um sicherzustellen, dass Karlo gesund und munter bleibt.

Was ist FLUTD, und wie lässt es sich behandeln?

Im Fall einer *Feline Lower Urinary Tract Disease* (FLUTD, »unteren Harnwegserkrankung bei Katzen«), früher als felines urologisches Syndrom bezeichnet, *benimmt* sich Karlo, als würde er an einer Harnwegsinfektion leiden, obwohl dem nicht so ist. Wenn wir uns eine Harnwegsinfektion zuziehen, haben wir alle paar Minuten das *Gefühl*, urinieren zu müssen, obwohl unsere Blase leer ist. FLUTD, eine sterile Entzündung der Blase, veranlasst Karlo, seiner Katzentoilette häufig Besuche abzustatten, immer wieder in die Hocke zu gehen und so zu tun, als müsste er ständig urinieren. Antibiotika sind erforderlich oder zumindest von Vorteil, da nur zwei Prozent aller Fälle von unteren Harnwegserkrankungen die Folge einer bakteriellen Harnwegsinfektion sind. Wie wird FLUTD also behandelt, wenn dem so ist?

Als Erstes müssen Sie sich unbedingt davon überzeugen, dass Karlo keine feline Urethralobstruktion hat. Nachdem Sie und Ihr Tierarzt das ausgeschlossen haben, muss zur Behandlung von FLUTD vor allem die Flüssigkeitsmenge, die Karlo trinkt, erhöht werden. Sämtliche tiermedizinische Studien zu FLUDT sind zu dem Ergebnis gekommen, dass das am meis-

ten hilft: Das zusätzliche Wasser spült Nieren und Blase aus und lindert die Entzündung. Ihr Tierarzt kann Karlos Flüssigkeitsaufnahme erhöhen, indem er ihm subkutane Flüssigkeiten verabreicht (durch Injektion unter die Haut); diese werden langsam absorbiert und helfen, ihn zu hydrieren und seine Blase durchzuspülen. Als Zweites empfiehlt sich im Fall einer unteren Harnwegserkrankung Dosenfutter (das zu 70 Prozent aus Wasser besteht). Ich persönlich rate dazu, das Dosenfutter zusätzlich mit ein paar Teelöffeln Wasser zu verdünnen, um Karlos Flüssigkeitsaufnahme noch weiter zu erhöhen. Darüber hinaus sollten Sie in Erwägung ziehen, einen Katzenbrunnen zu erwerben (siehe »Warum trinken Katzen am liebsten fließendes Wasser?« im 1. Kapitel), um Karlo dazu zu ermuntern, noch mehr zu trinken. Am wichtigsten ist jedoch gute Katzentoilettenhygiene (siehe »Wie oft muss ich die Toilette meiner Katze *wirklich* saubermachen?« im 3. Kapitel). Unabhängig davon, wie viele Katzen Sie besitzen, sollten Sie die Toilette mindestens jeden zweiten Tag saubermachen, damit Sie sich davon überzeugen können, ob Karlos Toilettengewohnheiten normal sind. Wenn Sie nicht nachsehen, erfahren Sie es auch nicht!

Manche Tiermediziner sind auch der Meinung, untere Harnwegserkrankungen bei Katzen seien stressbedingt. Falls Karlo in einer Umgebung lebt, in der er Stress ausgesetzt ist (nicht genug Katzentoiletten, schmutzige Katzentoiletten, Futterschüsseln, aus denen mehrere Katzen fressen, häufige Veränderungen oder Konflikte mit anderen Katzen), können sich die Symptome verschlimmern. Versuchen Sie, den Stress zu reduzieren (Notiz für Sie selbst: eigenen Rat befolgen), und

sehen Sie, ob es etwas nützt. Einige Studien haben sich auch mit der Verwendung von Glucosamin (einem Knorpelschutz-Päparat)[14], Schmerzmitteln, entzündungshemmenden Medikamenten (Meloxicam) und sogar Prozac für Katzen befasst, doch nichts hat sich als wirkungsvoller erwiesen als eine Menge Wasser.

Kann meine Katze Akne bekommen?

Igitt. Erinnern Sie sich noch an die peinliche, pickelige Phase in Ihrer Jugend, die keiner von uns noch einmal erleben möchte? Man fühlt sich hässlich, also ist man gestresst, und dann: peng! Noch mehr Pickel! Hunde können sich glücklich schätzen; sie müssen sich nie mit Pickeln herumschlagen. Katzen können dagegen periodisch feline Akne (die offizielle wissenschaftliche Bezeichnung für Katzen-Pickel) unter dem Kinn bekommen, und zwar unabhängig von ihrem Alter. Feline Akne hat nichts mit Schokolade, Hormonen oder Stress zu tun und lässt sich manchmal sogar mit Hautreinigungs-Pads behandeln. Ehrlich. Fragen Sie den Tierarzt oder einen Veterinär-Dermatologen, welches Präparat er empfiehlt.

Katzenjammer
3. KAPITEL

Cat Fancy ist nicht ohne Grund die meistverkaufte Katzenzeitschrift in den Vereinigten Staaten. Wie jeder Katzenliebhaber weiß, sind unsere flauschigen vierbeinigen Freunde ziemlich eingebildet und bewegen und benehmen sich, als wären sie sich ihrer Wirkung bewusst. Nicht jeder von uns besitzt das perfekt frisierte, wunderschön gezeichnete Perserkätzchen aus der Katzenfutter-Werbung, doch wir sind uns alle im Klaren darüber, dass Katzen ganz genau wissen, was sie zu bieten haben. Während die einen ein Hundeleben fristen, ist für andere alles ein Katzensprung.

In diesem Kapitel erfahren Sie, wie Sie Ihre Katze nach Strich und Faden verziehen können. Darf Ihre Katze im Four Seasons oder im Fairmont zu Ihnen ins Zimmer? Können Sie sie mit in den Urlaub nehmen? Sollten Sie Ihre Katze ins Flugzeug setzen, wenn Sie übers Wochenende verreisen? Finden Sie heraus, wie Sie Ihr Kätzchen verhätscheln können, welche Nagellack-Farben seinen Krallen am besten stehen (okay, Soft Paws) und ob Sie im Katzensalon sein Fell scheren und färben lassen können. Erfahren Sie außerdem, wie viel Geld Sie in einem »Katzen-Fonds« anlegen sollten, obwohl

Sie ohnehin schon Unsummen ausgeben, um Ihren Liebling zu verwöhnen, und ob Sie eine Haustier-Krankenversicherung abschließen sollten oder nicht.

Andererseits sind Katzen gar nicht so piekfein und vornehm, wie es auf den ersten Blick erscheint. Eine Katze zu besitzen, hat auch eine unappetitliche Seite, und die heißt: Kot! Was ist die beste Methode, um große Geschäfte zu entfernen und die Katzentoilette sauber zu halten? Wie oft muss die Toilette *wirklich* saubergemacht werden? Es ist wichtig, die Antworten auf diese Fragen zu kennen, da Ihr Tierarzt davon ausgeht, dass Sie bereits wissen, wie man eine Katzentoilette frisch hält. Ob Sie Ihre Katze verhätscheln oder ihre großen Geschäfte beseitigen – stellen Sie sicher, dass Sie sie verwöhnen!

Um meinen Katzen etwas Gutes zu tun, überlegte ich mir eines Sommers, für Seamus und Echo frische Katzenminze anzubauen. Ich kam allerdings nicht auf die Idee, Recherchen über Katzenminze anzustellen, bevor ich sie im Garten anpflanzte. Niemand hatte mir gesagt, dass Katzenminze zur Gattung der Minzen gehört und sich extrem schnell ausbreitet. Gleichzeitig frische Minze und Katzenminze zu pflanzen, war keine gute Idee, denn am Ende nahmen die beiden Arten ein Fünftel meines Gartens ein. Als ich mit einer Kollegin telefonierte, die Hobbygärtnerin ist, erwähnte ich beiläufig, dass mein Garten aus allen Nähten platzt, weil meine Minze und meine Katzenminze wie verrückt wuchern. Sie schnappte nach Luft und erklärte mir, dass man Minze und Katzenminze nur in Töpfen anpflanzt, damit sie sich nicht im ganzen Garten ausbreiten. Mist.

Die gute Nachricht lautet, dass ich daraufhin sofort damit begann, meine Katzenminze zu jäten, die bereits lange Ausläufer durch die Erde im Garten geschickt hatte. Ich rupfte ungefähr zehn Quadratmeter Katzenminze aus, trocknete sie in der Garage (meine Nachbarn waren argwöhnisch, doch ich versicherte ihnen, dass es sich nur um Katzenminze handelt) und verschenkte sie in kleinen Plastikbeuteln an alle meine Kollegen in der Tierklinik. (»Ich schwöre, das ist Katzenminze, sonst würde ich etwas dafür verlangen.«) In jenem Sommer trank ich eine Menge Minz-Mojitos, während sich meine Katzen in einem dauerhaften Zustand der Euphorie befanden. Kurz darauf rupfte ich die restlichen Pflanzen aus. Die schlechte Nachricht lautet, dass sowohl die Minze als auch die Katzenminze im folgenden Sommer wie verrückt nachwuchsen (nicht einmal ein typischer Minnesota-Winter konnte ihnen etwas anhaben), aber inzwischen habe ich die Situation (dank Unkrautvernichtungsmittel) wieder unter Kontrolle. Falls Sie also vorhaben, Katzenminze für Ihre vierbeinigen Lieblinge anzupflanzen, dann tun Sie es. Aber pflanzen Sie sie in Töpfen an und nicht im Garten, es sei denn, Sie möchten sie hektarweise ernten. Lesen Sie weiter, wenn Sie *ungefährliche* Möglichkeiten kennenlernen möchten, wie Sie Ihre Katze verziehen können.

Wie viel wird mich meine Katze kosten?

Wenn es um Haustier-Eigentümerschaft geht, sollten Sie sich unbedingt darüber im Klaren sein, dass Sie Ihre Katze mehr als den Betrag kosten wird, den Sie im Tierheim bezahlt ha-

ben, um sie mitnehmen zu dürfen. Bekommen Sie keinen Preisschock, *nachdem* Sie Ihr süßes Kätzchen adoptiert haben, da Sie ihm jetzt voll und ganz verpflichtet sind. Was Sie einberechnen müssen, sind ein oder zwei Katzentoiletten (ca. 20 €), Katzenstreu (ca. 100 €/Jahr), Katzenspielzeug (ca. 20 €), einen Kratzbaum (ca. 70 €), Futter (ca. 70 €/Jahr), Wasserschüsseln (ca. 15 €), Kätzchen-Impfungen (ca. 50 €), alljährliche Untersuchungen (ca. 35 €/Jahr) für die nächsten 15 Jahre (ca. 525 €), Tierarztrechnungen (Unsummen/Lebenszeit), Floh-Prophylaxe (ca. 35 €/Jahr) … haben Sie den Wink verstanden? Klingt das wie ein Kreditkarten-Werbespot? Auf ein Jahrzehnt verteilt sind die Kosten minimal, gemessen an der liebevollen Gesellschaft, die man sich damit erkauft, doch es ist wichtig, sich seiner finanziellen Verantwortung bewusst zu sein, bevor man ein Kätzchen rettet (unbezahlbar). Falls Sie Zweifel haben, dann sehen Sie sich einige Websites an, die Ihnen dabei helfen, die Kosten Ihrer Katze zu kalkulieren[1], und fangen Sie in der Zwischenzeit schon einmal an zu sparen.

Sollte ich für meine Katze eine Haustier-Krankenversicherung abschließen?

Sie sind sich nicht sicher, ob Sie für Ihre Katze eine Haustier-Krankenversicherung abschließen sollen? Sie haben Zweifel, ob es sich dabei um eine altbewährte Sache handelt? Seien Sie beruhigt, Krankenversicherungen für Haustiere gibt es seit Jahrzehnten, und sie sind in den vergangenen Jahren immer beliebter geworden. Aufgrund der Fortschritte in der Veterinärmedizin (Ihre Katze kann inzwischen tatsächlich einen

CAT-Scan bekommen), sind die Kosten für die Gesundheits-
versorgung und damit auch für die Haustierhaltung schrittweise gestiegen.

Mittlerweile gibt es etliche Haustier-Krankenversicherungsgesellschaften, deren Angebote bei den Besitzern von
Vierbeinern in letzter Zeit zunehmend auf Interesse stoßen,
wenngleich bislang nur etwa ein Prozent aller Haustiereigner
eine abgeschlossen hat.

Gemessen an den Gesamtkosten, die ein Haustier verursacht, fällt eine Haustier-Krankenversicherung kaum ins Gewicht, und wenn man mehrere Haustiere besitzt, bekommt
man in der Regel für jedes zusätzliche versicherte Tier einen
Rabatt von fünf bis zehn Prozent. Außerdem werden Haustier-Krankenversicherungen überall akzeptiert – das liegt daran, dass es sich bei Haustier-Krankenversicherungen um Haft-
pflichtversicherungen handelt, was wiederum bedeutet, dass
man seinen Tierarzt im Voraus bezahlen und anschließend bei
seiner Versicherungsgesellschaft Rückerstattung beantragen
muss. Das sorgt dafür, dass Tierärzte und Tierkliniken nicht
zwischen den Fronten stehen (was wir bevorzugen).

Achten Sie darauf, dass Sie die jeweilige Police genau unter
die Lupe nehmen. Manche Versicherungsgesellschaften übernehmen nur einen Teil der Kosten für Routineimpfungen und
nicht zwingend erforderliche Operationen und kommen nicht
für die Folgen angeborener oder ererbter Krankheiten Ihrer
Katze auf. Mit anderen Worten: Falls Ihre Katze zu Herzproblemen neigt (wie etwa Maine-Coon-Katzen), sind damit
verbundene medizinische Prozeduren eventuell nicht abge-
deckt. In Notfällen ist eine Haustier-Krankenversicherung al-

lerdings äußerst hilfreich, zum Beispiel dann, wenn Ihre Katze einen langen Faden verschluckt hat und am Magen operiert werden muss. Auch wenn die Versicherungsgesellschaften nur zehn bis 50 Prozent (die Websites behaupten bis zu 90 Prozent) der Kosten übernehmen, kann es sich lohnen, eine Police abzuschließen, falls Ihre Katze zu Unfällen neigt. In diesem Fall ist es womöglich billiger für Sie, sie in der Wohnung oder im Haus zu halten, da Sie damit vermeiden können, dass sie von einem Hund gebissen wird, von einer anderen Katze attackiert wird oder sich draußen irgendeine andere Verletzung zuzieht. Wie katzensicher Ihr Haus auch sein mag, tiermedizinische Versorgung kann Sie teuer zu stehen kommen, da ihre Qualität immer besser wird. Deshalb ist eine Haustier-Krankenversicherung unter Umständen eine kluge Entscheidung.

Darf ich meiner Katze das Fell färben?

Ich persönlich finde Katzen *au naturel* am schönsten. Manche Katzenliebhaber und Tierärzte haben womöglich ethische Probleme damit, einer Katze das Fell zu färben, doch solange man ein tierfreundliches, von Veterinär-Dermatologen empfohlenes Produkt verwendet, ist es in der Regel ungefährlich. Das Fell einer Katze ist jedoch nicht mit menschlichem Haar zu vergleichen, und Sie sollten das fragliche Produkt mit äußerster Sorgfalt auswählen, da Katzen *extrem* empfindlich auf chemische Stoffe reagieren; ihre Leber ist nicht darauf ausgelegt, Giftstoffe, Pharmaka und Chemikalien so gut abzubauen wie die Leber anderer Spezies. Ich habe schon einige Hunde-Patienten zu Gesicht bekommen, vor allem um Hal-

loween herum, und obwohl ich es nur ungern zugebe, sieht es bei manchen wirklich süß aus. Gefärbte Katzen sind dagegen eher eine Seltenheit, von den wenigen Bildern, die im Internet kursieren (und für einigen Zündstoff sorgen) einmal abgesehen. Vermutlich wissen Katzen Fell-Färben ebenso wenig zu schätzen wie Kätzchen-Kostüme. Falls Sie es trotzdem nicht lassen können, verwenden Sie bitte ein pflanzliches, tierverträgliches, umweltfreundliches und ungefährliches Färbemittel. Wenn Ihre Katze empfindliche Haut, eine Hautallergie oder krankhafte Leberprobleme hat, sollten Sie vorher unbedingt den Rat Ihres Tierarztes einholen – oder noch besser, Ihre Kreativität an sich selbst ausleben: Färben Sie sich selbst die Haare und nicht Ihrer Katze.

Kann ich meiner Katze die Krallen lackieren?

Denken Sie nicht einmal daran! Keine Katze, die etwas auf sich hält, würde *jemals* lange genug stillhalten, damit Sie ihr die Krallen lackieren können. Wenn Sie unbedingt möchten, dass die Prinzessin glamouröse Pfötchen hat, sind Soft Paws (siehe »Ist es Tierquälerei, einer Katze die Krallen entfernen zu lassen?« im 2. Kapitel) die beste Möglichkeit, um Ihrer Katze eine Pediküre zu verpassen. Außerdem gibt es sie in jeder erdenklichen Farbkombination. Farbverliebte Katzenbesitzer können zwischen »Urlaubsfarben«, Farbkombinationen (unterschiedliche Farben für jede Pfote oder Kralle), durchsichtig (für natürliche Typen), weiß, schwarz und sogar mehrfarbigen Varianten wie zum Beispiel rosa mit grauen Spitzen wählen.

Gibt es Katzentagesstätten?
Soll ich für meine Katze Spielkameraden suchen?

Haben Sie schon einmal um fünf Uhr morgens das Geschrei kämpfender Katzen vor Ihrem Fenster gehört? Katzen sind wie Frauen – sie begegnen einander mit Misstrauen und können sich beim ersten Kennenlernen meistens nicht leiden. Da Katzen unnahbare Einzelgänger sind, sehnen sie sich nicht nach der Aufmerksamkeit anderer Vierbeiner. Aus diesem Grund gibt es auch keine Katzentagesstätten. Mit Ausnahme von Löwen, Geparden und weiblichen Hauskatzen (die mit ihrem Nachwuchs leben) sind Katzen unsozialer als alle anderen Tiere.[2] Manche von ihnen kommen zwar nach einer angemessenen Eingewöhnungsphase mit einem Artgenossen als Mitbewohner klar, doch das zufällige Zusammentreffen mit anderen Katzen setzt sie unter Stress. Da Ihre Katze im Gegensatz zu Ihrem gutgelaunten Golden Retriever nicht mit jedem spielt, sind Katzentagesstätten aus gutem Grund kein großer Erfolg. Obwohl Katzen neugierig sind und es genießen, die Welt durch eine Fensterscheibe an sich vorbeiziehen zu sehen, spielen oder balgen sie sich nicht gerne mit wildfremden Artgenossen. Wenn Ihre Katze nicht ausgerechnet gut mit der Katze Ihres Nachbarn oder Ihrer Angehörigen bekannt ist, bevorzugt sie es in der Regel, keine Spielkameraden zu haben.

Kann ich meine Katze mitnehmen, wenn ich mit dem
Auto verreise?

Vielleicht habe ich einfach nur Pech gehabt, dass ich zwei Katzen besitze, die Autofahrten hassen, aber ich muss das Motto »Besser leben durch Chemikalien« anwenden (das heißt, ich muss zu illegalen Tierarzt-Betäubungsmitteln greifen), um Seamus und Echo überhaupt ins Auto zu bekommen. Sie fangen binnen weniger Minuten an, schwer zu atmen, zu sabbern, zu schreien, zu heulen, hin und her zu laufen, sich gegen Fensterscheiben zu werfen und haufenweise Haare zu verlieren. Dank der Medikamente ertragen sie Autofahrten zwar wesentlich besser, aber das Ganze ist trotzdem ziemlich stressig für uns drei. Da ich nicht möchte, dass sie einen zu großen Teil ihres Lebens in einem zombieartigen, betäubten Zustand verbringen, fahre ich nur selten mit ihnen irgendwohin, es sei denn, ich ziehe um, oder es gibt einen tierärztlichen Notfall.

Vor Kurzem kam eine Katzenbesitzerin zu mir, die mit ihrem Kater regelmäßig kreuz und quer durchs Land zu Pferdeshows fährt. Offenbar ist ihr reiselustiger vierbeiniger Freund daran so gewöhnt, dass er sich auf die Autofahrten regelrecht freut. Er sitzt immer auf dem Armaturenbrett und beobachtet vorüberfahrende Autos und Lastwagen. Wenn Ihre Katze sich genauso verhält, ist es völlig in Ordnung, mit ihr zu verreisen, solange Sie bestimmte Sicherheitsvorkehrungen treffen. Das Wichtigste ist, dass Sie sich über die in Ihrem Land gültigen Gesetze informieren. Wahrscheinlich ist es illegal, Ihre Katze im Auto frei herumlaufen zu lassen (tun Sie, was ich sage, und nicht, was ich tue!), denn wenn sie sich unter dem Bremspedal

verklemmt, haben Sie entweder (a) einen Unfall oder (b) eine ziemlich zerdrückte Katze. Mein zweiter Rat lautet, dass Sie Ihre Katze unbedingt in ihre Transportbox verfrachten sollten, *bevor* Sie die Tür öffnen. Sie denken vielleicht, Sie hätten Ihren Liebling fest im Griff, doch wenn eine Katze sich windet und Ihrem Griff entkommt, ist sie schnell weg und begibt sich womöglich in Gefahr.

Kann ich meine Katze mit ins Hotel nehmen?

Falls Sie nur einen Wochenendausflug machen, dann ersparen Sie Ihrer Katze den Reisestress und lassen Sie sie zu Hause. Katzen mögen abrupte Veränderungen in ihrem Leben nicht – das gilt für ihre Ernährung, ihre Umgebung und alles andere, woran sie gewöhnt ist (wie zum Beispiel, wo ihre Katzentoilette steht oder welche Art von Katzenstreu sich darin befindet). Wenn Sie nicht für längere Zeit verreisen oder zufällig eine der seltenen Katzen Ihr Eigen nennen, die gerne auf dem Beifahrersitz Platz nehmen, sollten Sie versuchen, die Zeit, die Ihre Katze im Auto verbringen muss, auf ein Minimum zu reduzieren – sie wird es zu schätzen wissen. Falls Sie doch zusammen auf große Fahrt gehen müssen, sollten Sie Ihre Route sorgfältig planen und sich im Vorfeld informieren, welche katzenfreundlichen Hotels es auf der Strecke gibt. Im Internet finden Sie leicht heraus, in welchen Hotels Ihre Katze mit Ihnen nächtigen darf. In den meisten Hotels sind Katzen und kleine Hunde erlaubt, aber vergewissern Sie sich trotzdem im Voraus, ob Ihr Haustier willkommen ist, anstatt es darauf ankommen zu lassen (da sich das ständige Miauen hinter

der Tür als verräterisches Zeichen erweisen wird). Wenn Sie mit Ihrer Katze in einem vornehmen Hotel einchecken, dann vergessen Sie nicht, eine kleine Katzentoilette, eine sichere Transportbox, Reserve-Katzenstreu in verschließbaren Beuteln, eine kleine Schaufel, ein Halsband mit Ihren Kontaktdaten (das Ihre Katze immer tragen sollte), Futter, Schüsseln sowie Lieblingsspielzeug und -leckerlis mitzunehmen, falls sie Probleme hat, sich einzugewöhnen, und ein paar vertraute Annehmlichkeiten von zu Hause braucht. Das Allerwichtigste ist, einen Zettel an die Tür zu hängen und an der Rezeption Bescheid zu geben, damit niemand die Tür aufmacht, denn was Sie überhaupt nicht gebrauchen können, ist, dass das Zimmermädchen Ihrer Katze bei der Flucht aus dem Hotel behilflich ist.

Kann ich meine Katze mit ins Flugzeug nehmen?

Katzen verstehen die lauten Geräusche, die Vibrationen und die Übelkeitsgefühle nicht, die Flugreisen mit sich bringen. Falls Sie nur für eine Woche mit dem Flugzeug verreisen, sollten Sie sich gut überlegen, ob es sich wirklich lohnt, Ihre Katze dafür einem solchen Stress auszusetzen. Vermutlich schläft sie lieber zu Hause, als den Flug wegen des ungewohnten Lärms in Angst und Schrecken zu verbringen. Im Folgenden finden Sie einige Tipps, die Sie sich zu Gemüte führen sollten, ehe Sie mit Ihrer Katze im Schlepptau in ein Flugzeug steigen.

Vereinbaren Sie als Erstes einen Termin bei Ihrem Tierarzt für eine Routineuntersuchung. Diese muss in der Regel innerhalb von zehn Tagen vor Reisebeginn erfolgen, je nach-

dem, von wo nach wohin und mit welcher Fluggesellschaft Sie fliegen. Ihre Katze benötigt ein aktuelles Gesundheitszeugnis, das ihr attestiert, dass sie keine Erkrankung hat, frei von internen oder externen Parasiten (Flöhen, Zecken oder gastrointestinalen Würmern) ist und regelmäßig geimpft wurde. Denken Sie daran, dieses Gesundheitszeugnis auf der Reise ständig bei sich zu tragen, da Sie es möglicherweise Flughafenmitarbeitern, Polizisten oder an der Grenzkontrolle vorzeigen müssen. Ich mache außerdem sicherheitshalber eine Kopie des Gesundheitszeugnisses und stecke sie in einen Umschlag, den ich mit Klebeband an der Transportbox befestige. (Ich bin allerdings ziemlich paranoid und neurotisch, was meine Tiere betrifft, aber da Sie mein Buch noch immer lesen, sehen Sie mir das vermutlich nach.) Wenn Sie wegen des Gesundheitszeugnisses beim Tierarzt sind, dann bitten Sie ihn, Ihrer Katze bei dieser Gelegenheit auch die Krallen zu schneiden, damit sie sich nicht in der Polsterung der Transportbox verhaken, das Flughafenpersonal in Angst und Schrecken versetzen oder Sie bei einem stressbedingten Ausflippen kratzen. Fragen Sie Ihren Tierarzt außerdem nach einem Beruhigungsmittel in Tablettenform, wie zum Beispiel Acepromazin oder Butorphanol (Valium ist ungeeignet; siehe »Darf ich meiner Katze Valium geben?« im 4. Kapitel). Es empfiehlt sich, ein Beruhigungsmittel parat zu haben, falls Ihre Katze die Fassung verliert – und nein, Sie können es nicht nehmen.

Wenn Sie mit Ihrer Katze fliegen müssen, sollten Sie sich bei Ihrer Fluggesellschaft unbedingt nach den Reisebestimmungen erkundigen. Verschiedene Fluggesellschaften haben unterschiedliche Bestimmungen, was Größe und Ausführung

der Transportbox und deren Kennzeichnung sowie den Reise-proviant Ihrer Katze betrifft. Erkundigen Sie sich bereits meh-rere Wochen im Voraus bei Ihrer Fluggesellschaft, damit Sie nicht im letzten Moment eine bestimmte Transportbox ordern müssen. Finden Sie heraus, ob es vielleicht sogar möglich ist, dass Sie Ihre Katze in einer weichen Transporttasche mit an Bord nehmen. Dafür wird zwar häufig eine zusätzliche Ge-bühr fällig, die sich jedoch allemal lohnt. In diesem Fall muss Ihre Katze während der *gesamten* Flugdauer in der Transport-tasche unter Ihrem Sitz bleiben (was ohne Beruhigungsmittel unter Umständen nicht funktioniert); das muss aus Rücksicht auf die spießigen, zickigen Leute in Ihrer Umgebung, die Kat-zen nicht ausstehen können oder allergisch gegen sie sind, lei-der so sein. Schließlich müssen wir ihren Freiraum im Flug-zeug ebenfalls respektieren.

Wenn Ihre Katze im Frachtraum fliegen muss (das heißt, ganz unten im beängstigenden Rumpf des Flugzeugs), soll-ten Sie unbedingt einen Direktflug buchen, damit Ihre Katze nicht auch noch eine langwierige Zwischenlandung ertragen muss. Während der Sommermonate sollten Sie nur am frühen Morgen oder am späten Abend fliegen, um die größte Hitze zu meiden. Im Winter sollten Sie sich für den kürzesten mög-lichen Flug entscheiden und Ihrer Katze eine ungefährliche, aber kuschelige Decke in die Transportbox legen, damit sie nicht friert. Falls Sie Ihre Katze mit an Bord nehmen dürfen, dann entscheiden Sie sich für einen Direktflug außerhalb der Stoßzeiten, der für Sie beide weniger Stress bedeutet.

Als Nächstes kaufen (oder borgen) Sie sich eine Transport-box in der richtigen Größe und gewöhnen Ihre Katze dar-

an – oder anders ausgedrückt: Stecken Sie sie nicht am letzten Abend vor Ihrem Abflug das erste Mal hinein. Lassen Sie die Transportbox bereits Wochen vorher offen in der Wohnung oder im Haus herumstehen, damit Ihre Katze sie inspizieren kann und keine Angst vor ihr hat, wenn der Zeitpunkt gekommen ist. Sie können auch in Erwägung ziehen, ein beruhigendes Pheromonspray namens Feliway zu kaufen (siehe »Was ist ›Feliway‹, und wozu sind Katzen-Pheromone gut?« im 5. Kapitel). Wenn Sie ein kleines Handtuch oder ein T-Shirt damit besprühen und es am Flugtag in die Transportbox legen, trägt das unter Umständen dazu bei, dass Ihre Katze entspannter ist. Probieren Sie es aber zuerst zu Hause aus, um sicherzugehen, dass sie Pheromone mag. (»Bäh! Nicht schon wieder Drakkar Noir!«) Außerdem sollten Sie Ihre Katze zehn bis zwölf Stunden vor dem Abflug nicht mehr füttern, es sei denn, sie leidet unter Diabetes oder einer Stoffwechselerkrankung und kann deshalb nicht ohne Futter auskommen. Dadurch wird verhindert, dass sie sich aufgrund von Stress und Übelkeit übergeben muss – Sie können sich ja ungefähr vorstellen, welchen Spaß es macht, wenn sich das unter Ihrem Sitz abspielt!

Planen Sie vor Ihrer Fahrt zum Flughafen genug Zeit ein, um den Abfertigungsbereich für Tiere zu finden (falls Ihre Katze im Frachtraum reist) oder um die Sicherheitskontrollen zu passieren, da die Formalitäten oft länger dauern, wenn man ein Tier mit an Bord nehmen möchte. Zu guter Letzt noch eine Warnung, da etliche Horrorgeschichten von Katzen kursieren, die wochenlang im Frachtraum verschollen waren (aber überlebt haben und schließlich in Idaho gelandet sind): Ver-

gewissern Sie sich, dass Ihre Transportbox oder -tasche sehr sorgfältig verschlossen ist!

Tragen Katzen gerne Bekleidung oder Verkleidungen?

Katzen lassen sich nicht gerne in Klamotten stecken, da dadurch ihre Beweglichkeit eingeschränkt wird. Manche Katzen sind jedoch ziemlich tolerant gegenüber den Eigenheiten ihres Frauchens oder Herrchens und wehren sich nicht dagegen, ein Superman-Kostüm mit Umhang zu tragen. Falls Sie feststellen, dass sich Ihre Katze wälzt, kratzt oder vor Angst wie gelähmt ist, dann tun Sie ihr bitte den Gefallen und ziehen Sie ihr das Kostüm wieder aus (aber nicht ohne vorher ein Foto oder Video zu machen). Sonst sehe ich mich leider gezwungen, bei der Tierrechtsorganisation PETA anzurufen.

Wie verhindere ich, dass das Fell meiner Katze verfilzt?

Auch wenn das Bürsten und Kämmen Ihrer Katze nicht gerade nach einer besonders amüsanten Feierabendbeschäftigung klingt, sollten Sie es als verantwortungsbewusster Katzenbesitzer trotzdem tun, vor allem dann, wenn Sie eine Langhaarkatze Ihr Eigen nennen. Übergewichtige Katzen neigen zu verfilztem Fell am Hinterteil, da sie zu dick sind, um sich elegant zu verdrehen und in diesem Bereich zu putzen. Also seien Sie ein gutes Frauchen oder Herrchen: Bürsten Sie Ihre Katze (und helfen Sie ihr dabei, ein bisschen abzunehmen). Falls Ihnen die Zeit dazu fehlt, dann bezahlen Sie einen Katzenfriseur dafür, dass er es für Sie tut. Ansonsten müssen Sie nicht nur

mit jeder Menge erbrochener oder ausgeschiedener Haarballen auf dem Fußboden rechnen, sondern auch damit, dass das Fell Ihrer Katze hässlich verfilzt und ihr Schmerzen bereitet. Verfilzte Stellen im Fell lassen sich nur durch Scheren beseitigen und können Rötungen und Entzündungen der darunter liegenden Haut hervorrufen. Da ich schon zahllose »Scherunfälle« gesehen habe, rate ich Ihnen dringend dazu, verfilztes Fell von Ihrem Tierarzt oder von einem Katzenfriseur scheren zu lassen; ein Besuch im Katzensalon ist deutlich billiger als ein Besuch in der Notaufnahme!

Kann ich mir bei meiner Katze Flöhe holen, wenn sie bei mir im Bett schläft?

Falls Sie Ihre Katze ins Freie lassen, empfehle ich Ihnen die Anwendung einer verschreibungspflichtigen Floh-Prophylaxe (wie zum Beispiel Advantage), da es einfacher ist, Flohbefall *vorzubeugen*, als anschließend Ihr Haus mit Chemikalien auszuräuchern. Ein einziger winziger Floh legt Tausende Eier, und Sie sollten ihm den Garaus machen, ehe Ihre ganze Familie unter Juckreiz leidet. In der Regel bleiben Flöhe auf Ihrer Katze sitzen, doch hin und wieder springen Sie auch auf Ihre Polstermöbel über. Mit anderen Worten: Sie können sich bei Ihrer Katze Flöhe holen, wenn sie von den kleinen Parasiten befallen ist. Ihre Katze wird Sie zwar aller Wahrscheinlichkeit nicht mit der Pest anstecken, aber ihre Flöhe könnten es durchaus tun, und es lohnt sich nicht, dieses Risiko einzugehen!

Die Verwendung einer verschreibungspflichtigen topischen

Salbe (die normalerweise zwischen den Schulterblättern auf der Haut aufgetragen wird, damit Kitty sie nicht wegschlecken kann) ist die wirkungsvollste Methode zur Flohabwehr. Flohhalsbänder aus der Tierhandlung oder dem Drogeriemarkt wirken nur im Halsbereich und sind deshalb rausgeworfenes Geld. Wenn Sie ein Präparat zur Flohabwehr verwenden, sollten Sie sich unbedingt darüber im Klaren sein, dass Katzen äußerst sensibel auf bestimmte, in Medikamenten enthaltene Chemikalien reagieren, was auf den verringerten Glutathion-Stoffwechsel ihrer Leber zurückzuführen ist (oder anders formuliert, ihre Leber kann Chemikalien nicht besonders gut herausfiltern). Deshalb darf bei Katzen *ausschließlich* Katzen-spezifische Floh-Prophylaxe angewendet werden. Verwenden Sie keine Präparate für Hunde, da das unter Umständen zu schweren oder sogar tödlichen Reaktionen führt (Krämpfe, Geifern oder Muskelzittern). Große Katze ist nicht gleich kleiner Hund! Ich habe in meiner Praxis recht häufig mit Vergiftungen durch Floh-Präparate zu tun, da anscheinend viele Leute das Etikett NICHT BEI KATZEN VERWENDEN nicht lesen können. Konsultieren Sie im Zweifelsfall Ihren Tierarzt, wenn Sie Fragen zur Flohabwehr haben (und lesen Sie »Sind alle Mittel gegen Flöhe gleich?« im 8. Kapitel).

Im Allgemeinen sind von Tierärzten empfohlene Präparate zur Flohabwehr am wirkungsvollsten. Da Katzen sich mit solcher Hingabe putzen (und dabei Zecken in der Regel abkauen) und normalerweise nicht im Wald spazieren gehen, wird Ihre Katze aller Wahrscheinlichkeit nach nicht von Zecken befallen werden – es sei denn, Sie wohnen in Old Lyme in

Connecticut, und Ihre Katze ist rund um die Uhr im Freien. Wenn Letzteres der Fall sein sollte, brauchen Sie ein Präparat, das Flöhe *und* Zecken abwehrt, wie zum Beispiel Frontline. Ich persönlich plädiere immer dafür, so wenige Chemikalien wie möglich zu verwenden, und bin der Ansicht, dass ein zusätzliches Mittel gegen Zecken bei den meisten Katzen nicht erforderlich ist – es geht in erster Linie um die kleinen, gemeinen Flöhe, die Bandwürmer und die Pest übertragen.

Kann ich meiner Katze Atemfrischbonbons geben?

Keine Katze, die etwas auf sich hält, würde jemals ein Pfefferminzbonbon anrühren. Ihre Katze erwartet einfach von Ihnen, dass Sie ihren Mundgeruch tolerieren. Leider werden Sie es bestenfalls schaffen, ihr etwas frische Katzenminze zu verabreichen. Das ändert zwar nichts an ihrem Mundgeruch, wird sie aber so beschwingt und glückselig machen, dass sie ihn völlig vergisst. Frische Pfefferminze zur Verbesserung ihres Atems wird Ihre Katze vermutlich ebenfalls verweigern – wenn es Sie wirklich so sehr stört, müssen Sie ihr eben die Zähne putzen.

Bei Hunden kommt es gelegentlich zu Vergiftungen mit Xylitol, einem künstlichen Süßstoff, der in manchen Kaugummis und Atemfrischbonbons enthalten ist und zu lebensbedrohlich niedrigem Blutzuckerspiegel oder in schweren Fällen sogar zu Leberversagen führen kann. Geben Sie Ihrem Hund also keine Atemfrischbonbons, wenn Sie Zweifel bezüglich der Inhaltsstoffe haben. Glücklicherweise treten solche Vergiftungserscheinungen bei Katzen in der Regel nicht auf, da

sie Ihre Handtasche normalerweise nicht nach Kaugummis durchstöbern.

In welchen Kulturen werden Katzen noch heute verehrt?

Wie weithin bekannt ist, verehrten die alten Ägypter Katzen wegen ihrer Fähigkeit, Giftschlangen und Ungeziefer zu töten und damit ihre Kornkammern und ihr Getreide zu schützen. Archäologen haben Hieroglyphen, Tempel, Nekropolen und Gräber mit mumifizierten Katzen gefunden und Hundeliebhabern damit bewiesen, wie großartig diese Spezies schon immer war und auch weiterhin ist. Anhand archäologischer Funde auf Zypern lässt sich nachweisen, dass bereits im sechsten Jahrtausend vor Christus Katzen domestiziert wurden[3], während europäische Hauskatzen möglicherweise von ägyptischen Katzen aus dem dritten Jahrtausend vor Christus abstammen.[4] Die alten Ägypter verehrten verschiedene Göttinnen in Katzengestalt, darunter die Kriegs- und Sonnengöttin Sachmet (die den Kopf eines Löwen besaß), die Schutzgöttin Mafdet und die Schutz-, Sonnen- und Mondgöttin Bastet. Diese Verehrung ging so weit, dass sie sich sogar mit ihren Katzen beisetzen ließen oder sich nach deren Tod zum Zeichen der Trauer die Augenbrauen rasierten.

Im Lauf der Jahrhunderte haben Katzen allerdings auch die Kehrseite der Medaille erlebt und wurden manchmal sogar als Ausgeburten des Teufels verachtet. Nachdem Papst Gregor IX. im Jahr 1233 schwarze Katzen als satanische Wesen bezeichnet hatte, wurden Tausende von ihnen bei lebendigem Leib verbrannt. Obwohl die Verehrung von Katzen mitt-

lerweile abgeflaut ist (traurigerweise gelten sie aufgrund der Haustier-Überbevölkerung heutzutage in vielen Ländern sogar als Plagegeister), hat sich die Domestizierung von Katzen weltweit etabliert.

Die heutige japanische Kultur verfügt über eine moderne Gottheit in Katzengestalt namens Maneki Neko, die mit einer angehobenen Vorderpfote dargestellt und deshalb als »herbeiwinkende Katze« bezeichnet wird. Der Überlieferung zufolge winkt die angehobene rechte Pfote Wohlstand und Glück herbei, während die angehobene linke Pfote Kunden anlocken soll. Aus diesem Grund findet man solche Katzenfiguren überall in Japan an den Eingangstüren zu Geschäften, Bars und Restaurants. Tatsächlich ähnelt auch eine der Pokémon-Figuren dieser Katzenfigur. Ich bin mir zwar nicht sicher, ob auch Hello Kitty von dieser berühmten Katze abstammt, aber es ist trotzdem schön zu sehen, dass Katzen mancherorts noch immer angehimmelt werden.

Muss ich meiner Katze beibringen,
ihre Katzentoilette zu benutzen?

Katzen lassen sich hervorragend in der Wohnung halten, weil sie lernen, kleine und große Geschäfte in einer Katzentoilette zu verrichten. Vor allem aber sind sie schlau genug, um einen armen Wicht zu finden, der Letztere regelmäßig saubermacht (sprich Sie oder mich). Nachdem ich Seamus als kleines Kätzchen bei mir aufgenommen hatte, setzte ich ihn in die Katzentoilette und kratzte mit seinen Pfoten in der Katzenstreu, um ihm zu zeigen, wo die Toilette steht und was er darin tun soll.

Ihm war sofort klar, was er zu tun hat, und ich habe in dieser Hinsicht seitdem nie ein Problem mit ihm gehabt. Glücklicherweise wissen die meisten Katzen instinktiv, wie sie eine Katzentoilette zu benutzen haben, und brauchen so gut wie kein Training. In der Regel müssen Sie Ihrer Katze also nicht beibringen, ihre Katzentoilette zu benutzen.

Kann ich meiner Katze beibringen,
meine Toilette zu benutzen?

Dank Mr. Jynx, dem Kater der Familie Byrnes aus *Meine Braut, ihr Vater und ich* ist es ziemlich populär geworden, Katzen beizubringen, eine normale Toilette zu benutzen. Bislang sind nur sehr wenige Katzen dazu in der Lage, doch mit Geduld und Beharrlichkeit kann man es ihnen tatsächlich antrainieren. Genau wie bei Ihrem Ehemann wird es natürlich ziemlich schwierig werden, ihr anzugewöhnen, die Spülung zu betätigen, aber man nimmt schließlich, was man bekommt, nicht wahr?

Nachdem Sie sich entschieden haben, Ihrer Katze ein Toilettentraining zu verabreichen, sollten Sie damit beginnen, sämtliche verfügbaren Quellen zu konsultieren, da es etliche verschiedene Methoden gibt, um zum Ziel zu gelangen.[5] Neben Büchern und Videos, die sich ausschließlich mit dem Toilettentraining Ihrer Katze befassen, gibt es auch im Internet einige tolle Artikel zu diesem Thema. Das Wichtigste, was Sie lernen werden, wenn Sie sich die Fülle von Informationen zu Gemüte führen, ist, dass das Toilettentraining einer Katze unendlich viel Geduld erfordert. Wie Sie wissen, kommen

Katzen nicht besonders gut mit Veränderungen zurecht, und im Zweifelsfall ist es immer das Beste, es langsam anzugehen, wenn Sie Ihre Katze an Ihre Toilette gewöhnen möchten (oder sogar noch einmal ein paar Schritte zurückzugehen, falls Sie den Eindruck haben, dass Karlo sich überfordert fühlt). Die besten Chancen für ein erfolgreiches Toilettentraining Ihrer Katze haben Sie, wenn Sie über mehr als ein Badezimmer verfügen. Reservieren Sie als Erstes eine Toilette nur für Karlo und stellen Sie sicher, dass Sie den Toilettendeckel in *hochgeklappter* Stellung mit Klebeband sichern und den Toilettensitz in *heruntergeklappter* Stellung. Als Nächstes verfrachten Sie Ihre Katzentoilette ohne Deckel ins Badezimmer und stellen sie unmittelbar neben die Toilette. Achten Sie darauf, dass Karlo weiß, wohin Sie sie gestellt haben, damit es nicht zu irgendwelchen Unfällen im Haus kommt. Im Lauf der nächsten Tage erhöhen Sie schrittweise die Höhe der Katzentoilette, indem Sie sie mit Zeitungen oder Telefonbüchern unterlegen. Ein Wort der Warnung: Verwenden Sie keine schlüpfrigen Hochglanzmagazine, denn wenn die Katzentoilette ins Rutschen kommt, während sich Karlo darin befindet, wird er das Weite suchen und alle Ihre Hoffnungen auf ein erfolgreiches Toilettentraining zunichte machen! Ihr Ziel ist es, den Boden der Katzentoilette nach und nach auf eine Höhe mit dem Toilettensitz zu bringen. Sobald Karlo sich daran gewöhnt hat, in luftigen Höhen zu pinkeln, befestigen Sie die Katzentoilette auf Ihrer Toilette und reduzieren allmählich die Menge an Katzenstreu. Im nächsten Schritt ersetzen Sie die Katzentoilette durch eine flache Schale, die zwischen den Rand der Toilettenschüssel und den Toilettensitz passen sollte und sorgfäl-

tig befestigt werden muss. Füllen Sie sie mit Katzenstreu und geben Sie Karlo Zeit, sich an diese neue Vorrichtung zu gewöhnen. Reduzieren Sie nach und nach die Menge an Katzenstreu in der Schale (die Sie penibel sauber halten müssen). Sägen Sie dann ein kleines Loch in den Boden der Schale, damit der Urin in die Toilette ablaufen kann. Im Laufe der nächsten Tage und Wochen sägen Sie das Loch immer größer. Das gestattet Karlo eine Eingewöhnungsphase, in der er lernt, wo er die Pfoten in der Umgebung des Lochs oder auf dem Toilettensitz positionieren muss. Achten Sie darauf, Katzenstreu zu verwenden, die sich hinunterspülen lässt, da ein Teil davon in die Toilette fallen wird, wenn Karlo scharrt. Mit etwas Beharrlichkeit und Belohnungen wird es Ihnen hoffentlich gelingen, ihn von der Schale auf den Toilettensitz umzugewöhnen. Wenn Sie ihm jetzt noch beibringen könnten, die Spülung zu betätigen ...

Einige Leute sind gegen Toilettentraining für Katzen, da sie Bedenken wegen all der Katzen-Fäkalien in unserer Kanalisation haben (siehe »Silikatstreu, Klumpstreu oder Kristallstreu?« in diesem Kapitel und »Muss ich meine Katze hergeben, wenn ich schwanger werde?« im 9. Kapitel). Die Tatsache, dass dadurch allerdings Tonnen von Katzenstreu eingespart werden, die Ihre Katze sonst im Lauf ihres Lebens verbrauchen würde (und die auf Mülldeponien landen würde), wird vielleicht sogar den eingefleischtesten Umweltschützern ein Lächeln entlocken.

Wie viele Katzentoiletten brauche ich?

Das Schöne an Katzentoiletten ist, dass man sie im Keller oder in einer Ecke der Waschküche verstecken kann. Wenn Sie allerdings ein armer Wohnungsbewohner sind, ist dagegen mehr Kreativität gefordert, wenn es darum geht, eine Katzentoilette aus dem Sichtfeld verschwinden zu lassen. Ich persönlich kann den Geruch von Katzenstreu (und den darin verborgenen kleinen Geschenken) nicht ausstehen und möchte deshalb keine Katzentoilette in der Küche oder im Schlafzimmer stehen haben. Da Badezimmer in der Regel ohnehin geruchsintensiver sind, ist es vermutlich das Beste, die Katzentoilette dort in irgendeiner Ecke zu verstecken, wenn man nicht über einen Keller verfügt.

Die generelle Empfehlung lautet, dass man $n + 1$ Katzentoiletten besitzen sollte – oder anders formuliert: Wenn Sie drei Katzen Ihr Eigen nennen, sollten Sie vier Katzentoiletten haben. Das mag übertrieben klingen, bedenken Sie jedoch, dass sich Katzen von mangelnder Sauberkeit ihrer Toilette stark beeinträchtigt fühlen, und Sie übernehmen bestimmt viel lieber den Putzdienst für eine zusätzliche Toilette, als sich mit willkürlichem Urinieren im Haus herumschlagen zu müssen. Katzen sind sehr territorial veranlagt und teilen nicht gerne. Sie werden daher womöglich feststellen, dass jede Ihrer Katzen eine bestimmte Toilette in Beschlag nimmt. Aber auch Abwechslung ist bekanntlich die Würze des Lebens, warum sollte man also nicht zwischen mehreren Toiletten wählen können.

Soll ich eine offene oder eine geschlossene
Katzentoilette kaufen?

Sehen Sie sich einmal um, wenn Sie das nächste Mal in einer Tierhandlung sind – Sie werden erstaunt sein, wie groß die Auswahl an unterschiedlichen Katzentoiletten ist. Es gibt hohe Katzentoiletten, niedrige Katzentoiletten, kleine Katzentoiletten, große Katzentoiletten, Katzentoiletten mit automatischer Entleerung, Katzentoiletten in unterschiedlichen Farben und Formen, Katzentoiletten mit Dach und Katzentoiletten ohne Dach. Bei den meisten ist ein Deckel dabei, doch nicht jeder benutzt diesen auch. Im Zweifelsfall sollten Sie lieber etwas mehr investieren, schließlich hält eine Katzentoilette ein ganzes Katzenleben lang. Mir persönlich kommen nur Katzentoiletten mit Dach ins Haus, da sie den Katzenstreustaub und den Geruch unter Verschluss halten, das Verteilen von Katzenstreu auf dem Fußboden durch übertriebenes Scharren verhindern und in den Augen von Besuchern ästhetischer wirken.

In einem Mehr-Katzen-Haushalt könnte eine unterwürfige Katze in einer geschlossenen Katzentoilette das Gefühl haben, in der »Falle« zu sitzen, wenn sich einer ihrer Mitbewohner nähert, und deshalb davor zurückschrecken, diese zu benutzen, was unter Umständen »Wildpinkeln« in Ihren Wäschekorb, in Ihre Topfpflanzen, in den Keller oder auf Ihre Daunendecke zur Folge haben wird. Falls Ihre Katzen sehr gut miteinander auskommen, können Sie es ruhig mit geschlossenen Katzentoiletten versuchen, da diese eine wesentlich sauberere Angelegenheit sind als offene. Vielleicht werden Sie sogar feststellen,

dass Ihre Freunde Sie dann häufiger besuchen kommen. Im Zweifelsfall sollten Sie Ihren Katzen verschiedene Optionen zur Auswahl stellen – offene und geschlossene Katzentoiletten an unterschiedlichen Orten und mit unterschiedlichen Arten von Katzenstreu –, um herauszufinden, was sie bevorzugen.

Wie oft muss ich die Toilette meiner Katze *wirklich* saubermachen?

Auch wenn es belanglos erscheinen mag, kann eine verschmutzte Toilette bei Katzen schwere Verhaltensstörungen und Gesundheitsprobleme auslösen. Aus diesem Grund machen Neurotiker wie ich Katzentoiletten täglich sauber. Mag sein, dass Ihnen das zu viel ist, aber *mindestens* jeden zweiten Tag müssen Katzentoiletten auf jeden Fall sauber gemacht werden. Die Reinigungsintervalle hängen natürlich auch davon ab, wie viele Katzen Sie besitzen – dass Sie $n + 1$ Katzentoiletten aufgestellt haben, bedeutet noch lange nicht, dass Sie sie seltener saubermachen müssen! Je mehr Katzen Sie haben, desto häufiger sollten die Toiletten ausgeleert werden. Das ist zwar keine angenehme Arbeit, sie sollte aber im Interesse Ihrer Katzen *wirklich* erledigt werden.

Wenn Ihnen auffällt, dass Ihre Katze nicht in ihrer Toilette scharrt, sondern *daneben* (Hallo! Was muss sie noch alles tun, damit Sie sie endlich sauber machen?), ist das ihre Methode, um Ihnen mitzuteilen, dass die Toilette sie anekelt und sie sich beim Verscharren ihrer Hinterlassenschaften nicht die Pfoten schmutzig machen möchte. Falls Sie ihre Katzentoilette gerade sauber gemacht haben, sie aber trotzdem daneben scharrt,

rührt das vermutlich von einer schlechten Erinnerung daran her, dass sie sich die Pfoten irgendwann einmal in der Toilette nass oder schmutzig gemacht hat. Wenn Sie also verhindern möchten, dass Ihre Katze ihr Geschäft anderenorts verrichtet, dann halten Sie sich ran und leeren Sie ihre Toilette regelmäßig aus.

Manche Katzen »verkneifen« sich ihren Harndrang und urinieren so selten wie möglich, um nicht in eine schmutzige, unappetitliche und volle Toilette steigen zu müssen. Anstatt zwei- oder dreimal täglich zu pinkeln, beißt Karlo die Zähne zusammen und erleichtert sich nur einmal am Tag. Das erhöht die Konzentration seines Urins und kann zur Folge haben, dass Kristalle und Urinreste an seiner Penisspitze hängen bleiben, was unter Umständen zu einer lebensbedrohlichen felinen Urethralobstruktion (FUO) führt. Im Fall einer FUO blockieren Harnsteine, Kristalle oder Schleimpfropfen die Harnröhre und hindern die Katze am Urinieren. Das ist nicht nur schmerzhaft, sondern kann auch zu temporärem Nierenversagen, elektrolytischen Abnormalitäten, Erbrechen, Lethargie, Herzrhythmusstörungen und sogar zum Tod führen. Um solchen Problemen oder Erkrankungen des unteren Harnwegs und sterilen Blasenentzündungen vorzubeugen, bleibt Ihnen nichts anderes übrig als zu schaufeln! (Siehe »Warum lecken sich Katzen zwischen den Hinterbeinen?« und »Was ist FLUTD, und wie lässt es sich behandeln?« im 2. Kapitel).

Ein weiterer Vorteil häufiger Toilettenentleerung ist der, dass Sie etwaige gesundheitliche Probleme früher erkennen. Dass Karlo nicht pinkelt, wird Ihnen auffallen, wenn auch nach zwei Tagen noch keine Spur von Urin in seiner Katzen-

toilette zu entdecken ist. Falls Karlo Diabetiker wird, produziert er womöglich immer größere Klumpen, bis der gesamte Inhalt seiner Toilette nach einer Woche aus einem einzigen riesigen Klumpen besteht. Das wird Ihnen allerdings nur dann auffallen, wenn Sie diese regelmäßig säubern. Wenn Karlo unter Verstopfung oder Durchfall leidet und Sie seine Toilette nicht häufig genug leeren, werden Sie das erst Tage später bemerken, und dann wird eine umfangreichere (und teurere) medizinische Behandlung fällig. So lästig es auch sein mag, tun Sie Ihrer Frau einen Gefallen und spülen Sie, und tun Sie Ihrer Katze einen Gefallen und schaufeln Sie.

Silikatstreu, Klumpstreu oder Kristallstreu?

Wir werden mit Werbung von Tierhandlungen bombardiert, die uns bei der Wahl einer bestimmten Sorte Katzenstreu beeinflussen möchte. Im Grunde genommen ist diese Entscheidung jedoch eine Frage persönlicher Vorlieben. Als ich noch Tiermedizin studierte, fragte ich meine damalige Mitbewohnerin, warum sie Silikatstreu verwende. (»Total altmodisch!«) Sie sagte, dass sie noch nie etwas anderes verwendet habe (meine Mitbewohnerin kam in den Sechzigerjahren auf die Welt, als Silikat noch in war). Nachdem ich von dem Gestank und dem Schmutz die Nase voll hatte, beschloss ich eines Tages, ihre Silikatstreu gegen Klumpstreu auszutauschen. Sie war beeindruckt, sprachlos und auf der Stelle bekehrt und ist seitdem kein einziges Mal rückfällig geworden. Ihre Katze Crystal war ebenfalls begeistert.

Silikatstreu wurde 1947 von Edward Lowe eingeführt, der

Silikat an Autowerkstättenbesitzer zur Beseitigung von ver-
schüttetem Öl und Benzin verkaufte.[6] Nachdem er festgestellt
hatte, dass sie gut in Katzentoiletten funktionierte, wurde sie
über Nacht zum Erfolg. Katzenstreu ist zu einem Multimillio-
nen-Geschäft geworden. Warum bin ich eigentlich nicht als
Erste darauf gekommen? Silikatstreu hat noch immer hervor-
ragende Saugwirkung und ist spottbillig (Silikat gibt es wie
den sprichwörtlichen Sand am Meer), doch sie ist nicht besonders umweltfreundlich, weil man die Katzentoilette komplett ausleeren muss, sobald sie voll ist (mit anderen Worten,
einmal pro Woche). Da Silikat nicht klumpt, kann man beim
Saubermachen der Toilette auch keine schönen festen Urin-
Klumpen herausschaufeln. Ist Ihnen schon einmal aufgefallen,
dass die großen Zwanzig-Kilo-Säcke Silikatstreu billiger sind
als Zwölf-Kilo-Eimer Klumpstreu? Der Preisunterschied ist
allerdings durchaus gerechtfertigt.

Anfang der Achtzigerjahre fand der Katzenliebhaber (und
Biochemiker) Thomas Nelson heraus, dass das Tonmineral
Bentonit bei Kontakt mit Feuchtigkeit Klumpen bildet. Das
ist zurückzuführen auf seinen »hohen SiO_4-Anteil, eingebettet
zwischen zwei Schichten oktahedral koordinierten Alumini-
ums, Magnesiums oder Eisens«.[7] Voilà: klumpende Katzenstreu. Da Bentonit das bis zu Zehnfache seines Eigengewichts
aufsaugen kann, ist es in der Lage, Wasser (oder Urin) zu binden und an Ort und Stelle zu halten, wodurch feste Klumpen
entstehen. Bentonit wird aus dem Boden gewonnen und entweder zu Granulat oder zu Pulver weiterverarbeitet, und wir
Katzenliebhaber benutzen offenbar eine Menge davon. Einer
geologischen Studie zufolge wurden in den Vereinigten Staa-

ten 2003 fast eine Million Tonnen dieses klumpenden Minerals zur Herstellung von Katzenstreu abgebaut.[8] Ein echter Verkaufsschlager!

Meiner Meinung nach ist Klumpstreu wesentlich besser als Silikatstreu. Zum einen ist sie katzenbesitzerfreundlicher – die Toilettenreinigung erfordert weniger Arbeit als bei der Verwendung von Silikatstreu. Zum anderen ist Klumpstreu umweltfreundlicher als Silikatstreu. Wenn man Klumpstreu benutzt, muss die Katzentoilette nie komplett ausgeleert werden: Man braucht nur die ordentlich verpressten Urin- und Fäkalienklumpen herauszuschaufeln, und schon ist alles erledigt. Ich reite darauf nur deshalb herum, da ich Katzenbesitzer immer nach ihren Streu-Gewohnheiten frage, wenn sie ihre Katzen wegen Problemen beim Urinieren in die Notaufnahme bringen. Dabei wird mir immer wieder bewusst, dass die meisten Katzenbesitzer recht wenig über Katzenstreu wissen – oder anders ausgedrückt, darüber, welche die einfachste, effizienteste, umweltfreundlichste und sauberste Methode zur Instandhaltung einer Katzentoilette ist. Manche Katzenfreunde sagen mir, dass sie ihre Katzentoilette jede Woche vollständig ausleeren (und die gesamte Klumpstreu wegwerfen). Ach du Schande – das ist überhaupt nicht nötig, Leute! Sie und die CO_2-Bilanz Ihrer Katze sind für überfüllte Mülldeponien mitverantwortlich und machen Umweltschützer ziemlich sauer. Diese Angewohnheit ist nicht nur teuer, sondern eine echte Verschwendung. Wenn Sie es wirklich wissen möchten, kann ich Ihnen verraten, dass ich meine Katzentoiletten nur ein oder zwei Mal im Jahr *komplett ausleere* und chemisch reinige. Ehrlich. Als Tierfreunde würden wir zwar ger-

ne Menschenbabys und ihren umweltunfreundlichen Einweg-Windeln die Schuld in die Schuhe schieben, aber ich fürchte, das können wir nicht: Auf unseren Mülldeponien türmen sich Berge entsorgter Katzenstreu. Nach Schätzungen der Abfallwirtschaft-Behörde landen in den Vereinigten Staaten jährlich etwa vier Millionen Tonnen Katzenstreu auf dem Müll.[9] Ein anderer Trick von mir zum Schutz der Umwelt ist der, einen leeren Katzenstreueimer mit Deckel, der mit einer Plastiktüte ausgekleidet ist, unmittelbar neben die Katzentoilette zu stellen. Dieser eignet sich hervorragend zur Aufbewahrung von Klumpen und Fäkalien, die bequem dort hineingeschaufelt werden können. Das macht die Entleerung der Katzentoilette zum Kinderspiel, hält üblen Geruch unter Verschluss und spart etliche Plastiktüten.

Auch wenn Klumpstreu-Vermarkter behaupten, man könne diese in der Toilette hinunterspülen, bin ich keine Befürworterin dieser Methode, da ich Bedenken habe, wenn unser Wasserversorgungsnetz mit Katzenfäkalien verunreinigt wird. Dieses Thema sorgt für heftige Diskussionen, vor allem im Zusammenhang mit Toilettentraining für Katzen (siehe »Kann ich meiner Katze beibringen, meine Toilette zu benutzen?« in diesem Kapitel). Abgesehen davon wurde in jüngster Zeit das Massensterben von Seeottern im Nordwesten der Vereinigten Staaten mit Toxoplasmose in Verbindung gebracht, einer bakteriellen Infektion, die über Katzenfäkalien übertragen wird. Obwohl es keine wissenschaftlichen Beweise gibt, dass Katzen dafür verantwortlich waren, sollten Sie dazu beitragen, die Welt und alle anderen pelzigen Kreaturen zu retten, und Katzenstreu nicht in der Toilette hinunterspülen.

Zuletzt noch ein paar Worte zu Kristallstreu für 15 Euro den Beutel. Lohnt sich das? Angesichts der Tatsache, dass Sie vermutlich jeden Monat einen kaufen müssten (je nachdem, wie viele Katzen Sie besitzen), ist das die kostspieligste Variante, was Katzenstreu betrifft. Kristallstreu ist bei manchen Leuten äußerst beliebt, da sie Gerüche sehr gut absorbiert und es einem erlaubt, die Fäkalien gezielt aus der Toilette zu schaufeln. Bedenken Sie jedoch, dass Kristallstreu überhaupt nicht verklumpt und Sie deshalb nicht damit rechnen können, größere Klumpen Urin zu beseitigen. Sobald Kristallstreu sich gelblich verfärbt hat, ist sie nicht mehr saugfähig, und die Katzentoilette muss vollständig geleert und gereinigt werden (ungefähr alle ein bis zwei Wochen, abhängig davon, wie viele Katzen die Toilette benutzen). Nachdem ich bereits versehentlich barfuß auf Kristallstreu getreten bin, kann ich nur sagen: autsch! Ich kann mir nicht vorstellen, dass es Spaß macht, auf stumpfe Kieselgel-Scherben zu pinkeln. Zwischen Klumpstreu und Kristallstreu besteht ungefähr derselbe Unterschied wie zwischen einem Spaziergang an einem schönen Sandstrand und einem Marsch über einen Kiesstrand … und ich bevorzuge Ersteren.

Zu den übrigen Optionen zählen Kieselgel-Perlen, Streu aus recyceltem Zeitungspapier, Kiefer- oder Zedcr-Sägemehl, Maisstreu und sogar Weizenspelze. Welche Sorte Katzenstreu man verwendet, bleibt jedem selbst überlassen, höchste Priorität sollte dabei jedoch haben, was Ihre Katze bevorzugt, und nicht, was Sie bevorzugen. Vergessen Sie nicht, dass diese anderen Optionen allesamt teuer und etwas weniger effektiv sind (sie bilden keine festen Klumpen und erschweren deshalb das

Schaufeln und Saubermachen), dafür jedoch umweltfreundlicher. Nur um die Welt zu retten, möchte ich allerdings nicht riskieren, dass meine Katzen aufgrund von Verhaltensstörungen überall ins Haus pinkeln. (Glauben Sie mir, ich trage meinen Teil in anderer Hinsicht bei – Ehrenwort!) Außerdem bevorzugen Katzen Tierverhaltensforschern zufolge klumpende Streu, und ich vertraue ihnen. Falls Sie sich mit dem Gedanken tragen, umzustellen und mit anderen Arten von Streu zu experimentieren, sollten Sie in Erinnerung behalten, dass Katzen nicht gut mit abrupten Veränderungen zurechtkommen. Sie wünschen sich schrittweise Veränderungen, sonst werden sie – ich habe Sie mehrfach gewarnt – womöglich an allen möglichen unpassenden Stellen im Haus urinieren, nur um Sie zu ärgern.

Welche Klumpengröße ist normal?

Meiner Schwester sollte eigentlich bewusst sein, dass sie lebenslang alle tiermedizinischen Fragen kostenlos beantwortet bekommen wird, oder? (Oh, wenn Ihnen dieses Glück doch nur auch beschieden wäre!) Deshalb war ich auch so schockiert, als ich sie vor Kurzem besuchte. Da sie schwanger ist, kümmert sich momentan ihr Mann um die Entleerung der Katzentoilette (und er hasst Katzen, der arme Kerl). Als nette Tierarzt-Schwester beschloss ich, die Katzentoilette bei meinem Besuch für die beiden zu leeren (typische Tierarzt-Reaktion: Ich kann Katzenurin nicht riechen, deshalb muss ich schaufeln), und erschrak dabei über die Größe von Elliots Klumpen. Ich eilte zu meiner Schwester und bohrte nach:

Trinkt Elliot in letzter Zeit mehr, weil er so viel pinkelt? Sie und mein Schwager hatten keine Ahnung, also klärte ich sie auf, dass er vermutlich zu viel trinkt, da seine Klumpen größer sind als sein Kopf. Außerdem wies ich sie darauf hin, dass Elliot nicht länger als ein paar Minuten an seiner Wasserschüssel sitzen sollte. (»Tja, wahrscheinlich habe ich sie einfach voller gemacht als sonst …«)

Also, wie groß sollten die Klumpen sein? Das hängt von verschiedenen Faktoren ab: Ob Ihre Katze zu denjenigen gehört, die den ganzen Tag ihren Harndrang unterdrücken, wie oft sie ihrer Toilette einen Besuch abstattet (mit anderen Worten, ob sie einen großen Klumpen hinterlässt oder drei kleinere), welche Art von Futter Sie ihr geben (Dosenfutter lässt sie unter Umständen etwas mehr urinieren) und wie oft Sie ihre Toilette saubermachen. Grundsätzlich gilt, dass Sie mit Ihrer Katze zum Tierarzt gehen sollten, wenn Ihnen auffällt, dass die Klumpen im Lauf der Zeit immer größer werden. Falls die Klumpen größer sind als Ihre geballte Faust (ich spreche von *meiner* geballten Faust, falls Sie ein großer, kräftiger Mann sind), dann sind sie zu groß, und Sie sollten die Nieren, die Schilddrüse und den Blutzuckerspiegel Ihrer Katze von Ihrem Tierarzt kontrollieren lassen.

Was kann ich tun, damit die Katzentoilette weniger unangenehm riecht?

So gerne ich Ihnen eine simple Antwort geben würde, es gibt einfach keine Möglichkeit, um eine Katzentoilette nach Rosen riechen zu lassen. Grundsätzlich gilt, je häufiger man sie

ausschaufelt, desto weniger Ammoniakgeruch sammelt sich an. Nachdem ich anfangs nur eine Katze besessen hatte, war ich schockiert, wie viel schmutziger und teurer es ist, sich noch eine zweite Katze ins Haus zu holen. Die Gesellschaft rechtfertigt den zusätzlichen Aufwand jedoch allemal.

Versuchen Sie es mit einer geschlossenen Katzentoilette, um die üblen Gerüche unter Verschluss zu halten – der Gestank ist dadurch zwar nicht weg, verteilt sich aber zumindest nicht in der ganzen Wohnung oder im ganzen Haus. (Schließlich können Sie von Ihrer Katze nicht verlangen, dass sie ein Streichholz anzündet.) Ob einer dieser kleinen Kohlefilter auf dem Dach der Katzentoilette etwas nützt, weiß ich nicht, aber schaden kann er bestimmt auch nicht. Falls Sie wie wild schaufeln, es aber trotzdem stinkt, sollten Sie Ihre Katzentoilette mehrmals jährlich vollständig ausleeren und gründlich reinigen. Da ich selbst eine superempfindliche Nase habe, benutze ich hin und wieder tierfreundlichen Deodorant-Puder in meinen Katzentoiletten. Außerdem habe ich ein großes Arsenal von Raumsprays im Keller. Schließlich muss ich den Katzengestank vor meinem Freund verbergen, sonst wird er nie damit einverstanden sein, dass ich mir womöglich noch mehr Katzen zulege ...

Warum nuckelt meine Katze an meinem Kaschmir-Pullover?

Wenn Sie gerade eine Menge Geld für einen neuen Kaschmir- oder Wollpullover ausgegeben haben, sollten Sie diesen besser vor Ihrer Katze verstecken. Manche Katzen entwi-

ckeln »Wolle-Nuckel-Gewohnheiten«, was sich daran zeigt, dass Ihre Pullover und Decken von hübschen kleinen Löchern übersät sind. Das Nuckeln an Wolle ist bei orientalischen Rassen, wie etwa bei Siamkatzen, weiter verbreitet, und obwohl es bislang keinen wissenschaftlichen Beleg dafür gibt, dass diese überaus lästige und kostspielige Angewohnheit vererbbar ist, sollten Sie Ihre Katze sicherheitshalber nicht zur Zucht verwenden. Was auf den ersten Blick harmlos erscheint, kann im Lauf der Zeit zu einem schwerwiegenden Problem werden. Manche sind der Meinung, das Nuckeln an Wolle sei ein zwanghafter und fehlgeleiteter Versuch, Muttermilch zu saugen. Möglicherweise erinnert der Lanolin-Geruch von Wolle Ihre Katze an den Geruch der Brustwarzen ihrer Mutter, oder der Geschmack von tierischem Haar in ihrem Maul wirkt beruhigend auf sie. Während diese Angewohnheit für Ihre Katze ungefährlich ist (es sei denn, sie schluckt große Mengen Wolle, die in ihrem Magen oder Darm stecken bleiben), kann sie ziemlich verheerende Folgen für Ihre Garderobe und Ihr Bekleidungs-Budget haben.

Die beste Methode zur Verhinderung von Wolle-Nuckeln ist die, sämtliche verlockenden Textilien vor Ihrer Katze in Sicherheit zu bringen. Anscheinend hatte Ihre Mutter doch recht, als sie Ihnen sagte, Sie sollen Ihr Zimmer aufräumen. Fordern Sie Ihre Katze (oder das Schicksal Ihres Pullovers) nicht heraus, indem Sie überall Sachen herumliegen lassen. Falls das nichts nützt, dann besorgen Sie sich bei der Heilsarmee einen billigen Pullover, der bereits durchlöchert ist, tunken Sie ihn in Cajun-Pfeffer oder Apfelessig und warten Sie ab, ob Ihre Katze lernt, dass Wolle doch nicht so gut schmeckt. Eine

andere Option ist, den Ballaststoffanteil in der Ernährung Ihrer Katze zu erhöhen oder ihr Ballaststoffe in Form von Leckerlis zu verabreichen; kostengünstig und einfach ist es auch, wenn Sie zur nächsten Tierhandlung gehen und Katzengras für sie kaufen. Leider funktioniert der Ballaststoff-Trick nicht bei allen Katzen. Stattdessen können Sie auch versuchen, Ihrer Katze mehr Bewegung zu verschaffen (siehe »Wie verschaffe ich meiner übergewichtigen Hauskatze Bewegung?« im 5. Kapitel), damit sie am Abend zu erschöpft ist, um noch an Wolle zu nuckeln. Wenn alle Versuche scheitern, können Sie immer noch Ihren Tierarzt bitten, dass er Ihrer Katze Beruhigungspillen verschreibt, die ihr Nuckelbedürfnis lindern.

Macht Katzenminze Katzen high, und kann ich auch etwas davon essen?

Katzenminze, auch bekannt unter dem Namen *Nepata cataria*, ist eine verbreitete nordamerikanische Pflanze, die problemlos im Topf angebaut werden kann. Sie wirkt bei Katzen als Aufputschmittel, allerdings scheinen zehn bis 50 Prozent von ihnen keine Reaktion darauf zu zeigen, was möglicherweise genetische Ursachen hat. Die Wirkung von Katzenminze ist auf die chemische Verbindung Nepetalacton zurückzuführen und zeigt sich in kurzzeitiger, nicht suchterzeugender Euphorie. Unter Umständen werden Sie feststellen, dass Ihre Katze sich an der Katzenminze reibt, aktiver oder verschmuster wird, zu schnurren beginnt oder sich in der Katzenminze wälzt. Da viele Katzen Katzenminze mögen, können Sie welche am neuen Kratzbaum oder Korb Ihrer Katze anbringen,

um die Wahrscheinlichkeit zu erhöhen, dass sie die Neuanschaffung auch annimmt. Ja, Katzenminze macht Katzen high. Und nein, bei Ihnen zeigt sie keine Wirkung.

Was versteht man unter »*kitty crack*«?

Kitty crack ist der Slangbegriff für Ketamin, ein Narkotikum, das Tierärzte bei der Kastration von Katern verwenden. Manchmal wird es auch bei Hunden benutzt, allerdings weniger häufig als bei Katzen, weil *doggy crack* einfach nicht so cool klingt. Es handelt sich dabei um einen sogenannten N-Methyl-D-Aspartat-Rezeptor, oder deutlich einfacher ausgedrückt um ein Medikament, das den Schmerz von den Schmerz-Rezeptoren trennt. Für den Menschen ist dieses Präparat extrem gefährlich, und seine Verwendung zu nichttiermedizinischen Zwecken ist illegal. Ob Sie es glauben oder nicht, ich wurde schon von Haustierbesitzern direkt darauf angesprochen und von Polizisten nach dem »Straßenpreis« gefragt. (»Officer, ich habe keine Ahnung, wie hoch der Straßenpreis ist, aber bei Ihrem Gewicht würde eine Kastration ungefähr 300 Dollar kosten.«) Bitte erweisen Sie sich als ein gutes Frauchen oder Herrchen und schnorren Sie Ihren Tierarzt auf der nächsten Party nicht an.

Katzenwahn

Ich werde immer wieder gefragt, ob ich glaube, Katzen hätten einen sechsten Sinn. Das glaubte ich nicht, bis ich Crystal kennenlernte, die Katze meiner Mitbewohnerin während meines Tiermedizinstudiums. Crystal war mir nie besonders zugetan (wenngleich ich sie vor einem weiteren Jahrzehnt lausiger Silikatstreu bewahrte und ihr Frauchen zu Klumpstreu bekehrte – siehe »Silikatstreu, Klumpstreu oder Kristallstreu« im 3. Kapitel). Obwohl ich drei Monate lang mit ihr unter einem Dach wohnte, ließ sie sich nie von mir auf den Arm nehmen. Anscheinend war Crystal extrem scheu und ich ihr einfach zu aufgedreht, da sie immer vor meinen schnellen, hastigen Schritten flüchtete. Während meines Tiermedizinstudiums kam ich einmal nach einem aufreibenden und traumatischen Tag emotional ausgelaugt und erschöpft nach Hause. Eine meine Lieblings-Hannoveraner-Stuten von der Farm, auf der ich an der Cornell University arbeitete, war in meinen Armen gestorben, während wir zusammen im Stroh gelegen hatten. Ihr Besitzer hatte sich trotz unserer Proteste geweigert, sie einschläfern zu lassen, und sie war langsam und qualvoll an einem septischen Schock gestorben. Es hatte mir das Herz

gebrochen, sie so leiden zu sehen, und sie war schließlich mit dem Kopf auf meinem Schoß gestorben, während meine Tränen auf sie tropften. Als ich nach Hause kam, schleppte ich mich die Treppe hinauf, ließ mich aufs Sofa fallen und weinte. Dann kam Crystal, die mir sonst immer aus dem Weg ging, setzte sich auf meine Brust und schnurrte eine halbe Stunde lang vor sich hin. Sie *spürte*, was los war …

Katzen scheinen tatsächlich über die faszinierende Fähigkeit zu verfügen, unsere Gedanken lesen zu können. Sie möchten wissen, was im Kopf Ihrer Katze vor sich geht? Sie möchten herausfinden, ob Katzen tatsächlich Gefühle haben oder ob wir sie nur vermenschlichen und ihnen Gefühle andichten? Wenn Max sein großes Geschäft auf Ihrer teuren Daunendecke verrichtet, während Sie weg sind, tut er das dann absichtlich, um sich zu rächen? Sie sind sich nicht sicher, ob Ihre Katze weint, trauert oder eifersüchtig ist? Vielleicht ist bei Ihrer Katze ja eine Schraube locker, und sie braucht einen Verhaltenstherapeuten oder Psychiater. Finden Sie heraus, ob Sie Ihrer Katze eine Ihrer Valium-Tabletten geben dürfen (die kurze Antwort lautet: nein!). Wie lässt sich die verrückte Angewohnheit Ihrer Katze erklären, dass sie sich jedes Mal den einzigen Katzenhasser unter Ihren Gästen herauspickt, nur um ihn unter einer Wolke von Haaren und Hautschuppen verschwinden zu lassen? Lesen Sie weiter, um alles über die (meistens liebenswerten) Marotten Ihrer Katze zu erfahren!

Gibt es Katzenflüsterer und Haustierpsychiater?

Die Rettung für unsere durchgeknallten Katzen sind Absolventen etwa des American College of Veterinary Behaviorists (ACVB). Bei ihnen handelt es sich um Tiermediziner, die nach ihrem Veterinärmedizinstudium noch eine zwei- bis dreijährige Facharztausbildung in Tierverhalten abgeschlossen haben. ACVB-zertifizierte Verhaltenstherapeuten sind über die Bezeichnung »Tierpsychiater« vermutlich nicht besonders glücklich, sorgen aber dafür, dass Ihrem verrückten Kätzchen durch Training, Verhaltensmodifikation und Desensibilisierung geholfen wird. Das ist ein wichtiges Fachgebiet, da Tiere oft wegen des problematischen Verhältnisses zu ihren Besitzern, das auf unangemessenes oder unerwünschtes Verhalten zurückzuführen ist, im Tierheim abgegeben oder sogar eingeschläfert werden. Schließlich ist es viel schwieriger, eine liebevolle Bindung zu seiner Katze aufzubauen, wenn sie überall im Haus hinpinkelt oder einem die Knöchel blutig kratzt.

Zu den verbreiteten Klagen über Katzen, die einen Besuch beim Verhaltenstherapeuten rechtfertigen, zählen Aggression gegenüber Artgenossen, Urinmarkierung, übersteigerter Tötungstrieb, Kratzen, Aggression gegenüber Menschen und nächtliche Ruhelosigkeit.[1] Mit anderen Worten, Ihre nachtaktive Katze treibt Sie in den Wahnsinn, und Sie benötigen Hilfe, um nicht den Verstand zu verlieren. Bei Bedarf kann Ihnen Ihr Tierverhaltenstherapeut auch ein Antidepressivum verschreiben.

Sogenannte »Katzenflüsterer« gibt es ebenfalls; dabei handelt es sich um Züchter, um Tierheim-Mitarbeiter oder ein-

fach nur um Menschen, die viel Erfahrung mit Tieren besitzen und ihre Dienste auf freiberuflicher Basis anbieten. Oft bedienen sie sich Techniken, die sie von Tierverhaltenstherapeuten übernommen haben, doch in der Regel hat jeder von ihnen seine ganz eigene Methodik und Herangehensweise, was Verhaltensmodifikation betrifft. Sie sollten unbedingt Ihren Tierarzt konsultieren oder gründliche und umfassende Recherchen anstellen, bevor Sie eine Entscheidung treffen, wie Ihre Katze am besten behandelt werden sollte, da diese Leute ihr kein Antidepressivum verschreiben können.

Darf ich meiner Katze Valium geben?

Denken Sie nicht einmal daran, Ihrer Katze Valium zu geben. Bei wiederholter oraler Valium-Gabe kann es in seltenen Fällen zu Leberversagen (auch als akute Lebernekrose bekannt) kommen[2], und auch wenn Valium manchmal periodisch bei Verhaltensstörungen oder zur Beruhigung verordnet wird, lohnt sich das Risiko für Ihre Katze nicht. Zur oben genannten Reaktion auf dieses Medikament kommt es zwar verhältnismäßig selten, bei den betroffenen Tieren führt sie jedoch in 95 Prozent der Fälle zum Tod. Es ist also nicht in Ordnung, wenn Sie Ihrer Katze Ihre eigenen Medikamente verabreichen. Ich kann Ihnen allerdings zu Ihrer Beruhigung versichern, dass die intravenöse Variante von Valium, die wir Tierärzte häufig verwenden, keine Gefahren birgt und nicht zu Leberversagen führt.

Sind Katzen rachsüchtig?

Tierverhaltenstherapeuten sagen, dass wir dazu neigen, unsere Gefühle auf Tiere zu projizieren, und dass Hunde und Katzen im Gegensatz zu uns Menschen keine Emotionen wie Wut, Eifersucht und Rachegelüste empfinden. Als Katzenbesitzerin kann ich jedoch bestätigen, dass Katzen rachsüchtig sind. Ist Ihnen schon einmal aufgefallen, dass Ihre Katze Sie ignoriert, wenn Sie von einer Geschäftsreise nach Hause kommen? Mussten Sie feststellen, dass Ihr Haus verwüstet ist, wenn Sie zurückkommen? Liegen sämtliche Gegenstände, die sonst in der Küche auf der Arbeitsplatte stehen, plötzlich auf dem Fußboden? Ich kann mir bildlich vorstellen, wie meine Katzen absichtlich Müsli-Dosen hinunterschubsen, nur um mich zu ärgern. (Was ich allerdings wirklich gerne wüsste, ist, wie sie es schaffen, mit ihren nicht-opponierbaren Daumen die Plastikdeckel aufzumachen, sodass sich der ganze Inhalt auf dem Boden verteilt.) Gut, vielleicht hatten sie gerade ein plötzliches, ungewöhnlich starkes Spielbedürfnis, aber ich glaube trotzdem, dass es sich um Rache gehandelt hat. Schließlich tun sie so etwas nie, wenn ich zu Hause bin oder einen langen, harten Arbeitstag habe. Offenbar ist das die Strafe meiner Katzen für mich, weil ich sie ohne ihre Erlaubnis ein paar Tage alleine gelassen habe.

Bedenken Sie, dass es sich bei den vermeintlichen »Rachegelüsten« unserer Katzen womöglich nur um unsere Fehlinterpretation ihrer Reaktion auf Stress handelt. Falls Sie glauben, Ihre Katze würde absichtlich auf Ihre Daunendecke pinkeln, während Sie unterwegs sind, sollten Sie noch einmal nach-

denken. Ein hoher Stresslevel kann unter Umständen den pH-Wert des Urins verändern und eine Katze für sterile Blasen-entzündungen prädisponieren. Bevor Sie Ihre Katze also be-schuldigen, sollten Sie sich freundlicherweise in Erinnerung rufen, dass sie mit Stress womöglich nicht besonders gut um-gehen kann, was sich vielleicht darin äußert, dass sie außerhalb ihrer Katzentoilette pinkelt. Echo und Seamus verrichten ihre großen Geschäfte niemals außerhalb der Toilette – es sei denn, ich bin nicht da. Ob der Grund dafür nun Rachsucht oder Stress ist, mir ist getrockneter Kot allemal lieber als Urin …

Denken Katzen?

Das kommt darauf an. Katzen sind wirklich clever, wenn es darum geht, na ja, Katzen zu sein. Höhere Mathematik beherr-schen sie nicht, aber sie sind ziemlich gut darin, der Herr im Haus zu sein, dick und faul zu werden und alle zweibeinigen Wesen dazu zu bringen, sich jedem ihrer Befehle zu beugen. Katzen sind schlau genug, um jemanden zu finden, der ihre Hinterlassenschaften beseitigt, und clever genug, um sich um fünf Uhr morgens Futter zu erbetteln. Aber *denken* sie?

Da ich im Anatomiekurs am Anfang meines Tiermedizin-studiums Katzengehirne sezieren musste, weiß ich, wie klein diese sind. Im Verhältnis zu ihrem Körpergewicht haben Kat-zen allerdings ein größeres Gehirn als Pferde (was übrigens nicht viel heißen will). Ja, Katzen denken, aber nicht auf dem-selben Niveau wie wir Menschen. Katzen behalten Dinge im Gedächtnis, reagieren auf einfache verbale Auslösereize (wie etwa ihren Namen), sind zu Geräusch-Assoziationen in der

Lage (wenn sie das Öffnen einer Futterdose hören) und verfügen über ein Grundwissen in Bezug auf Überlebenstechniken (»Wenn ich ihn um fünf Uhr morgens wecke, füttert er mich.«).

In der Notaufnahme bekomme ich oft Katzen mit schweren Schädel-Hirn-Traumata zu sehen, die aus dem Fenster gefallen sind, von einem Auto angefahren wurden, mit dem Kopf in ein Hundemaul geraten sind oder auf die jemand versehentlich getreten ist (was auch Seamus passiert ist). Es ist ziemlich beeindruckend zu sehen, wie radikal sich der Zustand von Katzen, die neurologisch beeinträchtigt oder komatös eingeliefert wurden, innerhalb weniger Tage verbessern kann. Daraus lässt sich schließen, dass sie entweder (a) eine schnellere Nervenregeneration besitzen als andere Lebewesen (was nicht stimmt, sonst wären wir nämlich in der Lage, gelähmte Menschen zu heilen) oder (b) keine höheren kognitiven Funktionen auf derselben Stufe wie wir Menschen haben (oder anders formuliert, dass sie ihr Gehirn nicht dazu verwenden müssen, um zu lesen und zu schreiben). Zum Glück sind sie trotzdem liebenswert. Sie sind wie die große, dümmliche Sportskanone, die in der Schule von allen Mädchen angehimmelt wurde – so süß.

Weinen Katzen?

Katzen sind zu einigen einfachen menschlichen Emotionen imstande, weinen jedoch nicht aufgrund irgendeiner höheren emotionalen Reaktion des Gehirns. Wenn Sie feststellen, dass kleine Mengen einer durchsichtigen Flüssigkeit aus den Augenwinkeln Ihrer Katze austreten, dient das der na-

türlichen Befeuchtung ihrer Hornhaut. Sollten größere Mengen austreten, wird ihr Auge möglicherweise durch irgendetwas gereizt, wie etwa von einem Hornhautulcus (einem Kratzer auf der durchsichtigen Augenoberfläche), einer Allergie, einer Infektion der oberen Atemwege (einem Herpes- oder Calicivirus), einer bakteriellen Infektion (Chlamydien) oder einem blockierten Tränennasengang (die Verbindung zwischen Nase und Augen, die dafür verantwortlich ist, dass einem die Nase läuft, wenn man weint). Falls Ihre Katze verheulte Augen hat, liegt das also vermutlich nicht daran, dass Sie sich gerade einen Hund angeschafft haben. Ziehen Sie in Erwägung, mit ihr zum Tierarzt zu gehen, da sie vermutlich unter einer Infektion der oberen Atemwege leidet oder ein Kratzer auf der Hornhaut dafür sorgt, dass ihr die Augen tränen.

Trauern Katzen?

1996 führte die American Society for the Prevention of Cruelty to Animals eine Studie durch, in der die Reaktion von Haustieren auf den Verlust eines vierbeinigen Gefährten untersucht wurde.[3] Leider befasste sich diese Studie nur mit Hunden, sodass sich daraus keine generellen Rückschlüsse auf das Verhalten von Katzen ziehen lassen. Die Studie kam zu dem Ergebnis, dass 63 Prozent der Hunde infolge des Todesfalls entweder stiller wurden oder häufiger bellten, während 50 Prozent von ihnen ihrem Besitzer gegenüber anhänglicher wurden. 36 Prozent der beobachteten Hunde fraßen weniger als sonst, und elf Prozent verweigerten ihr Futter ganz. Bei 66

Prozent der Hunde waren laut dieser Studie nach dem Verlust ihres vierbeinigen Gefährten vier oder mehr Veränderungen in ihrem Verhalten zu erkennen.[4]

Da ich schon von etlichen Katzenbesitzern gehört habe, dass ihre verbliebene Katze nach dem Tod ihrer Mitbewohnerin ständig nach dieser gesucht hat, bin ich der festen Überzeugung, dass Katzen tatsächlich trauern. Außerdem habe ich selbst erlebt, dass Katzen in Abwesenheit ihres zwei- oder vierbeinigen besten Freundes traurig waren. Glücklicherweise heilt die Zeit alle Wunden, und Ihre Katze wird vermutlich nach einigen Wochen oder Monaten wieder ganz sie selbst sein.

Warum reibt meine Katze ihren Kopf und ihren Körper an mir, meinen Möbeln und meinen Gästen?

Sie finden es womöglich süß, wenn Ihre Katze sich den Kopf an Ihnen reibt, doch sie tut dabei nichts anderes, als Sie zu markieren und damit festzulegen, dass Sie ihr gehören. Ich finde das ebenfalls süß, aber auch ziemlich lästig, da Seamus mich ständig mit dem Kopf anrempelt, während ich versuche, dieses Buch zu tippen. Falls es Ihnen nichts ausmacht, Objekt der Besitzbegierde zu sein, ist es natürlich vollkommen in Ordnung. Wenn Ihre Katze den Kopf und das Kinn an Ihnen und an Ihren Möbelstücken reibt, gibt sie mit ihren Duftdrüsen (die sich um ihre Augen, unter ihrem Kinn und an ihren Pfoten befinden) Geruchsstoffe ab und markiert damit, wo Sie beide gewesen sind.

Warum scheint meine Katze ausgerechnet denjenigen meiner Gäste am liebsten zu mögen, der Katzen am wenigsten leiden kann?

Katzen sind wie Männer – sobald man ihnen nachläuft, verlieren sie das Interesse. Außerdem machen sie sich gerne rar – sie möchten sich nicht von der Person streicheln lassen, die sie streicheln möchte; stattdessen wurmt es sie, dass eine bestimmte Person im Raum sie ignoriert. Um diesen allergischen Katzenhasser auf ihre Seite zu bringen, reiben sie sich an ihm. Katzen besitzen einen erstaunlichen sechsten Sinn und wissen genau, wen sie ins Visier nehmen müssen. Hübscher schwarzer Kaschmir-Pullover? Kann Katzen nichts ausstehen? Allergisch? Ich bin schon unterwegs …

Was geht in meiner Katze vor, wenn sie mit den Pfoten meine Decke durchknetet?

Wir Tierärzte nennen dieses Verhalten »Muffins machen«. Wenn Katzen eine Decke, Sie oder ihr Katzenbett durchkneten, ist das ein Zeichen für Wohlbefinden und Entspannung. Die Bewegung gleicht der, mit der sie im Säuglingsalter versucht haben, der Brust ihrer Mutter mehr Milch zu entlocken, und viele Katzen behalten diese Angewohnheit bis ins Erwachsenenalter bei. Einige Kätzchen, die von Menschen aufgezogen wurden, tun es möglicherweise nicht, da ihnen eine Flasche ins Maul gesteckt wurde und die Knetarbeit zur Milchgewinnung erspart geblieben ist. Tierverhaltensforscher sind außerdem der Ansicht, dass Katzen zu Markierungszwe-

cken »Muffins machen«, da sich in ihren Ballen Duftdrüsen befinden. Sie brauchen sich also keine Sorgen zu machen – Ihre Katze ist nicht hungrig und versucht auch nicht, Milch aus Ihnen herauszubekommen. Für sie ist es einfach nur instinktives Verhalten. Sie sollten sich geschmeichelt fühlen, dass Ihre Katze so entspannt ist und sich freut, Sie zu sehen. Nach langen, harten Arbeitstagen mache ich mir das zunutze, indem ich mich auf den Rücken lege und Echo auf meinen Schultern Muffins machen lasse (sprich mich von ihm massieren lasse). Schließlich muss man es sich als Katze verdienen, in einem Tierarzt-Haushalt leben zu dürfen, oder etwa nicht?

Warum geht meine Katze auf mich los, wenn ich sie am Bauch streicheln möchte?

Haben Sie sich jemals gefragt, warum Ihre Katze so tut, als wollte sie von Ihnen gestreichelt werden, und Sie dann kratzt, wenn Sie es tun? Wenn Ihre Katze sich auf den Rücken dreht, um sich von Ihnen ihren Schmerbauch kraulen zu lassen, sollten Sie sich entweder geschmeichelt oder brüskiert fühlen. Sie demonstriert damit entweder (a) ihre Verletzlichkeit und Unterwürfigkeit oder (b), dass sie die Königin Ihres Palasts ist und sich keine Sorgen macht, dass Sie ihr auch nur in irgendeiner Weise überlegen sein könnten. Ihre Katze vertraut Ihnen, dass Sie ihren Unterbauch nicht heimtückisch attackieren, ihr die Eingeweide herausreißen und sie ausweiden werden. Freuen Sie sich über dieses Vertrauen! Dass sie sich in Ihrer Gegenwart wohlfühlt, heißt natürlich noch lange nicht, dass sie auch tatsächlich angefasst werden möchte. Manche Katzen genie-

ßen Aufmerksamkeit ohne Berührungen (genau wie Ihr Date vom vergangenen Freitagabend) und kratzen einen, wenn man ihnen Liebkosungen verabreicht, für die sie nicht bereit sind.

Warum geht meine Katze auf meine Fesseln los?

Sie hassen es, wenn Ihnen im Supermarkt jemand mit dem Einkaufswagen von hinten gegen die Fesseln fährt? Tja, wenn Ihre Katze auf Ihre Fesseln losgeht, ist das nicht viel besser. Falls Ihre junge oder halbwüchsige Katze das tut, versucht sie, Sie zum Spielen zu animieren, und springt Sie an, um auf Sie Jagd zu machen und Sie zur Strecke zu bringen. Vergessen Sie nicht, dass Katzen Raubtiere sind und Verfolgen, Fangen, Spielen und Töten einen großen Spaß für sie bedeuten. Retten Sie Ihre Fesseln, indem Sie versuchen, die aufgestauten Frustrationen Ihrer Katze auf irgendetwas Lebloses umzulenken, damit es nicht zu Blutvergießen kommt. Im ersten Schritt sollten Sie sicherstellen, dass Sie Ihrer Katze genug Bewegung verschaffen – tägliches, zehn- bis 15-minütiges Spielen hilft dabei, sie mürbe zu machen (siehe »Wie verschaffe ich meiner übergewichtigen Hauskatze Bewegung?« im 5. Kapitel). Das können Sie tun, während Sie faul Zeitung lesen, indem Sie eine Spielzeugmaus oder eine Papierkugel für sie werfen, sich eines Laserpointers bedienen oder das Lieblingsspielzeug meiner Katzen benutzen, eine Feder an einer Schnur. Achten Sie darauf, für ausreichenden Abstand zwischen Ihnen und dem Spielzeug zu sorgen – schließlich möchten Sie nicht, dass Ihre Katze die spaßige Spielzeit mit Ihren Fesseln assoziiert.

Außerdem sollten Sie nie mit Ihren Händen oder Füßen grob zu Ihrer Katze sein. Geben Sie ihr keine Bauchmassage mit dem Fuß, wenn sie gerade in der Sonne döst, nur um sie aufzuwecken und zu piesacken, da sie Ihre Extremität sonst mit etwas Lästigem assoziieren wird. In ganz harten Zeiten können Sie sich auch mit einer Wasserpistole bewaffnen. Sobald Ihre Katze auf Ihre Fesseln losgeht, verpassen Sie ihr einen Warnschuss. Diese negative Verstärkung muss zeitgleich mit der Attacke erfolgen, sonst wird Ihre Katze ihr Fehlverhalten nicht mit der Wasserdusche assoziieren (wobei sich bitte nur verantwortungsbewusste, reife und im Umgang mit Wasserpistolen erfahrene Erwachsene dieser Methode bedienen sollten). Eine letzte Möglichkeit, die ich nur empfehle, wenn Sie *alle* anderen Optionen ausprobiert haben, ist die, dass Sie einen weiteren Hausbewohner bei sich einziehen lassen, den Ihre Katze statt Ihnen attackieren kann – ich meine damit eine andere Katze, nicht einen anderen Menschen.

Sind Katzen von Natur aus Hundehasser?

Wildkatzen mussten keine Angst vor anderen Raubtieren haben, da sie in der Nahrungskette ganz oben standen. Als Katzen immer kleiner und domestizierter wurden, merkten sie, dass auch sie natürliche Feinde haben. Schöner Mist, nicht an der Spitze zu stehen, oder?

»Kleineren« Wildkatzen, wie zum Beispiel Pumas, Luchsen und Rotluchsen, ist nicht verborgen geblieben, dass die städtische Ausbreitung in ihren Lebensraum Gefahren mit sich bringt – für alle Beteiligten – und sie zur Beute für Jäger und

Autos macht. Unsere domestizierten Katzen haben ebenfalls instinktiv gelernt, Gefahren zu fürchten: den Tierquäler von nebenan, den Streuner aus der Nachbarschaft, Autos, andere Raubtiere wie etwa Kojoten und den Straßenköter, der die Gegend unsicher macht. Wenn Simba einen Hund sieht, hasst er ihn nicht instinktiv; er möchte nur nicht zu seinem Kauspielzeug oder seiner nächsten Mahlzeit werden. Sein Instinkt sagt ihm, dass er weglaufen soll, bevor er mit Haut und Haar in den nächsten Lebenszyklus katapultiert wird.

Grundsätzlich sollten Sie Vorsicht walten lassen, wenn Sie Hunde und Katzen aneinander gewöhnen möchten. Konsultieren Sie Ihren Tierarzt oder einen Tiertrainer, bevor Sie überhaupt daran denken, Vertreter der beiden Spezies miteinander bekannt zu machen. Nachdem Hunde und Katzen genug Zeit gehabt haben, um sich aneinander zu gewöhnen, können sie prinzipiell gefahrlos zusammenleben, je nachdem, welcher Rasse Ihr Hund angehört und wie gut Sie ihn erzogen haben. Ich habe Seamus adoptiert, als ich noch keine anderen Haustiere hatte, und er war es gewohnt, der Boss im Haus zu sein. Als ich fünf Monate später meinen Pitbullterrier JP adoptierte (als zehn Pfund schweren Welpen), verliebte sich Seamus auf der Stelle in ihn. Er putzte JP, schlief neben ihm und sprang häufig auf ihn oder zog ihn am Ohr, um ihn zum Raufen aufzufordern. Allerdings waren die beiden anfangs ungefähr gleich groß, sodass Seamus vermutlich keinen echten Konkurrenten in JP sah. Die Tatsache, dass Seamus als Kätzchen, kurz vor seinem ersten Treffen mit JP, ein schweres Schädel-Hirn-Trauma hatte, half vermutlich ebenfalls: Seamus ist ein bisschen langsam und denkt, es wäre in Ordnung,

im Spaß mit einem Hund zu raufen. Zum Glück verstehen sich die beiden nach wie vor glänzend.

Wie bringe ich meinen Freund dazu, dass er Katzen mag?

Da dieses Buch nichts mit dem Spielfilm *Er steht einfach nicht auf Dich!* zu tun hat, sollten Sie meine Dating-Tipps mit Vorsicht genießen. Was ich im Lauf der vergangenen drei Jahrzehnte gelernt habe, ist, dass man Männer – egal, was Sie denken (oder hoffen) – nicht *ändern* kann. Allerdings kann man sie wie Hunde unter Umständen *abrichten*. Die meisten Männer hassen Katzen, weil sie das Unbekannte hassen. Ihren Freund vorsichtig Ihrer Katze auszusetzen, genügt möglicherweise, um ihm schrittweise beizubringen, sie zu tolerieren.

Schaffen Sie zunächst optimale Voraussetzungen. Stellen Sie sicher, dass es bei Ihnen zu Hause nicht nach Katze riecht. Wenn Ihr Freund Sie besuchen kommt und die Katzentoiletten schmutzig sind, wird der Ammoniakgeruch, der in der Luft liegt, nicht dazu beitragen, ihn zu bekehren. Ihre Katze wird eine saubere Toilette ebenfalls zu schätzen wissen. Benutzen Sie Raumspray, Kerzen und Duftspender für die Steckdose, damit es in Ihren vier Wänden zur Freude aller Anwesenden angenehmer und frischer riecht. Am besten erwecken Sie zunächst (bis er Sie fragt, ob Sie ihn heiraten möchten) den Eindruck, als würde bei Ihnen gar keine Katze wohnen (nichts für ungut, Kitty). Deshalb sollten Sie sicherstellen, dass er nicht über Katzenspielzeug oder Glöckchen stolpert oder in Erbrochenes steigt. Um ihn dazu zu bringen, Ihre Katze

ins Herz zu schließen, dürfen Sie ihn auf gar keinen Fall bitten, irgendwelche Aufgaben rund um Ihre Katze zu übernehmen. Fordern Sie ihn bloß nicht auf, Hinterlassenschaften Ihrer Katze aus der Toilette zu schaufeln, nur weil Sie zu geizig sind, einen Katzensitter zu engagieren. Sie müssen so lange wie möglich geheim halten, dass unter Ihrem Dach ein Tier große Geschäfte verrichtet. Darüber hinaus sollten Sie positives Feedback geben. Wenn Ihre Katze zum Sofa kommt, um mit Ihnen beiden zu kuscheln, werfen Sie ein schnelles »Möchtest du ein Bier?« oder »Stört es dich, wenn ich kurz nachschaue, wie es beim Fußball steht?« ein. Belohnen Sie positives Verhalten – oder anders ausgedrückt, sorgen Sie für eine positive Assoziation mit Ihrer Katze. Machen Sie es aber nicht zu offensichtlich. Wenn Sie zu einem Clicker-Trainingsspielzeug für Hunde greifen, wird er Ihren Plan durchschauen und Ihnen einen Strich durch die Rechnung machen. Zu guter Letzt sollten Sie nicht vergessen, Ihre Katze nachts aus dem Schlafzimmer auszusperren – Kittys nächtliches Herumtoben um drei Uhr morgens, an das Sie sich längst gewöhnt haben, wird Ihr Freund womöglich nicht so schnell lieben lernen.

Besitzt meine Katze eine innere Uhr, und wie kann ich diese abstellen?

Jeder Katzenbesitzer kann bestätigen, dass Katzen immer genau dann am aktivsten sind, wenn man endlich eingeschlafen ist. Manche Leute glauben tatsächlich, Katzen würden ihren nächtlichen Rundlauf um ihren Kopf veranstalten, weil sie »Gespenster sehen«. Wenn Sie nicht an den sechsten Sinn

Ihrer Katze glauben, gibt es vermutlich keine Erklärung für ihre verrückten nächtlichen Angewohnheiten – schreiben Sie es einfach der Katzenminze, den frühen Morgenstunden und ihrer inneren Uhr zu.

Leider sind für den unliebsamen circadianen Rhythmus Ihrer Katze zwei Hormone verantwortlich: Melatonin und Vasopressin.[5]

Melatonin ist ein Neurohormon, das den Tagesrhythmus kontrolliert, beim Schlafen hilft und den Reproduktionszyklus unterstützt. Manche Leute benutzen dieses Nahrungsergänzungsmittel, um besser schlafen zu können, aber bitte verabreichen Sie es nicht Ihrer Katze, um sie dazu zu bringen, die Nacht durchzuschlafen – mehrere Tausend Jahre Nachtaktivität lassen sich nicht einfach so unter den Teppich kehren. Das Hormon Vasopressin, das im Hypothalamus produziert wird, besitzt vor allem elektrolytische Eigenschaften und regelt den Wasserhaushalt, wird aber seit Kurzem auch für den verrückten circadianen Rhythmus von Katzen verantwortlich gemacht. Uns geht es hier aber nicht um hochtrabende chemische Bezeichnungen, sondern darum, wie Sie Ihre Katze daran hindern können, dass Sie sie mitten in der Nacht weckt. Da Katzen von Natur aus nachtaktive Tiere sind, können Sie nicht viel dagegen unternehmen. Falls Sie doch auf etwas kommen sollten, dann lassen Sie sich Ihre Idee patentieren, da Sie mit tagaktiven Katzenliebhabern Millionen verdienen können.

Hier sind einige Tipps, wie Sie eine Katze besitzen und trotzdem ein bisschen Schlaf bekommen können: Zunächst sollten Sie versuchen, Ihrer Katze Bewegung zu verschaffen,

bevor Sie ins Bett gehen. Zehn bis 15 Minuten stramme Leibesübungen werden hoffentlich genügen, um Ihre Katze so auszupowern, dass ihre Erschöpfung die ganze Nacht anhält. Sofern das nichts nützt, ermuntern Sie Ihre Katze dazu, im Zimmer Ihres Mitbewohners oder Ihres Kindes zu übernachten. Wenn alle Stricke reißen, wird Ihnen womöglich nichts anderes übrigbleiben, als Ihre Katze nachts in ein anderes Zimmer zu sperren. Achten Sie dabei darauf, ein hübsches, komfortables Zimmer auszuwählen, das mit einer Katzentoilette, Spielzeug, Leckerlis und einem weichen Bett ausgestattet ist. Bleibt zu hoffen, dass ihr Miauen, mit dem sie fordert, freigelassen zu werden, nicht bis in Ihr Schlafzimmer dringt.

Wie gewöhne ich meiner Katze ab, dass sie morgens um Viertel vor sechs um Futter bettelt?

Allem voran sollten Sie in diesem Fall unbedingt der Versuchung widerstehen, aufzustehen und Ihre Katze zu füttern. Was denken Sie denn, wie sie überhaupt darauf gekommen ist, dass Sie so bescheuert sind und tatsächlich aufstehen, um sie zu füttern? Als ich noch studierte, wurde meine Mitbewohnerin jeden Morgen um fünf Uhr von ihrer Katze mit Geschrei, Gejammer und Gebettel um Futter geweckt; sie stand daraufhin jedes Mal auf, fütterte Crystal und legte sich anschließend wieder hin. Für mich stellte das kein großes Problem dar, weil ich einfach meine Tür zumachte. Als ich jedoch mit Katzensitten an der Reihe war, brachte ich Crystal mit Hilfe negativer Verstärkung schnell bei, dass unter meiner Aufsicht ein anderer Wind weht. Verstehen Sie mich nicht falsch

– Crystal gab sich alle Mühe, doch ich ignorierte ihr Gejammer und ihre lästige Angewohnheit, das Telefon so oft vom Nachttisch zu schubsen, bis dessen Tuten mich beinahe in den Wahnsinn trieb. Nach ein paar »sanften Aufforderungen«, von meinem Kopf herunterzugehen, und einigen Salven aus meiner praktischen Wasserspritzpistole (gehen Sie nie ohne ins Bett), lernte sie schnell, dass Justine erst dann aufwacht, wenn Justine aufwachen will.

Warum verscharren manche Katzen ihre großen
Geschäfte und andere nicht?

Wenn Sie Ihr süßes Kätzchen adoptieren, glauben Sie vielleicht, es wüsste von Natur aus, was in der Katzentoilette zu tun ist, doch da irren Sie sich. *Sie* können sich vielleicht nicht mehr an Ihre Töpfchentraining-Tage erinnern, aber ich bin sicher, Ihre Mutter kann sich noch sehr gut daran erinnern. Als Seamus noch ein kleines Kätzchen war, setzte ich ihn in die Katzentoilette, nahm vorsichtig seine Vorderpfoten und zeigte ihm, wie er zu scharren hat. Das mag albern klingen, aber ich wollte nicht riskieren, eine von den Katzenbesitzerinnen zu werden, deren Katze ihre Hinterlassenschaften frei herumliegen lässt. Das ist dasselbe, als würde man nicht hinunterspülen, und verschlimmert den Gestank im Haus drastisch.

Löwen und Wildkatzen benutzen natürlich keine Klumpstreu. In der freien Wildbahn ließen dominante Alphakatzen ihre Exkremente einfach liegen, damit alle wussten, wer und wo der Boss ist. Unterwürfige Wildkatzen verscharrten dagegen ihren Kot, um ihre Anwesenheit zu ver-

heimlichen. Heutzutage verscharren die meisten domestizierten Katzen ihre Hinterlassenschaften, da sie großen Wert auf Hygiene legen, während andere – sei es zur Demonstration ihrer Dominanz (oder, wie ich glaube, Faulheit) oder nicht – darauf verzichten. Falls Ihre Katzentoilette zu schmutzig ist, wird Sammy unter Umständen beschließen, seine Hinterlassenschaften nicht zu verscharren, da nur noch so wenig saubere Streu übrig ist, dass er sich dabei die Pfoten schmutzig machen würde. Zum Glück lernen die meisten domestizierten Katzen instinktiv und schnell, wie sie ihren Kot verschwinden lassen können. Um auf der sicheren Seite zu sein, sollten Sie Ihrer Katze trotzdem zeigen, wie es funktioniert, falls sie schon als kleines Kätzchen zu Ihnen kommt. Wenn wir unseren Katzen jetzt noch beibringen könnten, ihr großes Geschäft in unsere Toilette zu verrichten, den Deckel herunterzuklappen und zu spülen, wäre die Welt perfekt.

Erkennt meine Katze sich im Spiegel?

Da ich Wissenschaftlerin bin, beschloss ich, mit meinen eigenen Katzen einen Tierversuch durchzuführen (keine Sorge, dabei ist kein Tier zu Schaden gekommen), und nahm Seamus und Echo mit ins Badezimmer, um herauszufinden, ob sie ihr eigenes Spiegelbild erkennen. Auf Grundlage dieses Experiments würde ich behaupten, dass sich die meisten Katzen nicht um ihr Spiegelbild scheren – sie merken schnell, dass es sich um sie selbst handelt, und zeigen keine Angst vor dem, was sie im Spiegel sehen. Ich habe mir sagen lassen, dass kleine Kätzchen manchmal ein paar Minuten lang mit ihrem Spie-

gelbild spielen, aber auch sie verlieren schnell das Interesse, wenn sie feststellen, dass das »andere Kätzchen« anscheinend alle ihre Bewegungen kennt. Tiere bedienen sich ihrer Sinneswahrnehmung und verlassen sich auf ihr Sehvermögen, ihren Geruchssinn, ihr Gehör und unter Umständen auf ihren Geschmacksinn, um zu überprüfen, ob etwas echt ist oder nicht. Aus diesem Grund geht Ihre Katze auch nicht auf das Foto eines Goldfischs los und frisst nicht die Katzenfutterreklame in der Zeitung.

Wie hält man eine Katze am besten?

Katzen möchten grundsätzlich nicht zu lange gehalten oder getragen werden. Da sich Ihre Katze sicher fühlen möchte, wenn Sie sie halten, sollten Sie darauf achten, dass Sie mit einer Hand ihr (oft großes, zumindest in Seamus' Fall) Hinterteil stützen, während Sie ihr mit der anderen unter den Brustkorb greifen und sie nah bei sich halten. Die meisten Katzen möchten nicht mit einer Hand hochgehoben werden und können es in der Regel nicht leiden, wenn man ihnen dabei an den Bauch fasst. Mein Kater Echo, der schlank und muskulös ist, stellt in dieser Hinsicht eine Ausnahme dar: Er springt gerne zu mir hoch, wenn ich tippe, und ich kann ihn hochheben, indem ich ihn mit einer Hand zwischen den Vorderbeinen nehme. Wenn ich ihn auf meinen Schoß setze, ist er sofort im siebten Himmel. Allerdings ist er auch nur etwa halb so groß wie Dickerchen (Seamus' Spitzname) und deshalb viel leichter hochzuheben. Seamus ist dagegen ein so schwerer Brocken, dass ich ihn kaum mit einem Arm hochheben kann, wenn ich

mich nicht endlich an meinen Neujahrs-Vorsatz halte und jeden Tag 20 Bizepscurls mache. Da Seamus sich ziemlich unsicher fühlen würde, wenn er nur von einer Hand gestützt in der Luft hinge, muss ich ihn mit beiden Händen hochheben, um sein Gewicht zu verteilen und ihm ein ausbalanciertes Gefühl zu vermitteln.

Halten Sie Ihre Katze nicht wie ein Baby (mit dem Bauch nach oben) auf dem Arm, nachdem Sie sie hochgehoben haben – Katzen können es normalerweise überhaupt nicht leiden, Ihnen ihren Schmerbauch zeigen zu müssen, weil sie sich dabei verletzlicher fühlen. Da Katzen sich gerne obenauf fühlen, bevorzugen sie es möglicherweise, so gehalten zu werden, dass sie einem die Vorderpfoten auf die Schulter legen und über diese nach hinten blicken können, während man ihr Gewicht stützt. Man sollte alles mit Maß und Ziel tun, und das gilt ganz besonders, wenn es um Katzen geht. Lassen Sie sich Zeit. Falls Sie gerade erst eine frisch resozialisierte, zuvor verwilderte Katze adoptiert haben, wird diese nicht sofort auf große menschliche Zuneigung erpicht sein. Kuscheln Sie mit Ihrer Katze immer nur kurz und geben Sie ihr unmittelbar danach eine kleine Belohnung. Auf diese Weise wird sie merken, dass Umarmungen und liebevolle Berührungen doch gar nicht so schlecht sind.

Mein Lieblings-Kinderfoto von mir zeigt mich im Alter von zehn Jahren, wie ich mein erstes Kätzchen MiMi halte, seine Vorderbeine weit gespreizt und sein Körper in einem unbequemen Winkel in meinen Armen. Kein Wunder, dass ich so viele Erinnerungen an Kratzer von Katzen habe. Als ich zwei Jahrzehnte später Seamus adoptierte, gelang es mir nicht,

ihn dazu zu bringen, mich zu »lieben«. Er war einfach kein besonders gut sozialisiertes und verschmustes Kätzchen und wollte weder gehalten noch angefasst werden. Ich musste ihm nächtliche »Zwangs-Kuscheleinheiten« verabreichen, bei denen ich ihn eine Minute lang herzte und dann wieder absetzte. Schritt für Schritt versuchte ich, die Einheiten auszudehnen, doch er war davon alles andere als begeistert. Tja, ich habe daraus gelernt, dass man Liebe nicht erzwingen kann.

Seit ich nach Minnesota gezogen bin und Seamus ein Kater mittleren Alters ist, scheint er nächtliche Zuneigung zu genießen. Da ich ihn im Spätsommer schere, um zu verhindern, dass er zu viele Haare verliert, sehnt er sich nach Kuscheleinheiten unter der Bettdecke, sobald die ersten kalten Herbstnächte kommen. Obwohl er in erster Linie nach Wärme sucht, scheint er als mittlerweile erwachsener Kater ein bisschen Geschmuse durchaus zu genießen, solange er Herr der Lage bleibt und das Weite suchen kann, sobald ihm danach ist.

Ist es wahr, dass Katzen Babys »den Atem stehlen«?

Unter Umständen wird Ihnen auffallen, dass Karlo sich gerne in der Nähe Ihres Babybetts aufhält, da er sich von den seltsamen Gerüchen Ihres schlafenden Säuglings angezogen fühlt, vor allem von der aufgestoßenen säuerlichen Milch auf dessen Strampelanzug, Lätzchen und Laken. Nachdem Katzen von Natur aus neugierige Wesen sind und weibliche Katzen manchmal Muttergefühle hegen, nähern sie sich, vom Wimmern und Jammern eines Babys angelockt, möglicherweise dessen Bett, um die Herkunft der Geräusche zu inspizieren.

In der Vergangenheit wurden Katzen bekanntlich mit dem Teufel, mit Hexen und allem anderen Bösen assoziiert, und so entstand der Volksglaube, sie würden Babys »den Atem stehlen«. (Wir leben nicht mehr im zwölften Jahrhundert, Leute!) Höchstwahrscheinlich war irgendwann eine Katze im Bett eines toten Babys gefunden worden, das einen plötzlichen Kindstod gestorben war. Eine andere medizinische Erklärung für den Mythos wäre, dass der fragliche Säugling an Asthma litt, das von einer Katzenallergie noch verschlimmert wurde. Bei einem schweren Asthmaanfall kann es zu Bronchokonstriktion (Lungenkontraktionen) und Atemnot kommen, die unter Umständen zum Tod führen. Das hat selbstverständlich nichts mit »den Atem stehlen« zu tun, trotzdem machen sich einige Mütter seitdem völlig unbegründete Sorgen, dass Katzen Babys den Atem stehlen und sie damit töten könnten. Kommt schon, Leute, überlegt euch doch einmal, wie klein das Maul einer Katze ist! Denkt etwa irgendjemand allen Ernstes, ihr winziges Maul könnte den Mund eines Babys abdecken und ihm den Atem stehlen? Den armen Katzen wird wirklich für alles die Schuld in die Schuhe geschoben.

Können Katzen tatsächlich Krebserkrankungen oder den Tod vorausahnen?

Im Juli 2007 machten CNN und das *New England Journal of Medicine* den Kater Oscar berühmt. Der zwei Jahre alte, grauweiße Kater war Gegenstand des Artikels »Ein Tag im Leben von Kater Oscar«, verfasst von dem Geriater Dr. David Dosa.[6] Später berichtete sogar CNN über ihn. Oscar lebte in einem

Pflegeheim in Providence, Rhode Island, und verfügte angeblich über die ungewöhnliche Fähigkeit, den Tod von dort untergebrachten Patienten auf vier Stunden genau vorherzusagen. Normalerweise ein reservierter Einzelgänger, legte er sich immer kurz vor dem Tod eines der Bewohner in dessen Bett. Nachdem er bis zum Zeitpunkt seiner plötzlichen Berühmtheit 25 Todesfälle vorhergesagt hatte, waren die Ärzte und Krankenschwestern so überzeugt von seiner Treffsicherheit, dass sie jedes Mal die Angehörigen verständigten und sie baten, sofort zu kommen.

Was wir allerdings nicht wissen, ist, ob Katzen mit ihrem hervorragenden Geruchssinn unübliche (von Krebs oder dem unmittelbar bevorstehenden Tod verursachte) Gerüche wahrnehmen können, die uns Menschen verborgen bleiben. Vielleicht gibt es umfeldbedingte Faktoren, die den Anschein erwecken, als könnten Katzen den Tod vorhersagen; an den Betten tödlich erkrankter Patienten befinden sich in der Regel mehr Heizmatten und elektronische Überwachungsapparate (wie zum Beispiel Herzmonitore oder Blutdrucküberwachungsgeräte), und die Wärme und das leise Brummen dieser Geräte wirkt auf Katzen womöglich beruhigend. Ich bin der Ansicht, dass das Gespür von Katzen grundsätzlich unterschätzt wird, und obwohl sich die meisten Tierärzte und Katzenliebhaber dessen bewusst sind, ist es schön zu sehen, dass Humanmediziner, Krankenschwestern und CNN es auch endlich erkannt haben!

Stimmt es, dass sich Katzen zum Sterben verkriechen?

Die meisten Katzenbesitzer sind schockiert, wenn ich ihnen sage, dass ihr Liebling schon länger krank ist. Ihre Katze zeigt zwar vielleicht erst seit einem Tag klinische Symptome, verbirgt die Anzeichen ihrer Erkrankung aber in Wirklichkeit bereits seit Tagen oder sogar Wochen. Machen Sie sich keine Vorwürfe. Katzen zeigen die Symptome erst dann, wenn sie bereits sehr schwerwiegend sind, was es uns als Besitzern und Tierärzten schwieriger macht, ihr Problem zu erkennen und zu behandeln. Ich muss den Besitzern immer versichern, dass sie nichts »übersehen« haben; schuld daran ist die Evolution, die dafür gesorgt hat, dass Katzen die Symptome verbergen. Es hat keinen Sinn, einem Raubtier zu zeigen, dass man lahmt, dehydriert ist oder keine Kraft mehr hat, um wegzulaufen. Sogar Wildkatzen, die in der Nahrungskette weiter oben stehen, halten die Symptome geheim, damit ihre Konkurrenten nicht zu schnell ihren Platz einnehmen. Sobald sie bereit sind zu sterben, entfernen und verkriechen sie sich. Es bringt nichts, offen zu zeigen, dass die Zeit für die Machtübernahme gekommen ist.

Falls Ihnen auffällt, dass Simba sich verkriecht, ist das ein klassisches Anzeichen dafür, dass Sie sofort mit ihm zum Tierarzt gehen sollten. Ich habe Ihnen bereits einen Hinweis dieser Art gegeben: Auch wenn Sie nur *denken*, mit Simba könnte irgendetwas nicht in Ordnung sein, ist irgendetwas mit ihm nicht in Ordnung, und zwar schon länger, als Sie denken. Im Zweifelsfall sollten Sie ihn unbedingt für eine Untersuchung und einen Bluttest zum Tierarzt bringen. Sein stoisches Wesen verlangt, dass Sie sofort handeln.

Was verrät mir der Schwanz meiner Katze?

Wenn Sie feststellen, dass Ihre Katze den Schwanz mit kurzen, schnappenden Bewegungen hin und her schnalzen lässt, ist das ein Zeichen, dass sie verärgert ist und ihr missfällt, was Sie gerade tun. Verstehen Sie das als Aufforderung, damit aufzuhören, sonst riskieren Sie einen Pfotenhieb (oder sogar einen Biss). Als ich Echo adoptierte, war er nach seinem mehrjährigen Aufenthalt im Tierheim sehr scheu und schlecht sozialisiert. Seine Verwirrung zeigte sich daran, dass er einerseits meine Nähe suchte und sich sogar zu mir auf den Schoß setzte, mich jedoch mit einem verärgerten Schwanzwackeln bedachte, sobald ich ihn berührte. Es hat einige Monate gedauert, doch letztendlich lernte er durch langsame Eingewöhnung, dass sich gut gemeinte Berührungen auch gut anfühlen.

Wenn Ihre Katze den Schwanz *langsam* und sanft hin und her schwenkt, ist das meist ein Zeichen von Zufriedenheit (denken Sie an eine Katze, die auf der Veranda in der Sonne liegt). Falls die Wedelbewegung etwas schneller ist (aber nicht ganz so schnell wie das verärgerte Schwänzeln), ist Ihre Katze womöglich neugierig und hat irgendetwas Interessantes entdeckt, wie zum Beispiel einen Käfer oder Vogel, den es zu jagen gilt. Wenn Sie zur Tür hereinkommen und feststellen, dass der Schwanz Ihrer Katze steil nach oben zeigt, ist das ein Zeichen, dass sie sich freut, Sie zu sehen. Sollte Ihre Katze gerade zum ersten Mal einem Hund begegnet sein, ist ihr Schwanz eventuell buschig und aufgeplustert, da sie versucht, größer und Furcht einflößender zu wirken. Das lässt auf Angst schließen, die plötzlich in Aggression umschlagen kann.

Für alle Besitzer nicht kastrierter Kater gilt: Wenn Ihnen auffällt, dass Ihr Kater den Schwanz gerade nach oben richtet und sein zitterndes Hinterteil gegen eine senkrechte Fläche drückt, sollten Sie sich auf eine unangenehm riechende Urinmarkierung etwa 20 Zentimeter über dem Boden gefasst machen, die langsam an Ihrer Wand nach unten läuft. Dieses Problem können Sie umgehen, indem Sie Ihren Kater im Alter von maximal sechs bis neun Monaten kastrieren lassen und sicherstellen, dass er anständige Toilettenmanieren hat (siehe »Warum markiert mein Kater?« im 9. Kapitel). Immerhin besitzt er so viel Anstand, Sie fünf Sekunden vorher zu warnen.

Lösen Katzen Schizophrenie aus?

Wir wissen alle, dass Katzen verrückt sind, aber können sie *uns* verrückt machen? Vor einigen Jahren kamen verschiedene Studien zu dem Ergebnis, dass *Toxoplasma gondii*, eine häufig anzutreffende Parasitenart, die sich über Katzenkot verbreitet (siehe »Muss ich meine Katze hergeben, wenn ich schwanger werde?« im 9. Kapitel), möglicherweise in Verbindung mit Schizophrenie steht.[7] Toxoplasmose kann Fehlgeburten hervorrufen und »die Gehirnentwicklung bei Föten nachteilig beeinflussen«[8], doch es gibt keine Beweise dafür, dass sie Schizophrenie auslöst. Bei einer dieser Studien wurden (zuvor 30 Jahre lang eingefrorene) Blutproben von Schwangerschaften untersucht, aus denen 63 Schizophreniekranke hervorgingen, und eine große Anzahl von *Toxoplasma*-Antikörpern gefunden[9], während sich laut Statistiken kein Zusammenhang zwischen geringen Antikörper-Zahlen und Schizophrenie er-

kennen lässt. Leider ist es trotz zahlreicher Studien noch immer nicht wissenschaftlich erwiesen, ob *Toxoplasma* als unmittelbarer Auslöser dieser Krankheit in Frage kommt.[10] In Familien, in denen es schon häufiger Fälle von Schizophrenie gegeben hat, ist die Wahrscheinlichkeit, dass es zu weiteren Erkrankungen kommt, sieben Mal höher als in anderen Familien, doch als Ursachen werden auch andere Faktoren verantwortlich gemacht, wie zum Beispiel verbleiter Kraftstoff, Interleukin-8, das Herpesvirus, Röteln, urbane Umgebungen, Gluten, Vitamin-D-Mangel, Influenza, das Zytomegalovirus, Schmerzmittel, die Jahreszeit, Gebärintervalle und natürlich *Toxoplasma*.[11]

Zähmung des vierbeinigen Ungeheuers

Warum ist es so schwierig, Katzen zu erziehen? Hunde sind so folgsam und sehnen sich nach Aufmerksamkeit und mentaler Stimulation. Katzen ist dagegen alles egal. Sie wollen nicht folgen. Sie wollen keine Aufmerksamkeit. Und mentale Stimulation ist ihnen völlig schnuppe – schließlich sind sie bereits perfekt. Mein Hund JP war bereits als Welpe in der Hundeschule und ist inzwischen ein gut erzogenes, folgsames Hündchen. Bei meinen Katzen habe ich anfangs zumindest *versucht*, ein gutes Frauchen zu sein. Mit Seamus habe ich sogar Geschirr-Training gemacht, um ihm beizubringen, an der Leine zu gehen. Das hielt ich ungefähr einen Monat lang durch. Danach habe ich bei meinen Katzen das Handtuch geworfen. Immerhin kommen Seamus und Echo zu mir, wenn ich sie rufe (dank Bestechung mit Katzen-Leckerlis). Wie es scheint, habe ich meinen Katzen versehentlich beigebracht, dass sie mich gnädigerweise in ihrer Welt leben lassen.

Was können Sie tun, wenn es nicht einmal mir als Tierärztin gelingt, meine Katzen zu erziehen? Wie lässt sich am besten vermeiden, dass man bei der Katzenerziehung die Flinte ins Korn wirft? Sollte man sich überhaupt die Mühe ma-

chen, seiner Katze irgendwelche Kunststücke beizubringen? Können Sie Ihrer Katze beibringen zu apportieren? Dass man selbst einem alten Hund neue Tricks beibringen kann, ist weithin bekannt, aber hier erfahren Sie, dass dasselbe für Katzen *nicht* gilt und bei Weitem nicht so einfach ist, wie Sie vielleicht annehmen. Lesen Sie weiter, um herauszufinden, wie Sie Karlo beibringen können, das zu tun, was Sie wollen – wie zum Beispiel, dass er Ihnen die Fernbedienung bringt (Pustekuchen) oder damit aufhört, Ihnen tote Lebewesen aufs Kopfkissen zu legen.

Was ist »Feliway«, und wozu sind Katzen-Pheromone gut?

Ist Ihnen schon aufgefallen, dass Tom gerne den Kopf an Ihnen und Ihren Möbeln reibt? Das ist ein Zeichen dafür, dass er sein Territorium markiert und in seinem »Revier« glücklich und zufrieden ist. Dabei verteilt er seinen Geruch, das heißt, seine Pheromone, die von Duftdrüsen in seinem Gesicht produziert werden (siehe »Warum reibt meine Katze ihren Kopf und ihren Körper an mir, meinen Möbeln und meinen Gästen?« im 4. Kapitel). Was Sie vielleicht noch nicht wussten, ist, dass man diese Pheromone inzwischen in Fläschchen abgefüllt kaufen kann. (Glücklicherweise hat sich diese Idee bei Menschen noch nicht durchgesetzt – in Flaschen abgefüllte menschliche Pheromone wären sicher *der* Renner. Dass sich manch einer in Drakkar Noir badet, genügt völlig.) Feliway, eine Kopie feliner fazialer Pheromone (versuchen Sie einmal, das schnell dreimal hintereinander zu sagen),

ist dazu bestimmt, Tom ein wenig zu beruhigen. Keine Sorge – es enthält weder *kitty crack* noch irgendwelche anderen illegalen Substanzen, sondern soll Tom helfen, sich in einer stressreichen Umgebung zu entspannen, und Urinmarkierung verhindern. Da die meisten Katzen nicht besonders gut mit Stress zurechtkommen, ist eine leichte Chemieabhängigkeit gar keine so schlechte Sache. Falls Sie vorhaben, Tom in eine Transporttasche zu setzen, in ein anderes Haus umzuziehen, sich eine weitere Katze oder einen Hund anzuschaffen, Ihre Möbel umzustellen, mit ihm zum Tierarzt zu fahren, Ihren Koffer aus dem Schrank zu holen und für den Urlaub zu packen, oder Tom einfach nur schief ansehen (mit anderen Worten, er lässt sich sehr leicht aus der Ruhe bringen), sollten Sie in Erwägung ziehen, zu Feliway zu greifen, um ihn etwas zu besänftigen. Bevor Sie es anwenden, sollten Sie allerdings Ihren Tierarzt konsultieren, um sicherzugehen, dass Ihre Katze keine medizinischen Probleme hat, die sie dazu veranlasst, überall im Haus zu pinkeln (wie etwa Blasensteine oder eine Harnwegsinfektion) oder sich in anderer Art und Weise gestresst zu verhalten (wie zum Beispiel eine Erkrankung des unteren Harnwegs – siehe »Was ist FLUTD, und wie lässt es sich behandeln?« im 2. Kapitel).

Wenn Sie Feliway benutzen, sollten Sie unbedingt zuerst sorgfältig die Gebrauchsanweisung lesen. Sie dürfen die Pheromone nicht direkt auf Tom sprühen; sprühen Sie sie stattdessen auf ein Tuch und legen Sie es in die Transporttasche. Sie können sie aber auch auf markante Gegenstände bei sich zu Hause sprühen (wie zum Beispiel an die Wände in Kellerecken oder an Tischkanten und Stuhlbeine), um Ihren Ka-

ter am Markieren zu hindern (machen Sie aber zuvor einen Farbtest an einer versteckten Stelle des Teppichs, sonst riechen Ihre Wände zwar vielleicht nicht nach Urin, sind dafür aber scheußlich fleckig). Hoffentlich werden Sie feststellen, dass Tom etwas entspannter ist. Und nein, bei Menschen wirkt Feliway nicht.

Wie eng sollte ein Katzenhalsband sitzen?

Als ich noch in Philadelphia arbeitete, kam eines Nachts eine verzweifelte Frau mit ihrer Katze in die Notaufnahme. In ihr Haus war kurz zuvor eingebrochen worden, und sie glaubte, der Dieb habe ihrer Katze den Hals aufgeschlitzt, an dem eine große, blutende Wunde klaffte. Anscheinend hatte die aufgebrachte Katzenbesitzerin nicht den widerlichen Eitergeruch bemerkt, der schon Tage vor dem Einbruch in der Luft gehangen haben musste. Bei genauerer Betrachtung stellte sich nämlich heraus, dass das viel zu enge Halsband ihrer Katze über einen Zeitraum von mehreren Wochen in deren Haut eingeschnitten hatte und diese am Hals hatte abfaulen lassen. Die gute Nachricht lautet, dass sich die Katze gut von dem erforderlichen chirurgischen Eingriff erholte. Die schlechte lautet, dass die Besitzerin in dieser Nacht zwei traumatische Erlebnisse hatte, die sie beide eine Stange Geld kosteten. Wenn Sie Ihrem neuen, noch nicht ausgewachsenen Kätzchen ein Halsband anlegen, müssen Sie unbedingt darauf achten, dass Sie es mindestens einmal in der Woche weiter stellen, während Kitty hineinwächst.

Ein andermal brachte ein Mann seine Katze mit akuten

neurologischen Symptomen in die Notaufnahme: Ihr Hals war unnatürlich abgewinkelt, und sie hatte das Maul weit geöffnet. Der Besitzer war felsenfest davon überzeugt, dass das auf Tollwut oder einen Gehirntumor zurückzuführen sei, und war am Boden zerstört. 150 Dollar später entfernte ich vorsichtig das Halsband vom Unterkiefer und den Zähnen seiner Katze. Offenbar hatte sich das neue, flauschige und locker sitzende Halsband beim Putzen am Unterkiefer verhakt und den Kopf der Katze in einem seltsamen Winkel fixiert.

Von diesen beiden armen Menschen, die unnötigerweise die Notaufnahmengebühr zahlen mussten, sollten Sie Folgendes lernen: Achten Sie darauf, dass das Halsband Ihrer Katze richtig sitzt – nicht zu eng und nicht zu locker, sondern so, dass noch ein bis zwei Finger hineinpassen. Dieser Tipp, liebe Katzenfreunde, ist kostenlos.

Kann ich meine Katze daran gewöhnen, ein Geschirr zu tragen und an der Leine zu gehen?

Ulysses, einer meiner Lieblingspatienten, war ein Burma-Kater, der immer an der Leine in der Tierklinik spazieren ging. Trotz bellender Hunde und turmhoher, umherhuschender Menschen stolzierte Ulysses gelassen herum, als gehörte ihm die Welt. Sein Besitzer hatte ihm schon als kleines Kätzchen beigebracht, ein Geschirr zu tragen und an der Leine zu gehen, und machte zweimal am Tag einen Spaziergang an der frischen Luft mit ihm (was übrigens die sicherste Methode ist, eine Katze ins Freie zu lassen: unter Beaufsichtigung, an der Leine und gut erzogen). Wenn man Ulysses rief, kam

er begeistert hergelaufen, um sich sein Geschirr anlegen zu lassen.

Katzen können lernen, an der Leine zu gehen, aber lassen Sie sich nicht täuschen: Falls Sie es noch nie ausprobiert haben, sollten Sie wissen, dass es meistens nicht so einfach ist, wie es aussieht. Ich habe versucht, es Seamus als Kätzchen beizubringen, hatte aber große Probleme, ihn an sein Geschirr zu gewöhnen – er drehte sich jedes Mal auf den Rücken und schlug wie ein Hase mit den Hinterbeinen aus, um es wieder loszuwerden. Leider bewirkte das Leinen-Training jedes Mal ein »Erstarren und Sich-Ziehen-Lassen«, sodass heute keine meiner Katzen an der Leine gehen kann. Wenn Sie Ihre Freunde und Ihren Tierarzt beeindrucken möchten, dann trainieren Sie Ihr Kätzchen *früh* und mit sanfter Beharrlichkeit.

Achten Sie darauf, dass das Geschirr bequem sitzt und mit Ihrer Adresse und Telefonnummer versehen ist. Üben Sie zunächst im Haus oder in der Wohnung, bevor Sie sich ins Freie wagen, wo zahlreiche Ablenkungen lauern. Sobald sich Ihre Katze an ihr Geschirr gewöhnt hat, befestigen Sie eine kurze Leine daran, damit sie mit dem Zug der Leine umzugehen lernt. Stellen Sie sicher, dass Sie Ihre Katze immer genau im Auge behalten, wenn eine Leine an ihr befestigt ist, damit sie sich nicht verheddert. Sobald sie sich auch daran gewöhnt hat, fangen Sie an, mit ihr kurze Spaziergänge an der Leine zu unternehmen, deren Dauer Sie schrittweise ausdehnen können. Wer weiß, vielleicht haben Sie schon bald einen Ulysses-an-der-Leine, der mit stolz geschwellter Brust auf dem Bürgersteig spazieren geht.

Wie gewöhne ich meiner Katze ab, dass sie kleine, unschuldige Lebewesen tötet?

Katzen sind von Natur aus Raubtiere, also wundern Sie sich nicht, wenn Ihr süßer, flauschiger Tiger sich an Singvögel und Eichhörnchen heranpirscht und sie tötet. Trotz aller Versuche, seine Freiluft-Mordserie zu beenden, wird es Ihnen möglicherweise nicht gelingen, seinen angeborenen Jagdtrieb zu unterdrücken, dem Streifenhörnchen, Eichhörnchen, Hasenbabys und kleine Nagetiere zum Opfer fallen. Da Katzen mehr Singvögel töten als alle anderen Tiere, plädieren die meisten Tierärzte dafür, sie im Haus oder in der Wohnung zu halten, denn das ist die einzige wirksame Methode, um Tiger daran zu hindern, kleine Lebewesen zu meucheln (siehe »Wie viele Singvögel tötet eine Katze im Jahr?« im 7. Kapitel).

Wenn Sie alles versucht haben, Tiger aber trotzdem nicht dazu bekehren können, zu Hause zu bleiben, können Sie versuchen, ihn zu beaufsichtigen, wenn er im Freien unterwegs ist. Ihr zweibeiniges Kind würden Sie schließlich auch nicht draußen spielen lassen, ohne es mit Argusaugen zu beobachten. Versuchen Sie, ihn in einem umzäunten Garten zu halten, aus dem er nicht herausspringen oder auf irgendeine andere Weise entkommen kann, oder halten Sie ihn mit Geschirr und Leine im Zaum. Ziehen Sie in Erwägung, ihm ein Halsband mit Glocke anzulegen, dessen Verschluss sich auf Zug öffnet und versehentliches Erdrosseln verhindert (falls sich das Halsband an einem Ast verhakt), während die Glocke arme Vögel und Eichhörnchen vorwarnt. Im Zweifelsfall können Sie Tiger auch einen farbenfrohen CatBib-Katzenlappen, eine Art

Lätzchen, anlegen, eine leichte und leicht zu reinigende Barriere aus Neopren (falls sie nichts nützt, muss sich das ganze Vogelblut schließlich problemlos wieder abwaschen lassen), die Sie an seinem Halsband befestigen können. Das CatBib ist groß genug, um Tiger daran zu hindern, den Vogel oder Nager zu erwischen, den er verstümmeln möchte, und bunt genug, um sogar Menschen zu verscheuchen. Da es Tigers Ausbeute erwiesenermaßen um 50 Prozent reduziert, können Sie damit zumindest die Hälfte aller anderen Kreaturen in Ihrem Garten retten. Zu guter Letzt bietet sich immer noch die Möglichkeit, einen speziellen Katzenzaun zu verwenden. Auch wenn Ihre Nachbarn Sie womöglich für merkwürdig halten werden, können Sie damit Tigers Zugang zur freien Natur eingrenzen und ihm trotzdem jede Menge Sonne, Bewegung, Frischluft und Gras zum Kauen zukommen lassen, während er sich in der Sicherheit Ihres riesigen Netzes befindet (siehe Quellenverzeichnis).

Warum quält meine Katze kleine Lebewesen, bevor sie sie tötet?

Es gibt verschiedene Gründe, weshalb Karlo gerne kleine Lebewesen quält. Er tötet seine Beute nicht, weil er Hunger hat (da Sie ihn wahrscheinlich sowieso viel zu viel füttern). Als geborener Killer besitzt er einen stark ausgeprägten Raubtier-Instinkt, der schwer zu unterdrücken ist, und mit einem Weberknecht oder einer Maus zu spielen, macht ihm eben noch viel mehr Spaß, nachdem er ihn oder sie teilweise verstümmelt hat. Auf diese Weise bekommt Karlo mehr für sein Geld –

er bekommt nicht nur etwas zu kauen, sondern kann länger damit spielen, um seinen Beutefetisch auszuleben. Da Karlos Neugier durch Bewegung geschürt wird, weckt es seinen Jagdtrieb, wenn die arme, verwundete Kreatur sich nach wie vor bewegt und Karlo auf diese Weise stimuliert, sie immer und immer wieder zu attackieren (daher die Redewendung »Katz und Maus spielen«). Anscheinend macht es mehr Spaß, die kleine Kreatur bewusstlos zu machen, auf einem ihrer Beine herumzukauen und sie ein bisschen herumzuschubsen, sobald sie wieder zu sich kommt, nur um ihr dann eine Viertelstunde später endgültig den Garaus zu machen. Bei diesem Vorgang handelt es sich vermutlich um das katzenartige Äquivalent zu einem Mittagsbüfett, bei dem dreimal nachgefasst werden darf. Ekelhaft.

Wie gewöhne ich meiner Katze ab, dass sie tote
Tiere ins Haus bringt und mir aufs Bett legt?

Nichts ist schlimmer, als mitten in der Nacht aufzuwachen, die Hand auszustrecken, um seine Katze zu streicheln, und stattdessen eine halbtote Maus auf dem Kopfkissen zu ertasten. Igitt! Wenn Sie *das* immer noch nicht dazu bekehrt, Ihre Katze zu einer Haus- oder Wohnungskatze zu machen, werden auch tierärztliche Motivation und aussagekräftige Langlebigkeits-Statistiken es nicht schaffen. Leider können Sie nicht viel gegen die räuberische Natur Ihrer Katze tun. Kein noch so großes Maß an elterlicher negativer Verstärkung wird etwas nützen, da es sich um einen angeborenen Instinkt handelt. Sie können den toten Vogel oder die tote Maus in Ihrem

Bett allerdings als Opfergabe oder Liebesbeweis betrachten und sich geehrt fühlen, dass Ihre Katze Ihnen ihre Beute zeigen möchte. Menschen sind nicht besonders gut darin, zu teilen, also können wir von unseren Katzen in diesem Punkt vielleicht das eine oder andere lernen.

Wie bringe ich meiner Katze bei, auch wieder von den Bäumen herunterzukommen, auf die sie geklettert ist?

Aufgrund ihrer neugierigen »Ich-weiß-nicht,-wann-ich-umkehren-soll«-Natur jagen Katzen allem hinterher, was sich auf Bäume flüchtet, verlieren dabei aber häufig ihren Sinn fürs Angemessene und übersehen, dass sie womöglich ein Stück zu weit gegangen sind. Ja, Katzen können problemlos auf Bäume *hinauf* klettern; wie sie wieder von dort herunterkommen, haben sie sich vorher allerdings nicht überlegt. Zum Glück gibt es die Feuerwehr, die unsere vierbeinigen Freunde aus misslichen Lagen rettet. Leider können Sie Ihrer Katze nur beibringen, nicht auf einen Baum zu klettern, von dem sie vielleicht nicht mehr herunterkommt, indem Sie sie (a) nicht ins Freie lassen, (b) nur unter Aufsicht und an der Leine ins Freie lassen, um nicht Ihrer örtlichen Feuerwehr auf die Nerven gehen zu müssen, (c) ihr häufig die Krallen stutzen, damit sie schön stumpf sind und sie erst gar nicht hochklettern kann, oder (d) sie bereits als kleines Kätzchen vom Stamm eines Baumes loseisen und umdrehen, damit sie lernt, wieder herunterzuklettern. Die sichersten Optionen sind die ersten beiden.

Wie mache ich meine unsoziale Katze sozialer?

Würden Sie wollen, dass Sie jemand zwingt, vom introvertierten Typ zum extrovertierten Typ zu mutieren, je nachdem, wo Ihre Persönlichkeit nach dem Myers-Briggs-Indikator einzuordnen ist? Wahrscheinlich nicht. Trotzdem sollten Sie nicht das Handtuch werfen – unter Umständen wird es Ihnen gelingen, Ihre Katze von einer Einzelgängerin in eine Schoßkatze zu verwandeln. Vergessen Sie nicht, dass Katzen wie Männer sind. Mit der richtigen Verhaltensmodifikation kann jeder Gegner öffentlicher Liebesbekundungen lernen, auf der Straße Händchen zu halten. Alles mit Maß und Ziel. Und mit Geduld. Und Leckerlis. Legen Sie sanfte Beharrlichkeit an den Tag, auch wenn es unmöglich erscheint.

Behalten Sie dabei im Hinterkopf, dass Katzen genauso wie Hunde, Menschen, Pferde und alle anderen Spezies unterschiedliche Persönlichkeiten haben. Möglicherweise besitzen Sie einfach eine unnahbare Katze. Falls Sie vorhaben, sich eine Rassekatze anzuschaffen und sich eine fröhliche, kontaktfreudige, Paris-Hilton-artige Salonlöwin wünschen, sollte Ihnen bewusst sein, dass es auch zwischen den verschiedenen Rassen Unterschiede gibt. Also recherchieren Sie zuerst. Siamkatzen und Maine-Coon-Katzen sind besonders freundlich. Wenn Sie eine Katze aus dem Tierheim adoptieren (braver Katzenbesitzer), kann ich Ihnen aus meiner Erfahrung sagen, dass langhaarige graue Katzen auffallend scheu sind, während rotweiß getigerte Kater besonders zutraulich sind (siehe »Warum sind rötlich getigerte Katzen fast immer Männchen und Glückskatzen und Schildpattkatzen fast immer Weibchen?«

im 1. Kapitel). Selbstverständlich sollten Sie nicht nur nach der Farbe auswählen, also verstehen Sie das bitte nur als Hinweis.

Wenn Cäsar, Ihr frisch adoptierter Kater, launisch ist, sollten Sie es langsam angehen. Falls Sie ihm genug Zeit gegeben haben, um sich in Ihrem Haus zu akklimatisieren, er aber trotzdem noch vor Ihnen davonläuft, sollten Sie versuchen, weniger Lärm zu machen. Mit schweren Schritten die Treppe hinunterzutrampeln, wird ihn womöglich verscheuchen, also könnten langsame, vorsichtige Bewegungen in seine Richtung helfen. Falls Sie Cäsars Futterschüsseln neben seiner Katzentoilette in einer dunklen, feuchten Kellerecke versteckt haben, dann versuchen Sie, sie Stück für Stück in einen Bereich zu verlegen, der wenig frequentiert, aber geselliger ist, wie zum Beispiel eine ruhige Ecke in der Küche oder im Esszimmer. Räumen Sie seine Spielzeuge, seine Leckerlis und sein Katzenhaus in einen Randbereich des Zimmers, in dem Sie sich am häufigsten aufhalten. An einem stillen Plätzchen unter dem Tisch fühlt er sich möglicherweise sicherer, und er kann von dort aus trotzdem den ganzen Raum überblicken (für den Fall, dass Sie ihn mit Dosenfutter attackieren, wenn er überhaupt nicht damit rechnet). Sobald er anfängt, sich auszubreiten, und sein Gesicht zeigt, räumen Sie seine Spielzeuge und Leckerlis allmählich (und ich meine *allmählich*, das heißt, über einen Zeitraum von mehreren Wochen) in einen zentraleren Bereich des Zimmers. Bieten Sie ihm unwiderstehliche Spielzeuge an, wie etwa eine Papiertüte oder einen Karton, in dem er sich verstecken und spielen kann, und Sie werden feststellen, dass der Angsthase in ihm dahinschwindet. Versuchen

Sie, ihn mit seinen Lieblingsleckerlis aus der Reserve zu lo-
cken (zum Beispiel mit Dosenfutter-Brocken), die Sie ihm ein
Stück weit von Ihnen entfernt hinlegen, während Sie still auf
dem Sofa herumlümmeln. Er wird sich immer weiter nähern
und irgendwann auf der Armlehne des Sofas sitzen. Legen Sie
eine flauschige Decke aufs Sofa, auf der Cäsar es sich bequem
machen kann. Im Notfall können Sie es auch mit Bestechung
versuchen, wie zum Beispiel mit Katzenminze, die Sie auf der
Decke neben sich verstreuen. In nur wenigen Wochen wird er
auf dem Sofa wild mit Ihnen schmusen. Streicheln Sie Cäsar
sanft und liebevoll den Kopf oder kraulen Sie ihm das Hinterteil. Wenn er sich Ihnen gegenüber nach und nach erwärmt,
verlängern Sie die Streicheleinheiten um ein paar Sekunden.
Geben Sie ihm anschließend ein Leckerli als Belohnung dafür,
dass er Sie toleriert hat. Nach ein paar Wochen werden Sie ihn
an ein paar Minuten Kuscheln gewöhnt haben. Machen Sie
kleine Schritte, dann wird Ihr kleiner Einzelgänger im Handumdrehen Ihre Nähe suchen.

Warum kommen Katzen nicht, wenn man sie ruft?

Katzen sind unnahbare, anspruchsvolle und unabhängige Wesen, die bei niemandem nach dessen Pfeife tanzen möchten.
Ihre Katze hört zwar, dass Sie sie rufen, ist aber womöglich
nicht in der Stimmung, darauf zu reagieren. Geben Sie trotzdem nicht auf. Mit etwas Übung wird Ihre Katze bald ihren
Namen erkennen und zu Ihnen kommen, wenn sie gerufen
wird. Um schneller zum Erfolg zu kommen, sollten Sie ihr
einen kurzen Namen geben, der auf einen Vokal endet (wie

»Echo«) – das macht es ihr leichter, Ihr tagtägliches Geplapper und Gebrabbel von ihrem Namen zu unterscheiden. Außerdem sollten Sie mit positiver Verstärkung arbeiten (das heißt, mit Bestechung). Rufen Sie ihren Namen, wenn Sie ihr einen Dosenfutter-Snack oder ein Leckerli füttern. Ehe Sie sich's versehen, wird sie jedes Mal angelaufen kommen, wenn Sie sie rufen. Seamus und Echo kommen dank jahrelanger Bestechung und Belohnung beide zu mir, wenn ich sie rufe. Sie bekommen jedes Mal irgendeine Belohnung von mir: Ich kraule ihnen die Ohren, füttere ihnen ein Leckerli oder gebe ihnen einen Klaps auf den Steiß (die liebevolle Variante). Außerdem rufe ich sie jeden Abend für ihren Dosenfutter-Nachtimbiss (schließlich sollte jeder einen kleinen Snack bekommen, bevor er sich schlafen legt). Auf diese Weise wird es Ihnen auch leichter fallen, Ihrer Katze Medikamente zu geben, falls sie jemals welche brauchen sollte. Die Hundefreunde unter Ihnen sollten an ihrer Katze nicht verzweifeln, wenn es darum geht, ihr beizubringen, dass sie auf ihren Namen reagiert. Vergessen Sie nicht, dass Hunden grundsätzlich daran gelegen ist, ihr Frauchen oder Herrchen zufriedenzustellen. Katzen ist das völlig egal, und deshalb ist es in Ordnung, sie zu bestechen.

Kann ich meiner Katze Kunststücke beibringen?

Wie viele abgerichtete Katzen kennen Sie? Ganz egal, wie viele Stunden Sie auf der Animal-Planet-Website verbringen und sich Online-Videos ansehen, abgerichtete Katzen sind eindeutig in der Minderzahl. Wir besitzen zwar »domestizierte« Katzen, haben ihnen aber nicht beigebracht, verbale Kommandos

so zu befolgen, wie Hunde es tun. Hunde wurden ursprünglich gezüchtet, um zu arbeiten: um zu jagen, zu apportieren und zu gehorchen. Wenn unsere Vorfahren auf Entenjagd gingen, um sich Nahrung zu beschaffen, und ihr Hund mit ihrem Abendessen verschwand, fiel er schnell in Ungnade. Wenn Sie darauf angewiesen wären, dass Ihnen Ihr Jagdhund einen Hasen fängt, damit Sie etwas zu essen haben, würden Sie auch lieber Hunde züchten, die zweckdienlich sind: schnell, gehorsam, empfänglich für Kommandos und gute Jäger. Inzwischen pflegen Hunde zu Menschen eine wechselseitige Beziehung: Wir füttern sie und kümmern uns um sie, und im Gegenzug hören sie auf uns und lieben uns. Für Katzen ist das Verhältnis zu uns dagegen eine Einbahnstraße. Sie erwarten von uns, dass wir sie lieben und füttern, ihre Toilette saubermachen und für sie sorgen, sind jedoch zu stolz, um im Gegenzug etwas als »Belohnung« für uns zu tun. (Wenn sie wüssten …) Das liegt nicht daran, dass Katzen nicht schlau genug wären (vielleicht sind sie sogar *zu* schlau); sie sehen einfach nicht den Sinn und Zweck von Verhaltensmodifikation (»Was habe ich davon?«).

In seltenen Ausnahmefällen führen Katzen Kunststücke für ihren Besitzer vor, doch es bedarf ausgiebigen Trainings, um einen Katzen-Copperfield dazu zu bringen, das freiwillig zu tun. Wenn Sie aus Ihrer Katze einen kleinen Copperfield machen möchten, brauchen Sie zunächst ein Leckerli, dem sie einfach nicht widerstehen kann (ein normales Trockenfutter-Leckerli wird dazu nicht genügen). Üben Sie immer nur drei bis fünf Minuten mit ihr, da sie sich (a) schnell langweilen wird und (b) schnell Ihrer überdrüssig werden wird. Außerdem ist Beharrlichkeit gefragt. Wenn Sie nur einmal in der Woche

mit ihr üben, werden Sie ihr das neue Kunststück nicht ins Gedächtnis meißeln können. Am besten sind kurze, konstante Trainingseinheiten von drei- bis fünfminütiger Dauer, einmal am Tag über einen Zeitraum von mehreren Wochen, bis Copperfield es kapiert hat. Falls das nicht funktioniert, werfen Sie am besten die Flinte ins Korn – ich bin keine Pessimistin, sondern Realistin: Ihr Copperfield, der nie einer werden wird, hat einfach keine Lust, Ihren bescheuerten Menschentrick zu lernen. Ich habe versucht, Seamus ein paar Kunststücke beizubringen, bin dabei aber kläglich gescheitert. Der einzige Trick, den er draufhat, ist der, zusammengeknüllte Papierkugeln (besonders beliebt: Geldscheine) zu apportieren, die er vor meinen Füßen fallen lässt, damit ich sie ihm immer und immer wieder werfe. Allerdings hatte Seamus als kleines Kätzchen ein schweres Schädel-Hirn-Trauma und benimmt sich manchmal wie ein Hund, aber ich gebe mich mit dem zufrieden, was ich bekommen kann. Ich würde also nicht behaupten, dass es *unmöglich* ist, einer Katze Kunststücke beizubringen – ich sage nur, dass der Rest der Katzenbevölkerung damit zufrieden ist, uns für sich arbeiten zu lassen.

Wie verschaffe ich meiner übergewichtigen Hauskatze Bewegung?

An jedem Heimtrainer prangt der Warnhinweis, dass man vor Gebrauch seinen Hausarzt konsultieren soll, und auch Sie sollten sich bei Ihrem Tierarzt vergewissern, ob Ihr übergewichtiger Charlie gefahrlos ein rigoroses Trainingsprogramm beginnen kann (siehe »Was ist das Idealgewicht meiner Kat-

ze?« im 6. Kapitel). Aller Wahrscheinlichkeit nach wird Ihr Tierarzt Ihnen bestätigen, dass weniger Kalorien und etwas Bewegung nötig sind, er wird Charlie aber zuerst untersuchen wollen, um sicherzugehen, dass dieser ansonsten gesund ist und keine Herzrhythmusstörung oder Stoffwechselerkrankung hat.

Beginnen Sie mit ein paar Minuten täglichem Training für Charlie. Achten Sie darauf, unterhaltsame, amüsante Spielzeuge zu kaufen, wie zum Beispiel flauschige Stoffmäuse, Vliesbälle mit eingenähtem Glöckchen, Federn an einem Faden oder irgendetwas anderes, das Charlie Beine macht. Vergewissern Sie sich aber unbedingt darauf, dass die Spielzeuge ungefährlich sind: Kaufen Sie nichts mit Schnüren oder Plastikteilen, die er verschlucken könnte, und kein bleihaltiges Spielzeug aus China. Denken Sie daran, Abwechslung ist die Würze des Lebens, also wechseln Sie häufig durch. Probieren Sie einen kleinen Laserpointer aus und lassen Sie ihn den roten Lichtstrahl jagen; das wird natürlich nur ein paar Minuten lang funktionieren, bis es ihn langweilt, aber nutzen Sie jede Gelegenheit, um Charlie Bewegung zu verschaffen. Befestigen Sie einen dicken Faden, an den Sie eine Feder binden, an Ihrer Hosentasche, wenn Sie bei sich zu Hause putzen – das wird Charlie ermuntern, wie ein Verrückter hinter Ihnen her zu jagen (hoffentlich ohne dabei auf Ihre Fesseln oder Beine loszugehen). Belohnen Sie ihn nicht mit Snacks oder Leckerlis, schließlich versuchen Sie, ihm beim Abnehmen zu helfen. Außerdem sollten Sie Charlie nach Möglichkeit nicht unmittelbar vor seiner Trainingseinheit füttern, damit er kein Völlegefühl und keine Übelkeit verspürt, wenn er sich bewegt.

Manche Katzen bevorzugen preiswertes Spielzeug wie zum Beispiel eine leere Papiertüte, einen großen Karton oder zusammengeknülltes Zeitungspapier. Seamus liebt es, Papierkugeln hinterherzujagen, wobei er dabei einen exquisiten Geschmack zu haben scheint: Er zieht zusammengeknüllte Geldscheine ordinärem Zeitungspapier vor. Als Möbelpacker beim Auszug aus meiner Wohnung mein Sofa anhoben, stellte ich beschämt fest, dass darunter außer Reichweite meiner Katze um die zehn »Papierkugeln« lagen. Wer hat behauptet, es sei einfach und billig, seiner Katze Bewegung zu verschaffen?

Warum sprintet meine Katze plötzlich los, als würde sie für den olympischen 200-Meter-Lauf trainieren?

Armer Karlo. Er hält sich tatsächlich für einen Geparden, der mit 100 Stundenkilometern lossprintet, um sich sein Abendessen zu beschaffen. Karlo verfügt noch immer über eine Menge aufgestauter Energie aus alten Raubtier-Zeiten, obwohl er sich eigentlich keine Gedanken mehr darüber machen muss, woher seine nächste Mahlzeit kommt. Unter Umständen ist Karlo auch einfach nur gelangweilt. Genau wie wir einen starken Bewegungsdrang verspüren, wenn wir an einem kalten, verregneten Tag drinnen herumsitzen, fühlt sich auch Karlo nicht ausgelastet. Seine kurzen Sprints stellen eine unterhaltsame Möglichkeit für ihn dar, so richtig Dampf abzulassen. Verstehen Sie den Wink und verschaffen Sie ihm in Zukunft etwas mehr Bewegung und Unterhaltung.

Warum schubst meine Katze Sachen von der
Küchenarbeitsplatte?

Ist Ihnen schon einmal aufgefallen, dass Ihre Perserkatze absichtlich etwas anstellt, wenn Sie sie ignorieren? Ihre Hoheit möchte Ihre gesamte Aufmerksamkeit und wird möglicherweise anfangen zu »spielen« und mit der Pfote Gegenstände vom Tisch schubsen. Hingen Sie an dieser Vase?

Wir Katzenbesitzer wissen natürlich, dass jene Tierverhaltensforscher, die behaupten, Katzen würden sich nicht *vorsätzlich* rächen, selbst vermutlich keine Katze besitzen. Wenn ich ein paar Tage beruflich unterwegs bin, gleicht mein Haus bei meiner Rückkehr oft einem Trümmerfeld, auf dem überall Papier und Müll verteilt ist. Meine Katzen haben sich aller Wahrscheinlichkeit nach nicht absichtlich oder vorsätzlich an mir gerächt. Vermutlich haben Seamus und Echo das Chaos nur deshalb angerichtet, weil sie sich in meiner Abwesenheit (sehr) gelangweilt haben. Ich bin sicher, mein Beeper, das verknitterte Stück Papier und die Büroklammer sahen in ihren Augen wie äußerst verlockende, amüsante Spielzeuge aus. Schließlich wollten sie nur ein bisschen Spaß haben.

Je nachdem, mit welcher Regelmäßigkeit Sie putzen, kann es unter Umständen ungesund sein, ihre Hoheit auf die Küchenarbeitsplatte oder den Esstisch zu lassen. Erinnern Sie sich, wo sie mit ihren Pfoten war? Die staubigen Katzenstreu-Fußabdrücke sollten Ihrem Gedächtnis auf die Sprünge helfen ... Um zu vermeiden, dass Bakterien oder Toxoplasmose über fäkal-oralen Kontakt übertragen werden, ist es das Beste, ihre Pfoten von Arbeitsflächen, Ceranfeldern und Tischplat-

ten fernzuhalten. Wenn Sie Ihrer Katze den Zutritt zur Küchenarbeitsplatte verwehren wollen, können Sie die folgenden Methoden ausprobieren: Zunächst sollten Sie zum Putzteufel mutieren. Je weniger Dreck sich auf Ihrer Arbeitsplatte befindet, desto weniger gibt es dort für ihre Hoheit zu inspizieren. Bringen Sie (jede Menge) doppelseitiges Klebeband auf der Arbeitsplatte an, wenn Sie gerade keine Freunde, Bekannte oder Angehörige zu Besuch haben. Das fängt nicht nur Staub und Schmutz ein, sodass Sie weniger putzen müssen, sondern Ihre Katze wird auch schnell lernen, dass es keinen großen Spaß macht, wenn sie auf die Arbeitsplatte springt und ihre Pfoten dort kleben bleiben. Falls es Sie nicht stört, dass es bei Ihnen zu Hause aussieht wie bei einem Alkoholiker, können Sie auch leere Bierdosen am Rand der Arbeitsplatte aufstellen (in die Sie am besten noch ein paar Münzen werfen, damit sie schon bei der leichtesten Bewegung klappern); wenn Ihre Katze hinaufspringt und dabei versehentlich eine oder mehrere hinunterwirft, wird der Lärm sie verscheuchen und davon abbringen, es noch einmal zu versuchen. Falls alle Stricke reißen und Sie Ihre Katze dabei ertappen, dass sie auf der Arbeitsplatte spazieren geht, verwenden Sie einfach Ihre Wasserspritzpistole. Auf diese Weise wird ihre Hoheit lernen, nur dann auf Erkundungstour zu gehen, wenn Sie nicht zu Hause sind.

(C)atkins-Diät
6.KAPITEL

Infolge des verheerenden und fatalen Futterskandals bei Menu Foods, dem Hersteller von über 100 verschiedenen Sorten von Hunde- und Katzenfutter, starben in den Vereinigten Staaten im März 2007 Dutzende Tiere, wobei vor allem Katzen betroffen waren. Aufgrund von Melamin-Belastung (eine Chemikalie, die in Kunststoff, Klebstoff, Dünger und Reinigungsprodukten verwendet wird) wurden über 60 Millionen Beutel und Dosen mit Nassfutter sowie mehrere Millionen Kilo Trockenfutter zurückgerufen.[1] Wie sich herausstellte, war darin enthaltenes Weizengluten aus China (sowie Reisprotein und möglicherweise Maisgluten aus Südafrika) »kontaminiert« oder »gepanscht«.[2] Auch wenn keine Beweise vorliegen, äußerten die U.S. Food and Drug Administration (FDA) und Tierernährungswissenschaftler den Verdacht, dass damit der im Rahmen einer wissenschaftlichen Inhaltsanalyse ermittelte »Proteingehalt« des Futters künstlich in die Höhe getrieben werden sollte. Bei einer Proteingehalt-Analyse entspricht der festgestellte Stickstoffgehalt dem Proteingehalt, und leider erwies sich das in China beigemengte Melamin als billige, aber tödliche Methode, um den Stickstoffgehalt ohne den Nähr-

stoffgehalt an echtem Protein zu erhöhen. Das Melamin und Cyanursäure, eine Melamin-ähnliche Verbindung, führten bei den betroffenen Tieren zu Kristallbildung in den Nierentubuli und verursachten schweres Nierenversagen.[3]

Leider ist die »offizielle« Zahl der Todesfälle im Zusammenhang mit dieser riesigen Rückrufaktion nicht bekannt. Das Veterinary Information Network, dem mehr als die Hälfte aller praktizierenden Kleintierärzte in den Vereinigten Staaten angehören, führte eine Umfrage durch, nach der das kontaminierte Futter zwischen 2 000 und 7 000 Todesfälle verursacht hat[4] – es ist allerdings nicht sicher, ob darin die unmessbare Zahl betroffener Tiere enthalten ist, die nie gemeldet wurden. Die FDA meldete über 18 000 Beschwerden, wobei ungefähr ein Viertel davon den Tod eines Haustiers beklagten.[5] Ich persönlich habe nur eine Handvoll Fälle zu Gesicht bekommen, die aber trotzdem herzzerreißend waren. Leider werden wir vermutlich nie erfahren, welches Ausmaß dieser schreckliche Futterskandal wirklich hatte.

Seitdem haben Katzenbesitzer aus Angst vor Nierenversagen berechtigterweise Bedenken, ihre Lieblinge mit im Handel erhältlicher Tiernahrung zu füttern. Deshalb kommen immer mehr Menschen zu uns Tierärzten, die selbst für ihre Katzen kochen oder deren Ernährung komplett umstellen möchten. Ist das wirklich empfehlenswert? Ich kann kaum für mich selbst kochen und würde daher niemals auf die Idee kommen, für drei weitere Mäuler (und zwölf zusätzliche Pfoten) Nahrung zuzubereiten. Woraus besteht Katzenfutter eigentlich genau? Sollte man seine Katze lieber zur Vegetarierin machen? Die Antwort lautet »nein«, und falls Sie das noch nicht wuss-

ten, sollten Sie weiterlesen, um zu erfahren, inwiefern Katzen ein einzigartiges Verdauungssystem besitzen.

Haben Sie kürzlich mit Hilfe der Atkins-Diät abgenommen? Sie denken, das könnte auch bei Ihrer Katze funktionieren? Lesen Sie weiter, um herauszufinden, ob es so etwas wie eine »Catkins«-Diät gibt und ob diese Gefahren für Ihre Katze birgt. Angesichts der eigenen Diät-Bemühungen möchten viele Katzenbesitzer wissen, was das Beste für ihren fettleibigen Freund ist. In diesem Kapitel erfahren Sie, ob Fluffi versucht abzunehmen, indem sie bulimisch oder magersüchtig wie ein Hollywoodstar wird. Finden Sie heraus, was das Idealgewicht Ihrer Katze ist und was Sie tun müssen, damit sie es mit Ihrer Hilfe erreicht. Letzten Endes haben wir Katzenbesitzer es leichter als Hundebesitzer, denn immerhin fressen Katzen im Gegensatz zu sabbernden, schmuddeligen Hunden nicht ihre eigenen Exkremente. Erfahren Sie außerdem, weshalb es hundsgemein von Ihnen wäre, Ihre pingelige Fluffi auszuhungern, um ihr abzugewöhnen, beim Fressen so wählerisch zu sein.

Was ist das Idealgewicht meiner Katze?

Das perfekte oder ideale Gewicht hat ihre Katze dann, wenn von der Seite betrachtet eine Taille bei ihr zu erkennen ist. Schmerbäuche sind nicht erlaubt! Wenn Sie Ihre Katze von oben betrachten (indem Sie sich über sie stellen) und eine Ausbuchtung hinter dem Brustkorb sehen, wird es vermutlich Zeit zum Abnehmen. Betrachten Sie Ihre Katze im Profil: Sie sollten eine »Unterbauchfalte« sehen, kein großes, herabhän-

gendes Fettpolster, das fast am Boden schleift. Wenn Sie Ihrer Katze mit den Händen von beiden Seiten über den Brustkorb streichen, sollten Sie unter der Haut die Rippen spüren können. Aller Wahrscheinlichkeit nach spüren Sie jedoch überschüssige Haut (sprich Fett), habe ich recht? Besuchen Sie die Purina-Website (siehe Quellenverzeichnis), um herauszufinden, was das Idealgewicht Ihrer Katze ist.

Meine Katze ist übergewichtig – was soll ich tun?

Das kommt darauf an. Macht es Ihnen etwas aus, Ihrer Katze für den Rest ihres Lebens zweimal am Tag Insulin zu spritzen und zwischendurch immer wieder teure tierärztliche Untersuchungen zu bezahlen?

Fettleibigkeit geht mit einer erhöhten Neigung zu und Inzidenz von Diabetes, Arthritis und Atemproblemen sowie einer höheren Belastung von Herz, Luftröhre, Lunge und muskuloskeletalem System einher. In den Vereinigten Staaten sind zwischen 25 und 34 Prozent (zum Teil sogar 70) Prozent aller Haustiere übergewichtig, was bedeutet, dass ihr tatsächliches Körpergewicht mindestens 20 Prozent über ihrem Idealgewicht liegt.[6] Das mag zwar nicht ganz oben auf Ihrer »Zuerledigen«-Liste stehen, sollte es aber. Wenn Ihr Tierarzt Ihnen sagt, dass Ihre Katze zwei bis drei Pfund abnehmen muss, hört sich das nach weniger an, als es ist. Zunächst einmal entspricht das etwa 20 Prozent des Körpergewichts Ihrer Katze, und es ist dasselbe, als würde Ihnen Ihr Hausarzt eröffnen, dass Sie zehn Kilo abnehmen müssen (bedenken Sie das Verhältnis von Körpergröße und Gewicht). Angesichts der ver-

breiteten »Fettleibigkeit« kann ich allen meinen Lesern bedenkenlos empfehlen, ihrer Katze 30 Prozent weniger zu füttern (vorausgesetzt, sie ist vollkommen gesund). Konsultieren Sie Ihren Tierarzt, um sich zu vergewissern, dass Ihre Katze die angemessene Menge Futter bekommt (bei Bedarf fettarmes, ballaststoffreiches Trockenfutter) und genügend Bewegung hat (siehe »Wie verschaffe ich meiner übergewichtigen Hauskatze Bewegung?« im 5. Kapitel).

Da Katzen, die in der Wohnung oder im Haus gehalten werden, weniger aktiv sind, können Sie Ihrer Katze helfen, ihr Idealgewicht zu erreichen, indem Sie ihr mehr Bewegung verschaffen. Ködern Sie Ihre »Ich-bewege-mich-nicht-aus-der-Sonne«-Katze, indem Sie sie dazu ermuntern, hinter Spielzeugen, hinter dem Strahl eines Laserpointers oder sogar hinter einer anderen Katze im Haus herzujagen. Ziehen Sie in Erwägung, die Futtermenge, die Sie Ihrer Katze derzeit geben, um mindestens ein Drittel zu verringern. Teilen Sie die Mahlzeiten Ihrer Katze in kleinere, häufigere Mahlzeiten auf (statt einer Mahlzeit pro Tag drei Mahlzeiten pro Tag); das verschafft ihr ein größeres Sättigungsgefühl und reduziert ihr Gebettel. Das heißt allerdings *nicht*, dass Sie ihr dreimal so viel füttern sollen! Benutzen Sie einen Messbecher, um die entsprechende Kalorienzufuhr für das *Idealgewicht* Ihrer Katze zu ermitteln. Auch wenn es nach wenig klingen mag, zweimal am Tag eine Vierteltasse Futter reicht Ihrer Katze unter Umständen vollkommen. Wenn Sie sich dem unteren Drittel des Trockenfuttersacks nähern, können Sie *schrittweise* ein kalorienärmeres Futter oder ein spezielles Futter für ältere Katzen daruntermischen. Es spielt keine Rolle, wenn Ihre Katze erst

mittleren Alters ist – zusätzliche Ballaststoffe und weniger Kalorien werden ihr möglicherweise dabei helfen, ein paar Pfund abzunehmen. Im Zweifelsfall sollten Sie Ihren Tierarzt oder einen Tierernährungsberater konsultieren, um weitere Informationen zu erhalten.

Vor Kurzem haben Wissenschaftler herausgefunden, dass Sie selbst ebenfalls abnehmen, wenn Sie Ihrem Haustier Bewegung verschaffen. Leider ging es in dieser Studie um Hunde (wobei Hund und Mensch im Durchschnitt ungefähr fünf Kilo abnahmen). Da wir mit unseren Katzen nicht um den Block joggen, hilft uns das allerdings nichts. Werfen Sie trotzdem nicht das Handtuch! Als Katzenbesitzer können Sie in puncto Bewegung nicht viel tun. Nichtsdestotrotz sollten Sie es wenigstens versuchen. Ich habe die Futterschüsseln meiner Katzen im Keller stehen, damit Seamus und Echo vor dem Fressen ein paar zusätzliche Schritte machen müssen. Außerdem verschaffe ich ihnen mit einem Laserpointer Bewegung. Ich weiß, das ist nicht viel, aber vergessen Sie nicht, dass ich Tierärztin bin und kein Problem damit habe, Insulin zu spritzen.

Ist die (C)atkins-Diät dasselbe wie die Atkins-Diät?

Manche Katzen sind so dick, dass sie sich nicht mehr umdrehen können, um sich zu putzen, und deshalb irgendwann am Hinterteil Klabusterbeeren (angetrocknete Kotreste) im Fell hängen haben. Wollen Sie das Ihrer armen Katze wirklich zumuten? Genau wie Humanmediziner werden auch wir Tiermediziner heutzutage häufig mit Fettleibigkeit konfron-

tiert. Zu mir kommen viele Leute, die mir erzählen, Kittys Figur sei ihrem Tierarzt zufolge perfekt, und dann beleidigt sind, wenn ich ihnen sage, dass Kitty übergewichtig ist (und mich damit unbeliebt mache). Viele meiner Studenten fallen aus allen Wolken, wenn ich sie dafür maßregle, dass sie die körperliche Konstitution eines Tiers als »normal« bezeichnen (»Mann! Der ist fett!«). So mancher Tiermedizinstudent hat sich nämlich bis zum Examen so daran gewöhnt, übergewichtige Tiere zu Gesicht zu bekommen, dass er ein Tier mit perfekten Körpermaßen, wie man es heutzutage ohnehin nur noch selten antrifft, gar nicht mehr als solches identifizieren kann. Ich möchte, dass sowohl den Herrchen und Frauchen, die zu mir kommen, als auch meinen Studenten bewusst wird, wie übergewichtig ihre Katze ist, damit wir das Problem gemeinsam beheben können. Obwohl sich zwei bis drei Pfund Übergewicht nach wenig anhören mögen, kann es sich dabei um 20 bis 30 Prozent von Kittys Idealgewicht handeln (Katzen sollten nämlich nur acht bis zehn Pfund wiegen).

Eine Katze zum Abnehmen zu bringen, erfordert große Hingabe und Beharrlichkeit seitens ihres Besitzers (sowohl bei der Ernährungsumstellung als auch beim Gebettel nach Futter und Ihren Versuchen, Ihrer Katze Bewegung zu verschaffen). Wenden Sie sich an Ihren Tierarzt, um zwei Möglichkeiten zu diskutieren: eine kalorien- und fettarme, ballaststoffreiche Ernährung (die traditionelle Methode) oder eine proteinreiche, kohlenhydratarme (C)atkins-Diät (da beim Verdauen von Proteinen mehr Energie und mehr Kalorien verbraucht werden). Letztere ist der Atkins-Diät für Menschen sehr ähnlich und im Grunde genommen nichts ande-

res als ein proteinreiches Fressfest. Bedenken Sie dabei allerdings, dass Menschen von Natur aus Allesesser sind, während es sich bei Katzen um reine Fleischfresser handelt, die ohnehin eine proteinreiche Ernährung brauchen. Falls Sie sich für die (C)atkins-Diät entscheiden, müssen Sie Ihrer Katze *besonders* proteinreiches Futter verabreichen, das nur bestimmte Hersteller von Katzenfutter anbieten. Wenn Sie Ihre Katze auf (C)atkins-Diät setzen, wird diese sich wie im siebten Himmel fühlen. (»Was? Kätzchen-Dosenfutter bis an mein Lebensende? Super!«) Außerdem sollten Sie wissen, dass *Trocken*futter für Kätzchen nicht genug Proteine enthält, um im Rahmen der (C)atkins-Diät verfüttert zu werden, also müssen Sie komplett auf Dosenfutter für Kätzchen umstellen.

Die (C)atkins-Diät hat jedoch auch ein paar Nachteile – sie lässt sich nicht so leicht in die Tat umsetzen, wie es auf den ersten Blick erscheint. Wenn Sie ein oder zwei Mal am Tag Dosenfutter füttern und verreisen möchten, brauchen Sie auf jeden Fall jemanden, der täglich vorbeikommt, um Ihre Katze zu versorgen. Außerdem müssen Sie von jetzt an Dosenfutter kaufen, das nicht nur teurer ist als Trockenfutter, sondern auch mehr Arbeit und Schmutz macht, stärker riecht und weniger umweltfreundlich ist (auch wenn Sie die Dosen recyceln). Hinzu kommt, dass Sie nicht zwischen Dosen- und Trockenfutter abwechseln können – Sie müssen konsequent sein, sonst wird Kitty ihre Pfunde niemals los. Zu guter Letzt ist es wichtig, dass Sie Ihren Tierarzt konsultieren, um sicherzugehen, dass sich Ihre Katze langsam an ihre neue Ernährung gewöhnt und nicht magersüchtig wird oder den Appetit verliert (was zu schweren Leberproblemen wie hepatischer Lipidose

oder Fettinfiltration der Leber führen kann). Falls Ihre Katze irgendwelche Grundleiden hat (wie zum Beispiel Nierenversagen oder Darmprobleme), kommt sie möglicherweise nicht mit einer proteinreichen Ernährung zurecht. Die (C)atkins-Diät könnte ihre Erkrankungen also sogar noch verschlimmern! Sprechen Sie deshalb unbedingt vorher mit Ihrem Tierarzt. Ganz egal, für welchen Diätplan für Kitty Sie sich entscheiden, lassen Sie von Ihrem Tierarzt den *genauen* Ruheenergiebedarf Ihrer Katze berechnen. 80 Prozent des Ruheenergiebedarfs zu füttern, ist ein guter Richtwert. Bei einer gesunden, metabolisch stabilen Katze sollte Ihr Endziel bei einer wöchentlichen Gewichtsabnahme von ein bis zwei Prozent ihres gegenwärtigen Körpergewichts liegen. Alternativ sollte es Ihr langfristiges Ziel sein, Ihre Katze so weit zu bringen, dass sie wieder selbst am Hinterteil putzen kann und Klabusterbeeren-frei ist.

Ist Fettleibigkeit kostspielig?

Dass Fettleibigkeit bei Menschen das Gesundheitswesen teuer zu stehen kommt, ist weithin bekannt, aber wussten Sie auch, dass sie in der Veterinärmedizin ebenfalls hohe Kosten verursacht? Da es immer mehr übergewichtige Haustiere gibt, stellen Haustier-Krankenversicherungsgesellschaften fest, wie kostspielig Fettleibigkeit ist: für Sie, für Ihr Tier, für Ihren Tierarzt und für die Versicherungsgesellschaften. Im vergangenen Jahr hat die größte amerikanische Haustier-Krankenversicherungsgesellschaft Besitzern allein 14 Millionen Dollar Behandlungskosten zurückerstattet, die durch Übergewicht

verursacht wurden. Auch wenn Sie sich vermutlich freuen, Geld zurückzubekommen, sollten Sie nicht vergessen, dass Big Brother immer zusieht und Ihre dicke Katze dazu beiträgt, dass solche Kosten vermutlich irgendwann nicht mehr zurückerstattet werden, da in der Regel die Halter für die Fettleibigkeit ihrer Tiere verantwortlich sind. Nachdem medizinische Probleme wie hepatische Lipidose (Fettinfiltration der Leber), Diabetes mellitus, Bauchspeicheldrüsenentzündungen, Harnwegsinfektionen, Verstopfung, orthopädische Probleme und Asthma allesamt durch Fettleibigkeit verschlimmert werden, ist es wichtig, dass Sie Kittys Bauchumfang im Zaum halten. Forschungsstudien haben gezeigt, dass sowohl schlanke Menschen als auch schlanke Hunde länger leben, da sie weniger anfällig für all jene Probleme sind, die durch Übergewicht entstehen. Es gibt zwar keine aktuellen Untersuchungen, die nachweisen, dass dasselbe auch für Katzen gilt, aber vermutlich ist dem so. Also rücken Sie den Pfunden zu Leibe!

Darf ich meiner Katze Milch geben?

Auch wenn Sie denken, Sie würden Ihre Katze nach Strich und Faden verwöhnen, wenn Sie ihr Milch geben, sollten Sie vorsichtig sein: Ein kleiner Prozentsatz von Katzen verträgt nämlich keine Laktose. Laktoseintoleranz ist ein ererbtes Merkmal, und da Sie nicht wissen, ob Ihre Katze laktoseintolerant ist oder irgendeine andere Nahrungsmittelallergie hat, ist es am sichersten, wenn Sie ihr keine Milch geben. Ich gebe zu, dass auch ich meine Katzen gelegentlich verwöhne, indem ich sie eine Eisschüssel auslecken oder die übriggebliebene

Milch in meiner Müslischüssel trinken lasse. (Tun Sie, was ich sage, und nicht, was ich tue.) Wenn Sie ein aufmerksamer Katzenbesitzer sind und kurz nachdem Sie Ihrer Katze Milch gegeben haben Spuren von Durchfall in der Katzentoilette entdecken, leidet sie vermutlich unter Laktoseunverträglichkeit – also Schluss mit den mitternächtlichen E(i)skapaden. Ansonsten sind Sie vermutlich auf der sicheren Seite, wenn Sie Ihrer Katze als gelegentlichen Snack ein *bisschen* Milch geben.

Warum fressen Katzen Gras?

Katzen sind eingefleischte Fleischfresser und brauchen eine rein tierische, proteinreiche Ernährung, um ihre unbedingt benötigten Aminosäuren zu bekommen (die sie über ihre Nahrung aufnehmen müssen, da der Körper einer Katze sie nicht selbst produzieren kann). Warum fängt Ihre Katze also sofort an, Gras zu fressen, nachdem Sie sie ins Freie gelassen haben? Leider kennen nicht einmal die schlauesten Tiermediziner die Antwort auf diese Frage. Ich glaube, dass sich Katzen manchmal genau wie wir, wenn wir eine Woche lang täglich Fleisch gegessen haben, nach Gemüse sehnen. Vielleicht hat Ihre Katze aber auch ein flaues Gefühl im Magen und frisst absichtlich Gras, damit sie sich übergeben kann (schließlich fühlen wir uns alle besser, nachdem wir uns erbrochen haben). Unter Umständen fressen manche Katzen auch einfach nur deshalb Gras, weil sie das Gefühl einer anderen Konsistenz im Maul mögen.

Wie gewöhne ich meiner Katze ihr Heißhungerfressen ab?

Manche Katzen fressen so schnell und gierig, dass ihr Magen überfordert ist und sie alles sofort wieder in vollkommen intakter Trockenfutter-Sternchenform erbrechen. Seamus tut das gelegentlich auch, aber glücklicherweise ist Echo in diesem Fall sofort zur Stelle und frisst alles wieder auf, sodass ich kaum etwas wegputzen muss. Falls Ihre Katze diese Angewohnheit ebenfalls hat, sollten Sie die Futtermenge, die Sie ihr geben, reduzieren und auf mehrere Mahlzeiten aufteilen. Wenn das nichts nützt, können Sie versuchen, das Trockenfutter in eine flache Hundeschüssel zu füllen – auf diese Weise kann sie es nicht so schnell fressen, weil es sich stärker verteilt (was allerdings nicht heißt, dass Sie deshalb mehr Futter in die größere Schüssel füllen sollen). Eine andere Möglichkeit ist, einen großen Stein in die Futterschüssel zu legen, um den herum sie fressen muss, was (hoffentlich) ihr Schlingen und Würgen reduzieren wird.

Falls Ihre Katze sich trotzdem nach wie vor öfter als ein bis zwei Mal im Monat unmittelbar nach dem Fressen übergibt, können Sie in Erwägung ziehen, sie nach und nach auf eine spezielle Haarballen-Ernährung umzustellen, die mehr Ballaststoffe enthält. Sollte auch das nichts nützen, ist eine Untersuchung beim Tierarzt ein absolutes Muss! Ich bin oft überrascht, wie lange Katzenbesitzer regelmäßiges Erbrechen tolerieren: Leute, es ist nicht normal, sich so häufig übergeben zu müssen, also liegt vermutlich noch irgendein anderes Problem vor.

Kann ich meine Katze zur Vegetarierin machen?

Um noch einmal auf dem Thema herumzureiten: Hunde sind Allesfresser, während Katzen strikte Fleischfresser sind. Vegetarisches und veganes Katzenfutter ist zwar im Handel erhältlich, wird von Tierärzten jedoch *nicht* empfohlen. Wenn Sie selbst für Ihre Katze kochen möchten (und mit Fleisch in Ihrem Veganer-Kühlschrank leben können), ist dagegen jedoch nichts einzuwenden, solange Sie sich darüber im Klaren sind, dass es sehr schwierig ist, in Eigenregie eine ausgewogene Nahrung herzustellen, ohne dabei irgendetwas zu vermurksen. Falls Sie es trotzdem versuchen möchten, dann vergewissern Sie sich, dass das Rezept von einem anerkannten Tierernährungsberater empfohlen wird (anstatt irgendetwas auszuprobieren, über das Sie zufällig im Internet gestolpert sind). Ohne die entsprechenden Ergänzungen sind Katzen, die vegetarisch oder vegan ernährt werden, der Gefahr eines lebensbedrohlichen Mangels an Aminosäuren und Vitaminen (das heißt, Lysin-, Tryptophan-, Vitamin-A- und Taurin-Mangels) ausgesetzt, der zu Herzerweiterung, hydropischer Herzdekompensation und sogar zum Erblinden führen kann. Das tödliche Risiko lohnt sich nicht.

Ist Dosenfutter *wirklich* schlecht?

Sie haben den Eindruck, dass der Großteil Ihres Gehalts in Katzenstreu und Dosenfutter fließt? Lohnt es sich, den Mehrpreis für Dosenfutter zu bezahlen? Dosenfutter ist zwar an sich nicht »schlecht«, aber Sie sollten sich darüber im Klaren

sein, dass Sie im Grunde genommen für 70 Prozent Wasser bezahlen. Seamus' und Echos Ernährung besteht überwiegend aus Trockenfutter, was ich auch den Besitzern meiner Patienten empfehle, weil es beim Kauen Zahnbelag und Zahnstein entfernt. Um ehrlich zu sein, bekommen Seamus und Echo allerdings jeden Abend einen Esslöffel verwässertes Dosenfutter mit einem Spritzer Omega-3-Fettsäure, da ich der Meinung bin, wenn Fettsäure gut für mich ist, ist sie auch gut für sie (es gibt sogar welche speziell für Katzen, die Welactin heißt).

Wenn Sie Ihre Katze gerade erst adoptiert haben, sollte Ihre Futterauswahl von liebevoller Strenge geprägt sein (sprich Trockenfutter), solange Kitty frisst (siehe »Darf ich meine Katze aushungern, bis sie frisst, wenn sie wählerisch ist?« in diesem Kapitel). Wenn Sie Ihrem frisch in die menschliche Gesellschaft aufgenommenen Kätzchen Trockenfutter servieren, wird es sich aller Wahrscheinlichkeit nach darauf stürzen. Falls Sie dagegen mit Dosenfutter, halbfeuchtem Futter oder Thunfisch aus der Dose beginnen, wird es später schwieriger werden, es dazu zu bringen, Trockenfutter zu fressen. Ihre Kinder rühren schließlich auch keine stinknormalen Cornflakes mehr an, nachdem Sie ihnen Frosties aufgetischt haben. Da dasselbe für Katzen gilt, sollten Sie Kitty zunächst Trockenfutter geben.

In der Regel rate ich davon ab, eine Katze ausschließlich mit Dosenfutter zu ernähren, es sei denn, es liegen bestimmte gesundheitliche Probleme vor, wie zum Beispiel Nierenversagen oder Harnwegserkrankungen (siehe »Was ist FLUTD, und wie lässt es sich behandeln?«) sowie im Rahmen einer (C)atkins-Diät. Es hat sich gezeigt, dass Dosenfutter den Wasserhaus-

halt von Katzen positiv beeinflusst (wie bereits erwähnt, besteht dieses zu 70 Prozent aus Wasser) und ihnen dabei hilft, mehr zu trinken und zu urinieren. Falls Ihre Katze Nieren- oder Blasenprobleme hat, sollten Sie mit Ihrem Tierarzt besprechen, ob Sie ihr Dosenfutter als Zwischenmahlzeit geben und dieses eventuell sogar noch weiter verdünnen sollten.

Darf ich meine Katze aushungern, bis sie frisst, wenn sie wählerisch ist?

Ihnen ist gerade Ihr normales Katzenfutter ausgegangen? Sie haben Ihren Ehemann losgeschickt, damit er in der Zwischenzeit die billige Alternative besorgt? Womöglich werden Sie feststellen, dass Ihr heikler Frankie das Zeug nicht anrührt. Ist es in Ordnung, ihn so lange auszuhungern, bis er freiwillig frisst? Schließlich funktioniert das bei Hunden, warum sollte es also bei Katzen nicht funktionieren?

Katzen sind keine kleinen Hunde und – Sie wissen das bereits – kommen mit abrupten Veränderungen nicht gut zurecht. Sie können eine Katze nicht einfach stur aushungern, nur weil Sie denken, dass sie schon fressen wird, wenn sie Hunger hat. Tatsächlich kann es bei Katzen bereits nach drei bis fünf Tagen zu hepatischer Lipidose oder Leberverfettung kommen, wenn sie nicht genug fressen. Falls Frankie lethargisch ist, sich übergibt, sich verkriecht oder sich allgemein unwohl zu fühlen scheint und sich in seiner Schüssel noch jede Menge Futter befindet, sollten Sie mit ihm sofort zum Tierarzt gehen. Sie können auch nach einer leicht gelblichen Färbung (Gelbsucht) im Weiß von Frankies Augen und an den Spitzen seiner

Ohren Ausschau halten. Da unbehandelte hepatische Lipidose zu Leberversagen und Gerinnungsproblemen führen kann, muss sie aggressiv behandelt werden, ehe sie lebensbedrohlich wird. Ein Abdominal-Ultraschall und eine temporäre Ernährungssonde kosten Sie einen Haufen Geld, also nehmen Sie sich diesen Hinweis bitte zu Herzen und hungern Sie Frankie nicht aus. Für die Behandlungskosten hätten Sie Unmengen von Katzenfutter kaufen können!

Ist Katzenfutter für Menschen genießbar?

Als Kind wurde mir erzählt, dass sich manche armen älteren Menschen und Obdachlose von Dosenfutter für Katzen ernähren müssen. Seit ich Tierärztin bin, ist mir allerdings bewusst, dass es sich dabei um ein Ammenmärchen handelte, das Kindern aufgetischt wird, damit sie kein Essen auf dem Teller übriglassen. Da Dosenfutter für Katzen ungefähr genauso teuer wie Dosenthunfisch ist, aber viel schlechter schmeckt, empfehle ich es Menschen nicht zum Verzehr. Außerdem ist der Proteingehalt von Katzenfutter wesentlich höher als der Bedarf des Menschen, also stellt es keine gute Alternative zum Sonntagsbraten dar. Nachdem Protein im Übermaß die Nieren belastet, sollten Sie lieber keine Experimente machen.

Ist teureres Katzenfutter tatsächlich besser?

Wenn Sie sich an einen großen, seriösen Tierfutterhersteller halten, der Forschungsergebnisse in die Produktion einfließen lässt, ist die Gesundheit Ihrer Katze in guten Händen.

Zu den Top-Marken in den Vereinigten Staaten gehören Science Diet, Iams, Eukanuba und Purina. Die Association of American Feed Control Officials überwacht den Nährstoffgehalt von Tiernahrung, um sicherzustellen, dass sie den Bedürfnissen der jeweiligen Spezies entspricht. Zu den Zutaten, die von der Tierfutterindustrie verarbeitet werden (das heißt, was in das Dosenfutter Ihrer Katze kommt), zählen neben für den Menschen ungenießbaren Nebenerzeugnissen (Teile von Tieren, die wir normalerweise nicht essen, wie etwa Sehnen, Knorpel und Organe) auch Inhaltsstoffe, die unserem Standard entsprechen (wie etwa Ihr Filet mignon).

Leider sind Tierärzte, Tierbesitzer und die Öffentlichkeit seit dem verheerenden Skandal mit Melamin-verseuchtem Tierfutter misstrauisch gegenüber Tierfutterherstellern. Es war ernüchternd zu erfahren, dass auch in Amerika ansässige Firmen Inhaltsstoffe aus anderen Ländern beziehen, die nicht dieselben Qualitätskontrollstandards haben, und auch mir als Tierärztin und Haustierhalterin war nicht bewusst, was vor sich ging, ehe es zu spät war. Nachdem ich eine Katze mit schwerem Nierenversagen behandelt hatte (die aufgrund von starkem Bluthochdruck zudem vorübergehend erblindete) und fast eine Stunde damit zugebracht hatte, ihre schuldbewusste Besitzerin davon zu überzeugen, dass sie keine Schuld treffe, ging ich abends mit verweinten Augen nach Hause, räumte mein Regal leer und warf Dutzende Dosen Katzenfutter weg. Glücklicherweise kamen Seamus und Echo unbeschadet davon. Auch ich machte mir nach dieser Erfahrung große Sorgen um die Ernährung meiner Katzen, doch Sie sollten bedenken, dass 90 Prozent der auf dem Markt befindlichen Tiernahrung

nicht von dieser Rückrufaktion betroffen waren – ein paar faule Äpfel verderben die Steige. Ich habe mit einigen Hundebesitzern zu tun gehabt, die daraufhin auf selbst zubereitete oder rohe Nahrung umstiegen, und im vergangenen Jahr sind ein paar von meinen Hunde-Patienten an schweren Komplikationen infolge ihrer neuen Ernährung gestorben (an Knochen, die in der Speiseröhre stecken blieben, oder an schweren Bauchspeicheldrüsenentzündungen). Die meisten Katzenbesitzer sind bei normalem Katzenfutter geblieben, mit dem seitdem keine Probleme mehr aufgetreten sind.

Behalten Sie all das im Gedächtnis, wenn Sie sich entscheiden, was Sie Ihrer Katze füttern. Im Internet gibt es zahlreiche Katzen-Foren, in denen neben verschiedenen Rassen, ganzheitlichen Therapien und medizinischen Optionen auch Ernährungsvarianten diskutiert werden. Bedenken Sie dabei bitte, dass es unterschiedliche Meinungen gibt und einige Websites falsche Informationen geben (in Katzenfutter ist kein Formaldehyd enthalten, und wie bereits erwähnt, können Sie Ihre Katze nicht zur Vegetarierin machen). Stellen Sie sicher, dass Sie umfassende Recherchen zum Thema Ernährung anstellen, und konsultieren Sie im Zweifelsfall einen Tierernährungsberater.

Kann ich das Futter für meine Katze selbst zubereiten?

Das Futter für Ihren *Hund* und seine speziellen Bedürfnisse (vor allem bei Nierenversagen, entzündlichen Darmerkrankungen, Gewichtsverlust oder Allergien) können Sie problemlos selbst zubereiten, doch hausgemachtem Katzenfutter fehlt

es oft an Fett, Energiedichte und Schmackhaftigkeit (was darauf zurückzuführen ist, dass Fett durch pflanzliches Öl ersetzt wird). Selbst gemachtes Katzenfutter ist nur selten ausgewogen, und auch spezielle Vitamin- und Mineral-Ergänzungen schaffen nicht unbedingt Abhilfe. Bitte konsultieren Sie einen Tierernährungsberater, bevor Sie Futter für Ihre Katze zubereiten. Es gibt zwar Blogs im Internet, in denen Tierärzte Tipps zur Zubereitung von Katzenfutter geben, aber Sie sollten sich nur auf Spezialisten für Tierernährung oder innere Medizin verlassen. Falls Sie gerne kochen, kann ich Ihnen das Buch *Home-Prepared Dog & Cat Diets: The Healthful Alternative* von Dr. D. R. Strombeck.[7] empfehlen, einem pensionierten Veterinär-Gastroenterologen der University of California-Davis. Er verrät Ihnen, wie man es richtig macht.

Darf ich meiner Katze Dinge füttern, die ich selbst esse?

Seamus, Echo und mein Hund JP dürfen sich manchmal die übriggebliebene Lachs-Haut vom Grill teilen, die sie gierig verschlingen. Wenn Sie Ihre Katze hin und wieder mit einem Happen Thunfisch oder Hähnchen beglücken, ist dagegen nichts einzuwenden, solange das, was Sie Ihrer Katze vom Tisch füttern, nicht mehr als zehn Prozent ihres täglichen Futterkonsums ausmachen. Da Katzen einen besonderen Bedarf an Aminosäuren haben, können größere Mengen von Zweibeiner-Essen schädlich für sie sein. Ich habe einmal eine Frau kennengelernt, die ihre Katze ihr ganzes Leben lang (zehn Jahre!) *ausschließlich* mit Dosenthunfisch gefüttert hatte. Der Mangel an Mineralien und Aminosäuren in dieser

unausgewogenen Ernährung führte bei ihrer Katze schließlich zu Herzversagen. Das liegt daran, dass die Enzyme in einer strikten Meeresfrüchte-Ernährung (mit Sardinen, Thunfisch und Lachs) wichtige Aminosäuren abbauen, was letztendlich zu Taurin-Mangel und Herzversagen führt. Falls Sie Ihrer Katze Meeresfrüchte füttern, müssen Sie ihr unbedingt zusätzlich ein ausgewogenes Trockenfutter geben, in dem die dringend benötigten Mineralien und Aminosäuren enthalten sind (siehe »Ist teureres Katzenfutter tatsächlich besser?« in diesem Kapitel).

Einige wenige Speisen können bei unseren Haustieren zu Vergiftungen führen. Rosinen und Weintrauben sind zum Beispiel hochgiftig für Hunde. Bislang ist nicht bekannt, ob sie für Katzen ebenfalls giftig sind, da noch kein Wissenschaftler Katzen mit Weintrauben zwangsgefüttert hat, um herauszufinden, ob sie bei ihnen sekundäres Nierenversagen auslösen. Die meisten Katzen sind wählerische und anspruchsvolle Esser und rühren normalerweise nichts an, was kein Fleisch enthält. Trotzdem sollten Sie kein Risiko eingehen und Ihrer Katze weder Rosinen noch Weintrauben anbieten.

Da Abwechslung bekanntlich die Würze des Lebens ist, können Sie Ihrer Katze *hin und wieder* etwas von Ihrem Teller geben – solange sie nicht an einer entzündlichen Darmerkrankung, an Fettleibigkeit oder irgendwelchen anderen gesundheitlichen Problemen wie zum Beispiel Pankreatitis leidet. Bleiben Sie bei normalem Katzenfutter und geben Sie Ihrer Katze nur gelegentlich als Leckerbissen etwas von Ihrem Essen ab. Wir sind schließlich auch nicht dazu bestimmt, uns ausschließlich von Gummibärchen zu ernähren.

Warum mögen manche Katzen nicht, was sie vom Tisch
gefüttert bekommen?

Ich weiß, ich weiß. Ich habe Ihnen gerade gesagt, dass Sie Ihrer Katze nicht zu viel vom Tisch füttern sollen, aber hin und
wieder ist es in Ordnung. Vielleicht besitze ich ja zufällig die
größten Essenssnobs aller Zeiten, aber ich habe festgestellt,
dass Seamus und Echo keine so großen Fans von Essensres-
ten vom Tisch sind wie mein Hund JP. Wenn ich meinen Katzen Thunfisch-, Lachs- oder Filet-Überreste anbiete, sind sie
nicht immer besonders scharf darauf. Sie knabbern ein bisschen daran herum, verlieren jedoch meistens schnell das Interesse. Zum Glück ist JP immer zur Stelle, um aufzusaugen,
was meine Katzen übrig lassen. Einige meiner Patienten sind
ihren Besitzern zufolge allerdings regelrechte Fressmaschinen
und betteln am Esstisch um Chips, Nudeln, Popcorn und alles
andere Essbare. Katzen können sehr wählerisch sein, was ihre
Ernährung anbelangt, und zudem sind sie Gewohnheitstiere.
Vielleicht ist Ihre Katze mit ihrem Trockenfutter einfach voll-
auf zufrieden, und wenn sie ablehnt, was Sie ihr vom Tisch anbieten, ist das kein Grund zur Beunruhigung.

Verursacht Dosenfutter Hyperthyreose?

Seit zwei Jahrzehnten geht das Gerücht um, dass Nassfutter
in Schalen mit Foliendeckel (im Gegensatz zu Nassfutter in
Beuteln) angeblich Hyperthyreose verursacht (siehe »Was ist
Hyperthyreose?« im 2. Kapitel).[8] Sind die Chemikalien oder
Konservierungsstoffe auf der Innenseite der Schalen daran

schuld? Ist die Belastung durch Anti-Flohsprays und -puder, Unkrautvernichtungsmittel und Dünger dafür verantwortlich? Oder liegt es an der Haltung im Haus oder in der Wohnung? Eine Studie hat gezeigt, dass Katzen, denen Dosenfutter bestimmter Geschmacksrichtungen (wie zum Beispiel Fisch, Leber oder Innereien) gefüttert wurde, aufgrund des hohen Jodgehalts stärker zu Hyperthyreose neigten. Dabei konnte jedoch kein Zusammenhang zwischen der Belastung durch Chemikalien (in Anti-Flohsprays und dergleichen) und Hyperthyreose festgestellt werden.[9] Eine andere Studie kam zu dem Ergebnis, dass Katzen, die auf dem Boden schlafen, ebenfalls stärker zu Hyperthyreose neigen.[10] Da soll sich noch ein Mensch auskennen!

Sollten Sie Ihrer Katze deshalb kein Dosenfutter geben und sie nicht auf dem Boden schlafen lassen? Leider hat die Tiermedizin noch immer keine definitiven Antworten auf diese Fragen parat. Bei der Interpretation wissenschaftlicher Studien ist es wichtig, sämtliche Faktoren zu berücksichtigen. Mit anderen Worten: Wie werden die statistischen Ergebnisse präsentiert? Epidemiologische Werte sind aufgrund des »menschlichen Faktors« unter Umständen schwer zu interpretieren. Wer zum Beispiel seine Katze nach Strich und Faden verwöhnt (Hey, daran ist nichts auszusetzen!), indem er ihr mehr Dosenfutter gibt, wird möglicherweise früher feststellen, dass sie abnimmt und Symptome von Hyperthyreose zeigt, als andere Katzenbesitzer, die ausschließlich Trockenfutter verfüttern. Bedeutet das, dass Dosenfutter zu Gewichtsverlust und Hyperthyreose führt? Nein! Aber was es bedeuten *könnte*, ist, dass Katzenbesitzer, die bereit sind, den Mehrpreis für Do-

senfutter zu bezahlen, mit ihren Katzen auch früher zum Tierarzt gehen, was wiederum dazu führt, dass bei ihnen Hyperthyreose früher diagnostiziert wird. Ich weiß, wie verwirrend solche Statistiken sind, und empfehle Ihnen deshalb, sie sich von Ihrem Tierarzt erklären zu lassen. Glauben Sie also, was Sie wollen, aber lassen Sie sich von mir sagen, dass ich meinen Katzen Dosenfutter mit Lachsgeschmack als gelegentlichen Snack füttere, ohne dabei Angst vor Hyperthyreose zu haben.

Warum tun manche Katzen so, als würden sie ihr Futter verscharren, nachdem sie gefressen haben?

Echo tut häufig so, als würde er sein Dosenfutter verscharren. Dabei fuchtelt er über und neben seiner Futterschüssel mit der Pfote in der Luft herum, als wollte er sie vergraben, damit weder Seamus noch ich sie »sehen« können. Wie Pumas und Wildkatzen versucht er, seinen Leckerbissen für später aufzubewahren. Es sieht zwar ziemlich süß aus, wenn er das tut, aber die Simulation des Verhaltens seiner Vorfahren ist natürlich ineffektiv, da er seine Schüssel auf dem blanken Linoleumboden nicht vergraben kann. Dieses Gebaren lässt sich auch bei manchen Hunden beobachten, die mit der Nase neben ihrer Futterschüssel »graben«, um ihren Inhalt für schlechte Zeiten zu verstecken.

Warum kaut meine Katze so gerne auf meinem Haar herum?

Das kommt ganz darauf an. Welche Sorte Shampoo und Spülung verwenden Sie denn? Manche Katzen fühlen sich vom Geruch Ihrer Toilettenartikel angezogen und lecken und kauen an Ihrem feuchten Haar, wenn Sie sich schlafen legen. Seamus saugte früher gerne das Wasser aus meinem Haar, wenn ich aus der Dusche stieg, doch diese seltsame Angewohnheit hat er sich zum Glück abgewöhnt. Manche Katzen kauen auf Ihrem nassen Haar, weil sie es für eine neue, amüsante Wasserquelle halten, andere tun es als Zeichen der Zuneigung. Wenn Ihre ehemalige Streunerkatze das tut, möchte sie Sie möglicherweise putzen, als wären Sie eines ihrer Wurfgeschwister. Da sie Ihr Haar an das Fell ihrer vierbeinigen Verwandten erinnert, leckt sie gerne daran. Falls diese Angewohnheit überhandnimmt, sollten Sie sie einfach sanft von Ihrem Kopfkissen entfernen. Eventuell sorgt auch ein Shampoo mit Zitrusduft dafür, dass sie Sie in Ruhe lässt. Sie sollten sich nur darüber im Klaren sein, dass Katzen sich nicht um Mundhygiene scheren und ganz bestimmt nicht deshalb auf Ihrem Haar herumkauen, weil sie es für Zahnseide halten.

Hausarrest
7. KAPITEL

Ich habe Seamus immer im Haus gehalten, doch in letzter Zeit habe ich angefangen, ihn unter strenger Beobachtung nach draußen in meinen eingezäunten Garten zu lassen. Er liebt es, herumzurennen und Gras zu fressen (nur, um es Minuten später, glücklicherweise noch im Freien, wieder zu erbrechen). Als Seamus allerdings irgendwann über den Zaun sprang (und ich verzweifelt durchs Viertel rannte, bis ich ihn mit Hilfe meines Pitbulls wieder eingefangen hatte), verlor er umgehend seine Privilegien und wurde wieder ins Haus verbannt. Obwohl er immer noch bettelt, nach draußen gelassen zu werden, habe ich beschlossen, von jetzt an »liebevolle Strenge« walten zu lassen. Ich vertraue nicht darauf, dass er clever genug ist, um Autos, Hunden, Adoptionsversuchen anderer Leute und den Halbstarken aus der Nachbarschaft aus dem Weg zu gehen, und befürchte, er würde niemals den Weg zurück nach Hause finden.

Was soll man als Katzenbesitzer also in Hinblick auf die freie Natur tun? Wartet Sammy an der Hintertür auf seine Chance, dem faderen (aber sichereren) Leben im Haus zu entfliehen? Dieses Kapitel beleuchtet all die Gefahren, denen Ihre

Katze (und andere) ausgesetzt sind, wenn Sie sie ins Freie lassen – ob es die Vögel in Ihrer Vogeltränke, die anderen Katzen in der Nachbarschaft, das Kind oder den Hund von nebenan (oder den Fuchs, je nachdem, wo Sie wohnen) oder die giftigen Pflanzen in Ihrem Garten betrifft (wussten Sie, dass schon ein Blatt Ihrer Grünlilien für Ihre Katze tödlich sein kann?). Finden Sie heraus, ob es ratsam ist, Sammy die ganze Nacht hinauszulassen, damit er mit den anderen Nachteulen Party machen kann.

Haben Katzen, die ins Freie dürfen, mehr Spaß?

Lassen wir Statistiken sprechen: Katzen, die im Freien leben, werden im Durchschnitt zwei bis fünf Jahre alt, während Katzen, die im Haus oder in der Wohnung gehalten werden, ein Alter von bis zu 18 Jahren erreichen. Letztendlich hängt Ihre Entscheidung zwischen Freigang und Hausarrest also davon ab, wie lange Sie Ihre Katze behalten möchten. Katzen, die ins Freie dürfen, unterliegen dem »Trauma des Lebens in der freien Natur«, einschließlich all der schlimmen Dinge, vor denen wir sie zu schützen versuchen. Zu den häufigsten Gründen, aus denen Katzen in der Notaufnahme von Tierkliniken landen, zählen Attacken anderer Tiere – wie zum Beispiel Hunde aus der Nachbarschaft –, fiese Übergriffe von irgendwelchen Rotzlöffeln, unfreiwilliger Kontakt mit fahrenden Autos, absichtliche oder versehentliche Vergiftungen – mit Frostschutzmittel, Rattengift oder giftigen Osterlilien aus dem Garten – und infektiöse Krankheiten – wie zum Beispiel das feline Immundefizienzvirus (FIV), das feline Leukämievirus (FeLV)

und feline infektiöse Peritonitis (FIP), siehe auch »Was versteht man unter FIV und FeLV?« im zweiten Kapitel. Und, wie bereits erwähnt, töten Katzen, die ins Freie dürfen, mehr Singvögel als alle anderen Tiere.

Obwohl dieses Thema heiß diskutiert wird, empfehlen Tierärzte in der Regel nicht, Katzen ins Freie zu lassen. Ob Sie es glauben oder nicht, Katzen können im Haus oder in der Wohnung genauso glücklich sein, denn solange sie viel Spielzeug, Katzenminze, Katzengras und ein stimulierendes Umfeld (wie zum Beispiel einen Menschen, der mit ihnen spielt) haben, werden sie mit sich und der Welt zufrieden sein. Wenn sie erst einmal Geschmack an der freien Natur gefunden haben, kann sie jedoch kaum noch etwas davon abhalten, darum zu betteln, hinausgelassen zu werden, oder bei der erstbesten Gelegenheit einfach hinauszulaufen. Aus diesem Grund ist es das Beste, wenn Sie Ihre Katze die freie Natur erst gar nicht erkunden lassen.

Falls Sie Ihre Katze doch ins Freie lassen möchten, konsultieren Sie bitte Ihren Tierarzt wegen der erforderlichen Impfungen. Wir empfehlen normalerweise keine FeLV-Impfung, wenn Ihre Katze nicht nach draußen darf und somit gefährdet ist, sich anzustecken. Das liegt daran, dass der Impfstoff nicht hundertprozentig wirksam ist und in äußerst seltenen Fällen potentiell tödliche Nebenwirkungen hat (einen bösartigen Tumor namens Fibrosarkom an der Einstichstelle). Außerdem dürfen Sie Ihre Katze bitte, bitte, bitte nicht ins Freie lassen, wenn sie unter einer ansteckenden Krankheit wie FeLV, FIV oder FIP leidet. Es ist nicht fair und ziemlich unethisch zuzulassen, dass sie womöglich andere Katzen aus der Nach-

barschaft ansteckt (bei Raufereien über Speichel oder Blut), da diese Krankheiten hochinfektiös sind. Wenn Ihrer Katze die Krallen entfernt wurden, dürfen Sie sie ebenfalls nicht hinauslassen. Dort draußen herrschen raue Sitten, und eine krallenlose Katze ins Freie zu lassen, ist dasselbe, als würde man sie unbewaffnet in den Krieg schicken. Zu guter Letzt noch ein Hinweis: Stellen Sie kein Vogel-Futterhäuschen in Ihren Garten, wenn Ihre Katze nach draußen darf – das wäre ziemlich grausam, und ich müsste Sie in diesem Fall beim Tierschutzverein melden. Noch wichtiger ist, dass Sie Ihrer Katze ein Halsband mit Mikrochip sowie einer Glocke anlegen, um unnötiges Meucheln süßer Lebewesen zu verhindern. (Warnen Sie die armen Vögel und Eichhörnchen doch bitte, ja? Siehe »Wie gewöhne ich meiner Katze ab, dass sie kleine, unschuldige Lebewesen tötet?« im 5. Kapitel.)

Warum will meine Katze sofort wieder herein, nachdem sie mich angebettelt hat, dass ich sie hinauslasse?

Ist Ihnen schon einmal aufgefallen, dass Simba an der Tür sitzt, an ihr hochspringt und kratzt und so lange jammert, bis sie ihn hinauslassen, um dann, nachdem er zwei Schritte im Freien gemacht hat, wieder hereinzuwollen? Das weckt in Ihnen beinahe den Wunsch, ihn draußen zu lassen, bis er sich endlich entschieden hat.

Tja, vielleicht haben Sie schon gehört, dass es Katzen gibt, die Hunde und – in den entsprechenden Gefilden – sogar Bären aus dem Garten verjagen. Sie meinen es nämlich ernst, wenn es darum geht, ihr Revier zu verteidigen. Katzen sind

äußerst territorial und stark geruchsorientiert. Wenn Simba nach draußen geht, markiert er sein Revier, indem er an allem seine Duftdrüsen reibt (oder noch schlimmer, seinen Urin im ganzen Garten versprüht). Jeder in der Gegend soll wissen, dass dieser Garten ihm gehört. Wenn er Sie damit in den Wahnsinn treibt, dass er sich nicht entscheiden kann, ob er rein oder raus will, tut er das nur, um draußen die Lage zu peilen. Simba braucht nur ein paar Mal zu schnuppern, und schon weiß er, ob irgendjemand in seinem Garten war. Sobald er sich vergewissert hat, bevorzugt er womöglich die Sicherheit und Wärme Ihrer vier Wände. »Ich wollte nur kurz nachkontrollieren, Frauchen!«

Warum gibt meine Katze seltsame kehlige Laute von sich, wenn sie durchs Fenster einen Vogel sieht?

Haben Sie im Zoo oder in einem Film schon einmal das bellende Husten eines Panthers oder Schneeleoparden gehört? Raubkatzen kommunizieren lieber auf diese Weise anstatt mit dem süßen, liebenswerten Miauen, das Sie von Ihrer Katze gewöhnt sind. Ihre Katze gibt diese seltenen hustenden Laute aber ebenfalls von sich, wenn sie potentielle Beute entdeckt. Mit diesem aufgeregten, raubtierhaften Gurgeln gibt sie zu verstehen, dass sie zum Angriff bereit ist. Von meinen Katzen bekomme ich diesen Laut immer nur dann zu hören, wenn sie (der Fensterscheibe sei Dank) nicht zu ihrer anvisierten Beute ins Freie gelangen. Vermutlich tun sie damit ihren Frust kund, denn normalerweise gibt eine Katze vor dem Angriff keinen Laut von sich, um ihre nächste Mahlzeit nicht zu verscheuchen.

Wie viele Singvögel tötet eine Katze im Jahr?

Dass ich Tierärztin bin, bedeutet nicht, dass ich *nur* Hunde und Katzen liebe. Ich bin ein großer Freund aller Spezies, und obwohl ich mir keinen Vogel mehr zulegen würde (weshalb, werde ich in meinem dritten Buch erklären), möchte ich trotzdem, dass Vögel sich daran erfreuen können, in der freien Natur zu leben und zu fliegen. Wenn man davon ausgeht, dass es allein in den Vereinigten Staaten rund 80 Millionen Katzen gibt, und annimmt, dass jede von ihnen einen Singvogel im Jahr tötet, macht das nach Adam Riese 80 Millionen getötete Singvögel. Da viele Katzen im Haus oder in der Wohnung gehalten werden, ist diese hypothetische Statistik natürlich nicht ganz korrekt. Aber angenommen, ein Viertel aller Katzen in den Vereinigten Staaten darf ins Freie, macht das noch immer 20 Millionen getötete Singvögel im Jahr. Und das schließt weder verwilderte Hauskatzen noch jene Gegenden mit ein, in denen es zahllose Streunerkatzen gibt (wie in bestimmten Teilen Europas und Asiens). Auch wenn es nicht möglich ist, eine genaue Schätzung abzugeben, wie viele Singvögel jedes Jahr getötet werden, sind Katzen die Hauptverdächtigen für den ersten Platz in der Mörderrangliste.

Ich habe Sie zwar gebeten, Ihrer Katze ein Halsband mit Glöckchen anzulegen, doch das ist leider nicht so wirksam, wie man hoffen würde. Katzen sind nun einmal überaus geschickte, lautlose Jäger, die sich langsam und unbemerkt an ihre Beute heranpirschen. Mag sein, dass sich Ihre Begeisterung für langweilige Stare und nichtssagende Spatzen in Grenzen hält, aber Katzen töten auch nicht-einheimische Zugvögel, die auf

ihrer mehrere Tausend Kilometer langen Reise nur einen Zwischenstopp einlegen, um kurz in Ihrer Vogeltränke nachzutanken, und dabei nicht auf Ihre räuberische Katze vorbereitet sind.

Darf ich meine Katze
Mäuse und Eichhörnchen fangen lassen?

Eigentlich möchten wir ja verhindern, dass Ihre Katze wild lebende Tiere tötet, aber wenn es darum geht, die Mäusepopulation in Ihrem Keller zu dezimieren, habe ich keine Einwände. Anlass zur Sorge gibt jedoch die Tatsache, dass Ihre Katze mit toten (oder halbtoten) Kreaturen ungewöhnliche Krankheiten ins Haus bringen könnte, und obwohl die Wahrscheinlichkeit, dass Sie sich anstecken, äußerst gering ist, lässt sich diese Gefahr nicht ganz ausschließen. Es ist bereits vorgekommen, dass Bakterien und sogar Viren (wie zum Beispiel Tollwut, das Hantavirus und Tularämie) von Nagetieren auf den Menschen übertragen wurden. Das Risiko ist zwar ziemlich gering, trotzdem sollten Sie vorsichtig sein, wenn Sie Kadaver einsammeln, da Sie sich von Nagetieren tatsächlich irgendetwas schrecklich Ansteckendes einfangen können.[1] Glücklicherweise sind Mäuse und Eichhörnchen normalerweise keine Tollwut-Überträger, da dieses Virus kleine Wirte schnell tötet und ihnen nicht die Zeit lässt, es zu verbreiten (indem sie Sie oder ein anderes Tier beißen). Sie sollten allerdings unbedingt verhindern, dass Ihre Katze mit Gesellen wie Fledermäusen und Hasen in die Wolle gerät und sie nach Hause schleppt, da diese Tiere die häufigsten Überträger des

tödlichen Tollwutvirus sind. Im Zweifelsfall sollten Sie sicherstellen, dass Sie Ihre Katze regelmäßig gegen Tollwut impfen lassen – vor allem, wenn sie im Freien unterwegs ist –, damit sie sich nicht in ein sabberndes, von Tollwut befallenes Häufchen Elend verwandelt.

Darf ich meine Katze angeleint im Freien lassen?

Im 5. Kapitel ging es bereits darum, wie Sie Ihrer Katze beibringen können, ein Geschirr zu tragen und an der Leine zu gehen, aber bitte beachten Sie dabei einige Regeln. Lassen Sie Ihre angeleinte Katze im Freien niemals aus den Augen. Vor Kurzem habe ich in der Notaufnahme eine Katze behandelt, deren Besitzer sie draußen an einer langen Wäscheleine festgebunden hatten. Sie hatten es nicht für möglich gehalten, dass Fiona angeleint den Baum erreichen könne, doch diese belehrte Herrchen und Frauchen eines Besseren. Beim Sprung auf einen Ast hängte Fiona sich an diesem auf, strangulierte sich und geriet so sehr in Panik, dass sie überhitzte (und ihre Körpertemperatur auf 42,2 Grad anstieg – 37,8 Grad sind normal). Der Stress führte zu lebensbedrohlich niedrigem Blutzucker, und sie schnürte sich selbst die Sauerstoffzufuhr ab. Als die Besitzer sie wenige Minuten später keuchend auffanden, war sie fast bewusstlos und im Schockzustand. Glücklicherweise erholte sich Fiona nach ein paar Tagen Intensivpflege und Sauerstoffversorgung (und mehreren Tausend Dollar) wieder gut, obwohl sie ursprünglich neurologisch beeinträchtigt (beinahe hirntot) gewesen war. Passen Sie also gut auf, wenn Sie Ihre Katze an der Leine ins Freie lassen!

Was ist eine verwilderte Katze?

Bei verwilderten Katzen handelt es sich um wilde, unsozialisierte Katzen. Einige von ihnen waren möglicherweise ursprünglich domestiziert, haben aber irgendwann Reißaus genommen und sich einer Gruppe wild lebender Katzen angeschlossen. Eine erwachsene verwilderte Katze zu sozialisieren, die noch nie Kontakt mit Menschen hatte, ist äußerst schwierig. Bei jungen Tieren besteht dagegen mehr Hoffnung, wenn sie früh genug gerettet werden.

Die durchschnittliche Lebenserwartung von verwilderten Katzen beträgt zwei Jahre, wohingegen Hauskatzen 15 bis 20 Jahre alt werden können. Dank einiger Rettungsorganisationen, die verwilderten Katzen Futter und Obdach bieten, sind einige von ihnen Berichten zufolge ebenfalls bis zu 20 Jahre alt geworden. Leider fallen verwilderte Katzen oft Krankheiten, anderen Tieren, Verletzungen oder extremen Umweltbedingungen (Hitze, Kälte oder Hungertod) zum Opfer.

Allein in Deutschland gibt es aufgrund der Nachlässigkeit und Verantwortungslosigkeit von Menschen zwischen zwei und drei Millionen verwilderte Katzen. Glücklicherweise wird ein Teil von ihnen von Katzenschutzvereinen eingefangen, sterilisiert und geimpft. in den USA leben sogar etwa 30 Millionen verwilderte Katzen.

Ihre Katze oder Ihren Kater sterilisieren oder kastrieren zu lassen und sie oder ihn im Haus oder in der Wohnung zu halten, ist die beste Methode, um dazu beizutragen, dass sich das Katzen-Überbevölkerungsproblem nicht noch weiter verschlimmert. Eine weitere Möglichkeit ist die, Ihre Freunde

und Bekannte, die womöglich eine nicht-sterilisierte oder -kastrierte Katze besitzen, behutsam aufzuklären. Es laufen mehr als genug hormongesteuerte, überaus fruchtbare Katzen in der Gegend herum und produzieren Nachwuchs, der wiederum Nachwuchs produziert. Wenn Sie zur Reduzierung der Überbevölkerung beitragen möchten, können Sie zum Beispiel einen Flohmarkt organisieren, um mit dem Erlös die Kosten der Sterilisation oder Kastration etlicher Mäusefänger zu decken, oder sich bei der Vermittlung sterilisierter oder kastrierter Kätzchen engagieren.

Gibt es »wilde« Hauskatzen?

Domestizierte Katzen stammen von wild lebenden felinen Spezies aus Asien, Europa, Afrika, Arabien und Indien ab. Obwohl es bei Wildkatzen eine enorme Vielfalt gibt (vergleichen Sie einfach einmal einen riesigen Bengalischen Tiger mit einem Rotluchs oder einem Puma), haben wir nur die kleine Hauskatze gezähmt und domestiziert. Wo sind also die wilden Hauskatzen geblieben? Einige Züchter haben versucht, wilde Hauskatzen zu reinkarnieren, indem sie die domestizierte Hauskatze mit der exotischen Wildkatze gekreuzt haben. Dabei sind einige einzigartige, optisch überaus interessante Katzenrassen entstanden, wie etwa die American Bobtail, die Bengalkatze, eine Rotluchs-Mischform, Wüstenluchse, Hochlandluchse, die Ocicat, die Pixie-Bob, die Savannah-Katze, der Serval und die Serengeti-Katze. In der Größe rangieren diese Katzenarten zwischen der traditionellen Hauskatze und einem kleinen Rotluchs. Sie gelten als etwas »wild«, wenngleich eini-

ge dieser Katzen sich durchaus anpassen und zu domestizierten Hauskatzen werden können. Die meisten Tierärzte raten allerdings davon ab, diese Rassen als Hauskatzen zu halten, da es schwierig ist, ihnen ihre Wildheit vollständig abzugewöhnen.

Domestizierte Hauskatzen, die in urbanen oder suburbanen Gegenden ausgesetzt wurden, werden unter Umständen recht bald wieder zu »wilden« oder verwilderten Katzen. Sobald diese Katzen den Kontakt zum Menschen verloren haben und sich von Abfällen ernähren, tragen sie zur Verschlimmerung der Katzen-Überbevölkerung und zur Verbreitung von Krankheiten bei. Ob Sie sich nun dafür entscheiden, eine »wilde« Hauskatze zu kaufen oder eine verwilderte Katze zu adoptieren, sollten Sie sich darüber im Klaren sein, dass Ihr Neuzugang eine Menge Sozialisierung brauchen wird und dass es sehr schwierig werden wird, seine wilde Seite zu zähmen.

Könnte ich einen Tiger oder eine Wildkatze domestizieren, wenn ich den Platz dazu hätte?

Nur weil Sie genug Platz und Geld haben, heißt das noch lange nicht, dass Sie Wildkatzen und domestizierte Tiger beherbergen sollten. Menschen sind seit jeher von dem Prestige besessen, das der Besitz eines wilden Tiers mit sich bringt (das hat in Königshäusern jahrtausendealte Tradition und war in jüngerer Zeit etwa bei Michael Jackson zu beobachten). Vor Kurzem haben Züchter damit begonnen, Wildkatzenrassen wie die American Bobtail, Bengalkatzen, Rotluchs-Mischformen, die Ocicat oder den Serval zu züchten, und obwohl

es sich bei ihnen um wunderschöne, wild aussehende Katzen handelt, sind sie dem Normalverbraucher nicht als Haustiere zu empfehlen. Während sich einige dieser Rassen noch vergleichsweise einfach bändigen lassen, besitzen andere ein ziemlich wildes Wesen.

Wenn sich nicht einmal Michael Jackson den Unterhalt und die Pflege seiner beiden Bengalischen Tiger Thriller und Sabu leisten konnte, wie kommen Sie dann auf die Idee, dass Sie es könnten? Zum Glück wurden die beiden von Melanie Griffiths Mutter Tippi Hedren adoptiert, die zufälligerweise mit Dr. Martin Dinnes, Jacksons langjährigem Tierarzt, liiert ist. Angeblich kostet die Pflege der zahlreichen geretteten Wildkatzen in Tippis Asyl, wo sie Zigtausende Quadratmeter Auslauf haben und von eigens angestellten Tierärzten versorgt werden, über 75 000 Dollar im Monat. Wer das dafür nötige Kleingeld allerdings nicht hat und versucht, in einer kleinen Wohnung in der Bronx einen Tiger großzuziehen, wie Antoine Yates es im Jahr 2003 tat, braucht sich nicht zu wundern, wenn er von ihm zerfleischt wird. Allerdings sollte man dann nicht einem Pitbull die Schuld dafür geben, wenn man in die Notaufnahme kommt. (Glücklicherweise glaubten die Ärzte Mr. Yates nicht, dass eine derart schwere Verletzung von einem Hund stammen konnte, und meldeten ihn bei der Polizei.)

Darf ich meine Katze über Nacht im Freien lassen?

Vor Kurzem brachte eine Frau ihre Katze mit einer schweren Kieferfraktur und einem Schädeltrauma zu mir in die Notaufnahme. Sie hatte ihre Katze mit getrocknetem Blut an der

Nase und den Ohren gefunden und festgestellt, dass sie das Maul nicht mehr schließen konnte. Ich vermutete, dass sie von einem Auto angefahren worden war und ziemliches Glück gehabt hatte: Ein Großteil der stumpfen Gewalteinwirkung hatte ihren Kopf und nicht ihre Organe getroffen. Die Besitzerin erzählte mir, dass ihre Katze die Nacht immer draußen verbringt, sie jedoch im Freien ein »Katzenhaus« für sie hat. Normalerweise lässt sie ihre Katze um fünf Uhr nachmittags hinaus, wenn sie von der Arbeit nach Hause kommt, und um fünf Uhr morgens nach dem Aufstehen wieder herein. Völlig verkehrt, Leute! Wir sprechen hier von unseren Lieblingen! Würden Sie etwa gerne zwölf Stunden lang ohne Nahrung, Wasser und einen Zufluchtsort draußen gelassen werden? Sie denken vielleicht, für Ihre Katze würde das »Freiheit« bedeuten, aber in Wirklichkeit setzen Sie sie damit dem Straßenverkehr, streunenden Hunden, Werwölfen, finsteren Gestalten und allem anderen Unheimlichen aus, das nur nachts aus seinen Löchern gekrochen kommt. Zu allem Überfluss war besagte Katze auch noch krallenlos und hatte somit keine Möglichkeit, sich gegen andere Tiere zu verteidigen. Davon abgesehen sind Ihre Nachbarn vermutlich nicht begeistert, wenn Ihre Katze ihren Garten nachts als Toilettenersatz benutzt (siehe »Muss ich meine Katze hergeben, wenn ich schwanger werde?« im 9. Kapitel). Nach einer Tausend-Dollar-Lektion und einer Kieferknochenreparatur ging der Besitzerin ein Licht auf, und ihre Tür wird in Zukunft geschlossen bleiben.

Also, wie machen Sie aus Ihrer nachtaktiven Partykatze eine gemäßigte Cocktailabendkatze? Hier sind einige Tipps, wie Sie ihr antrainieren können, abends wieder ins Haus zu kom-

men (und dort zu bleiben): Rufen Sie Ihre Katze herein und servieren Sie ihr sofort ihr Abendessen, sobald sie durch die Tür kommt. Das wird sie in Zukunft motivieren, zu Ihnen zu kommen, wenn Sie sie abends rufen. Schütteln Sie eine Schachtel mit Leckerlis, damit Ihre Katze die »Essenglocke« erkennt und zur Raubtierfütterung nach Hause läuft. Sie zu füttern, bevor Sie sie nach draußen lassen, reduziert übrigens nicht die Anzahl der Tiere, auf die sie Jagd macht, oder der Vögel, die sie tötet. Sobald es Ihnen gelungen ist, sie für die Nacht hereinzulocken, sollten Sie dafür sorgen, sie ausreichend zu beschäftigen (siehe »Wie verschaffe ich meiner übergewichtigen Hauskatze Bewegung?« im 5. Kapitel für weitere Details). Vielleicht schaffen Sie es ja sogar, sie in einen verschmusten Abendkuschler zu verwandeln.

Darf ich die streunende Katze aus unserer Gegend zu unserem neuen Familienhaustier machen?

Bevor Sie anfangen, die verwilderte Katze in Ihrem Garten zu füttern, sollten Sie nachsehen, ob Julchen ein Halsband trägt. Wenn ja, dann füttern Sie sie bitte nicht. Nicht nur deshalb, weil ihr Besitzer sich wundern würde, warum sie immer dicker wird, sondern weil Sie nicht wissen, ob sie womöglich unter einem bestimmten gesundheitlichen Problem leidet (wie zum Beispiel einer entzündlichen Darmerkrankung, Nierenversagen oder sogar Diabetes), aufgrund dessen sie nicht jede Sorte Katzenfutter fressen darf. Außerdem werden Sie recht bald sämtliche Katzen aus der Umgebung anlocken, wenn Sie Futter in den Garten stellen, und im Handumdrehen in

den Nachrichten landen, weil Sie in Ihrem Haus angeblich Hunderte Katzen versteckt haben. Davon abgesehen wird Ihr Garten schnell zur beliebtesten kostenlosen Katzentoilette im Viertel avancieren, in dem alle verwilderten Katzen aus der Umgebung ihr Geschäft verrichten. Julchen wird von nun an regelmäßig bei Ihnen vorbeischauen und Sie zum stolzen Katzenbesitzer machen, weil sie von Ihnen als ihr Futter- und Wasserlieferant abhängig wird.

Ich habe eine wahnsinnige Angst davor, dass gutherzige Leute unwissentlich Katzen aufnehmen könnten, die bereits ein gutes Zuhause haben, und denken, sie würden das arme herrenlose Kätzchen aus der tiefsten Verzweiflung retten, obwohl es in Wirklichkeit einen Besitzer hat, der für seine Sterilisation oder Kastration bezahlt hat. Falls die vermeintlich »verwilderte« Katze sterilisiert ist oder keine Krallen mehr besitzt, sollten Sie unbedingt Zettel aufhängen und nach ihrem Herrchen oder Frauchen suchen, bevor Sie sich das Tier unter den Nagel reißen. Schließlich hat irgendjemand für diese chirurgischen Eingriffe bezahlt, also ist die Katze wahrscheinlich nicht verwildert, sondern hat irgendwo ein Zuhause. Hängen Sie Zettel in Ihrem Viertel auf, inserieren Sie im Internet oder in der örtlichen Zeitung und rufen Sie im nächsten Tierheim an, um sich zu vergewissern, dass ihr Besitzer nicht nach ihr sucht. Falls all das zu keinem Ergebnis führt, können Sie sie guten Gewissens adoptieren.

Falls Sie sich entschließen, die Streunerkatze doch nicht bei sich aufzunehmen, und ein guter Samariter sind, dann bringen Sie sie bitte wenigstens zum Tierarzt oder ins Tierheim. Dort kann überprüft werden, ob sie einen Mikrochip besitzt,

um sicherzugehen, dass sie niemandem gehört. Wenn Sie sie doch behalten möchten, sollten Sie ebenfalls sofort mit ihr zum Tierarzt gehen und sich vergewissern, dass sie gesund ist. Bei dieser Gelegenheit sollte auch ihr Blut auf feline Leukämie und Katzen-AIDS überprüft werden (siehe »Was versteht man unter FIV und FeLV« im 2. Kapitel). Da Sie nicht wissen können, ob sie gegen Tollwut geimpft ist, sollte das bei dieser Gelegenheit ebenfalls erledigt werden. Bevor Sie sie mit nach Hause nehmen, sollte sie noch eine Floh- und Zeckenprophylaxe bekommen – schließlich möchten Sie ihre Flöhe nicht bei sich zu Hause in Ihren hübschen, flauschigen Teppichen haben. Stellen Sie sie mindestens ein bis zwei Wochen im Badezimmer oder im Keller (von anderen Haustieren getrennt) unter Quarantäne, damit sie keine Krankheiten an Ihre anderen Katzen weitergeben kann. Lassen Sie sie nach Möglichkeit nicht ins Freie, denn sie war schließlich eine Straßenkatze und könnte bald wieder das Weite suchen, nachdem Sie gerade richtig viel Geld für sie ausgegeben haben. Nachdem Sie all das getan haben, wird sie sich hoffentlich bald als perfekte Ergänzung Ihres Haushalts erweisen. Allerdings sollten Sie Ihren Kindern klarmachen, dass Sie nicht jede Streunerkatze bei sich aufnehmen können, die Ihnen über den Weg läuft. Das wäre zwar eine gute Tat, hätte jedoch zur Folge, dass es bei Ihnen zu Hause bald nur so von Katzen wimmeln würde. Drücken Sie das nächste Findelkind stattdessen einfach Ihren Freunden in den Arm!

Gift für die Katze
8. KAPITEL

Als Notfall-Tiermedizinerin habe ich es mit der ganzen Palette von Vergiftungen zu tun. Mit am häufigsten bekomme ich Vergiftungen durch Rattengift zu sehen, und zwar nicht bei Ratten, sondern bei den unglückseligen Hunden und Katzen, die den Köder gefressen haben. *Früher* dachte ich mir immer: Meine Güte, es kann doch nicht so schwer sein, Rattengift so zu verstecken, dass meine Katze nicht drankommt! Doch dann bekam ich selbst eine Lektion erteilt … Eines Tages brachte ich Rattengift nach Hause (ich weiß, ich weiß, aber ich hasse es nun mal, Mäuse im Haus zu haben, die mit ihren schmutzigen kleinen Füßen auf meinen Essensvorräten spazieren gehen) und versteckte den grünen Giftwürfel in der dunkelsten, hintersten Ecke unter der Kommode. Absolut katzensicher. Völlig außer Reichweite. Als ich 20 Minuten später das Zimmer betrat, sah ich, wie Seamus den Würfel mit den Pfoten wie ein Spielzeug hin und her schubste. Ach du Schande! Dummes, dummes Frauchen! Das war mir eine Lehre und brachte mich zu der Überzeugung, dass man grundsätzlich gar kein Lebewesen vergiften sollte. Wenn nicht einmal ich als Tierärztin in der Lage bin, Gift von meinen

Haustieren fernzuhalten, was sollen normale Herrchen und Frauchen dann tun?

Wenn Katzen irgendetwas anstellen, schieben wir es einfach auf ihr Wesen – schließlich sind sie neugierig, nicht wahr? Dieses Kapitel unterhält Sie mit all den schlimmen Dingen, die eine brave Katze tun kann, und von denen manche Anlass zu einem Notfall-Besuch beim Tierarzt geben können. Erfahren Sie, ob Ihr Zuhause *tatsächlich* katzensicher ist und welche Substanzen in Ihrem Haushalt für Ihre Katze tödlich giftig sein können. Die Gefahren von rezeptfreien Medikamenten und Frostschutzmitteln sind hinlänglich bekannt, aber wussten Sie, dass der Blumenstrauß, den Ihr Liebster gerade nach Hause gebracht hat, Ihren loyaleren vierbeinigen Freund das Leben kosten kann? Finden Sie heraus, ob Sie den Katzenschutztest wirklich bestehen würden.

Mit welchen zehn Dingen vergiften sich Katzen am häufigsten?

Und jetzt die Liste, auf die Sie alle gewartet haben: Die alljährlich erscheinende Gift-Rangliste vom Animal Poison Control Center der American Society for the Prevention of Cruelty to Animals.[1] Machen wir es kurz – hier sind die Top Ten der Substanzen, von denen Katzen im Jahr 2006 eine Überdosis genommen haben:

1. Permethrin-Insektizide für Hunde (Anti-Floh-Salben): Ja, Sie haben richtig gelesen – für Hunde! Lesen Sie das

Etikett, bevor Sie Ihre Katze damit einreiben. »Canin« ist nicht dasselbe wie »felin«!

2. Andere topische Insektizide (ebenfalls Anti-Floh-Salben): Haben Sie den Wink verstanden? Katzen reagieren äußerst empfindlich auf Floh-Prophylaxe!

3. Venlafaxin: Ihre Katze wird mindestens genauso deprimiert sein wie Sie, nachdem sie Ihre Antidepressiva gefressen hat.

4. Leuchtschmuck und -stäbe: Stolze 800 Dollar später *warst* du das Licht meines Lebens.

5. Lilien: Ihr Freund hätte Ihnen ausnahmsweise einmal keine Blumen mitbringen sollen.

6. Flüssige Putzmittel: Ihre Katze konnte den Geruch ihrer Toilette auch nicht ausstehen.

7. Nichtsteroidale Antirheumatika (zum Beispiel Ibuprofen): Ihre Kopfschmerzen sind gerade viel schlimmer geworden.

8. Paracetamol: Ihre Migräne ist gerade *viel* schlimmer geworden.

9. Gerinnungshemmendes Rodentizid (Rattengift): Die Rache der Mäuse.

10. Amphetamine (Aufputschmittel): Heute kein Katzennickerchen!

Machen Sie es anders, nachdem Sie die Liste gesehen haben. Stellen Sie einfach (ja, genau) sicher, dass Sie sämtliche Medikamente in katzen- und kindersicheren Behältnissen im Medizinschrank im Bad aufbewahren, dass Sie keine giftigen Zimmerpflanzen im Haus oder in der Wohnung haben (sie-

he unten, »Können Zimmerpflanzen für Katzen giftig sein?«), dass Sie das Etikett auf Anti-Floh-Präparaten genau lesen und dass Sie Ihr Rattengift nicht für Ihre Katze zum Spielen unter der Kommode verstecken (wie diese Tierärztin es einmal getan hat). Verstecken Sie all diese Gifte vor Ihren Katzen, damit Sie keine Tier-Vergiftungs-Hotline anrufen müssen.

Können Zimmerpflanzen für Katzen giftig sein?

Obwohl Katzen eigentlich Fleischfresser sind, habe ich festgestellt, dass die meisten von ihnen hin und wieder gerne an Pflanzen knabbern. Es gibt keine wissenschaftliche Erklärung, weshalb sie das tun, aber vermutlich haben sie das Gefühl, sie bräuchten mehr Ballaststoffe, oder wünschen sich etwas Kau-Vielfalt in ihrem Leben. Vielleicht tun sie es aber auch, um einen Brechreiz zu provozieren und auf diese Weise einen Haarballen loszuwerden. Was auch immer der wahre Grund ist, als passionierte Pflanzen- (und natürlich Tier-)Liebhaberin stelle ich fest, dass meine Grünlilie und alle anderen Pflanzen mit Wedeln am meisten unter den Knabbergelüsten meiner Katzen zu leiden haben. Ich habe eine große Vielfalt von Pflanzen im Haus, opfere aber ganz bewusst meine Grünlilie, damit Seamus und Echo meine anderen Zimmerpflanzen in Ruhe lassen.

Während die meisten Zimmer- und Außenpflanzen für Hunde allenfalls leicht toxisch sind, können manche von ihnen für Katzen extrem giftig sein. Im Allgemeinen sind die *meisten* Zimmerpflanzen relativ ungefährlich, wobei einige Erbrechen, Geifern und Durchfall hervorrufen können. Am

häufigsten sind beliebte Zimmerpflanzen wie Dieffenbachien und die kaum kaputt zu bekommenden Philodendren schuld. Ironischerweise sind die Pflanzen, wegen denen sich die Leute die größten Sorgen machen, die am wenigsten giftigen. Die meisten lernen, dass Poinsettien (Weihnachtssterne) giftig sind, haben aber noch nie gehört, dass andere Pflanzen, wie zum Beispiel Osterlilien, weitaus gefährlicher sind. Poinsettien gelten gemeinhin als »giftige Pflanze«, verursachen aber in der Regel nur klinische Zeichen vergleichbar mit dem Lecken an einer Kaktee (kein Spaß!). Aufgrund des reizenden, bitter milchigen Safts in den Blättern, der Calciumoxalat-Kristalle enthält, werden Sie feststellen, dass Felix sofort zu geifern beginnt, sich mit der Pfote am Maul herumfuchtelt (»Ah! Was soll das? War das etwa keine Grünlilie?«) und Zeichen oraler Irritation, gastrointestinale Symptome (wie Erbrechen und Durchfall), Übelkeit und übermäßigen Speichelfluss zeigt. Glücklicherweise ist Ihre Katze sich dessen sofort bewusst und hört auf zu kauen.

Bitte nehmen Sie zur Kenntnis, dass es ein paar giftige Pflanzen gibt, die *schwere, möglicherweise tödliche* Vergiftungen hervorrufen und eine sofortige tierärztliche Behandlung erfordern. Manche Pflanzen lösen schwerere Symptome wie Herzrhythmusstörungen (Flammende Käthchen) oder sogar tödliches Nierenversagen aus. Dazu gehören Oster-, Tiger- und Stargazer-Lilien, Asiatische und Orientalische Lilien sowie einige Arten von Taglilien. Nach dem Verzehr von Lilien können Katzen trotz aggressiver medizinischer Behandlung innerhalb von zwei bis drei Tagen sterben. Schon ein Blatt, Blütenblatt oder Stiel einer Osterlilie führt zu Symptomen

von schwerem, akutem und potentiell tödlichem Nierenversagen, wie etwa Harnstau, Erbrechen, Lethargie und allgemeines Unwohlsein. Ich erzähle das immer allen Leuten, vor allem Hobbygärtnern und zur Osterzeit, da Oscar, der Kater meiner Schwester (den ich ihr geschenkt habe), daran gestorben ist. Die Mitbewohnerin meiner Schwester bekam einen Blumenstrauß geschenkt, und leider suchte sich Oscar die einzige Osterlilie in diesem Strauß heraus und kaute auf einem oder zwei ihrer Blütenblätter herum. Das war wirklich absolut herzzerreißend. Als Tierärztin flehe ich Sie deshalb an: Bitte lassen Sie äußerste Vorsicht walten, wenn Sie sich neue Pflanzen in den Garten oder ins Haus holen. Es lohnt sich nicht, auch nur das geringste Risiko einzugehen. Und wo ich schon beim Predigen bin: Wenn Sie sich das nächste Mal mit einem Floristen unterhalten, dann bitten Sie ihn, dass er seine Kunden in Zukunft darauf hinweist, wie giftig Blumensträuße sein können.

Hier die Top Ten der gängigsten, für Haustiere giftigen Pflanzen (und ihre häufigsten klinischen Zeichen), herausgegeben vom Animal Poison Control Center der American Society for the Prevention of Cruelty to Animals (ASPCA)[2]:

1. Marihuana (Koordinationsstörungen, Krampfanfälle, Koma, Geifern, Erbrechen, Durchfall)
2. Sagopalme (Leberversagen, Erbrechen, Durchfall, Depressionen, Krampfanfälle)
3. Lilien (nur bei Katzen: akutes Nierenversagen)
4. Tulpen/Narzissen (Erbrechen, Durchfall, Geifern, Depressionen, Krampfanfälle, Herzrhythmusstörungen)

5. Azaleen/Rhododendren (Erbrechen, Geifern, Durchfall, Schwächeanfälle, Koma)

6. Oleander (Erbrechen, Herzrhythmusstörungen, Hypothermie, Tod)

7. Wunderbaum (Erbrechen, Durchfall, Schwächeanfälle, Krampfanfälle, Koma, Tod)

8. Alpenveilchen (Erbrechen, Durchfall)

9. Flammendes Käthchen (Erbrechen, Durchfall, Herzrhythmusstörungen)

10. Gemeine Eibe (Erbrechen, Durchfall, Herzversagen, Koma, Zittern)

Eine Liste mit für Hunde und Katzen nicht-toxischen Pflanzen finden Sie auf der ASPCA-Website (siehe Quellenverzeichnis).

Wenn Sie feststellen, dass Felix irgendetwas gefressen hat, was er nicht hätte fressen sollen, müssen Sie ihn wie bei allen Giften sofort zur »Dekontaminierung« zum Tierarzt bringen. Das ist eine nette Umschreibung dafür, dass wir ihm ein Brechmittel verabreichen, ihm den Magen auspumpen und anschließend mit Aktivkohle füllen werden, um Absorption zu verhindern. Diese Dekontaminierung muss in den ersten Minuten bis Stunden nach dem Verzehr erfolgen, da er das Gift ansonsten womöglich schon aus dem Darm absorbiert hat. Also kommen Sie sofort vorbei, wenn der Verdacht auf eine Vergiftung besteht. Im Zweifelsfall können Sie auch eine Tier-Vergiftungs-Hotline anrufen, um sich zu vergewissern, ob Sie mit Felix in die Tier-Notaufnahme eilen müssen.

Falls Sie Ihre Katzen nicht von Ihren Pflanzen fernhalten

können, habe ich einige Tipps für Sie: Werden Sie alle giftigen Pflanzen los. Lilien in Blumensträußen oder im Haus sind ein absolutes Tabu (Sie können Ihren Floristen immer bitten, auf Lilien zu verzichten!). Falls Felix nach draußen darf, dann graben Sie sicherheitshalber sämtliche Lilien in Ihrem Garten aus und schenken Sie sie Freunden, die weit weg von Ihnen wohnen. Noch besser ist, wenn Sie Felix im Freien beobachten und von allem fernhalten, das nicht sauber, frisch und düngerfrei ist. Stellen Sie Ihre Zimmerpflanzen auf ein höheres Regalbrett, damit Felix sie nicht erreicht. Manche Leute kleben doppelseitiges Klebeband auf die betreffenden Möbelstücke und Regale, damit ihre Katzen ihre Pflanzen meiden (siehe »Warum benutzt meine Katze mein Sofa als Kratzbaum, und wie bringe ich sie dazu, dass sie damit aufhört?« im 2. Kapitel). Wenn Felix' Pfoten einmal mit dem seltsamen, klebrigen Band in Berührung gekommen sind, wird er in Zukunft einen großen Bogen darum machen (bis Ihre Putzfrau vorbeikommt und sich wundert, was vor sich geht). Eine andere Möglichkeit ist, Katzengras anzupflanzen oder zu kaufen (das Sie in jeder Tierhandlung bekommen), da Felix möglicherweise lieber daran knabbert und auf diese Weise Ihre anderen Pflanzen in Ruhe lässt. Oder aber Sie kaufen eine Opfer-Grünlilie – Ihre anderen Pflanzen werden das zu schätzen wissen.

Meine Katze mag das Lametta am Weihnachtsbaum – ist das in Ordnung?

Sie bereiten sich gerade darauf vor, den Weihnachtsbaum zu schmücken? Tun Sie Karlo einen Gefallen und verzichten Sie

auf das Lametta. Das glänzende, strähnige Zeug sieht aus wie ein spaßiges Spielzeug, und da Sie wissen, wie gerne er auf Plastiktüten, Gummibändern und Schleifen herumkaut, trifft Lametta vermutlich genau seinen Geschmack. Vielleicht finden Sie es ja süß, dass Karlo Ihnen beim Schmücken helfen möchte, doch Lametta kann sich zu einem Knäuel verknoten, im Magen oder Darm stecken bleiben und zu dem werden, was wir Tiermediziner als »linearen Fremdkörper« bezeichnen. Es kann nämlich passieren, dass sich das Ende eines Lamettafadens an der Zunge oder im Magen verhängt, während der Rest des Fadens langsam in den Darm weiterwandert. Aufgrund der normalen Kontraktionen des Darms schneidet der Lamettafaden die Zunge, die Speiseröhre, den Magen oder den Darm durch und sorgt dafür, dass Sie Ihr Weihnachtsgeld in Karlos teure Operation investieren müssen. Tun Sie also auch sich selbst einen Gefallen und verschenken Sie Ihr Lametta an einen katzenlosen Haushalt.

Warum notorische Runterspül-Muffel keine Zahnseide verwenden sollten …

Nur für den Fall, dass Ihnen der vorhergehende Hinweis entgangen ist: Lineare Fremdkörper sind bei Katzen nichts Ungewöhnliches (ich spreche mit Ihnen, mein Freund!). Da Katzen von Natur aus neugierig sind, ist Ihre Zahnseide mit Pfefferminzgeschmack soeben zu einem echt coolen, billigen Kauspielzeug geworden … meinen Sie. Tun Sie, was Ihr Zahnarzt empfiehlt, und benutzen Sie Zahnseide. Aber entsorgen Sie Ihre benutzte Zahnseide gewissenhaft und spülen Sie sie ent-

weder in der Toilette hinunter oder werfen Sie sie in einen Abfalleimer mit Deckel. Fordern Sie nicht das Schicksal heraus, indem Sie sie nachlässig über den Rand des Abfalleimers baumeln lassen, damit Ihre Katze damit spielen kann.

Wenn meiner Katze ein Faden aus dem Hintern hängt, soll ich dann daran ziehen?

Nichts ist für mich schlimmer, als um 1 Uhr 36 Uhr nachts von Freunden oder Verwandten angerufen zu werden und diese Frage gestellt zu bekommen. Es mag absurd klingen, kommt aber tatsächlich vor. Im Zweifelsfall sollten Sie alles, was mit dem Anus Ihrer Katze zu tun hat, Ihrem Tierarzt überlassen, da wir an diesem Ende der Katze (leider) Profis sind. Wenn irgendetwas stecken bleibt, dann lassen Sie die Profis Hand anlegen. Ziehen Sie nicht selbst daran! Dabei können Sie Schreckliches anrichten und möglicherweise die Eingeweide oder den Dickdarm Ihrer Katze zerreißen.

Katzen sind dafür berüchtigt, mehr als nur ein paar Zentimeter Faden zu fressen (der auch problemlos am anderen Ende wieder herauskäme, wenn es sich nur um ein so kurzes Stück handeln würde), falls sie sich aber gleich einen halben Meter Faden oder mehr einverleiben, um Ihnen zu beweisen, dass sie dazu imstande sind, kann sich dieser Faden an irgendeiner Stelle verheddern, die als Anker wirkt. Dabei handelt es sich meistens um den Pylorus (das Ende des Magens) oder den Zungengrund. Wenn Sie daran ziehen, kann das die Gedärme raffen, sie zusammenziehen und eventuell sogar die Darmwand durchtrennen. Letzteres kann zu einer schweren

Unterleibsinfektion führen, und oft überleben Katzen eine solche septische Peritonitis nicht. Halten Sie deshalb Bänder, Schnüre, Lametta, Fäden, Zahnseide, Strickzeug, Schnürsenkel, Tonbänder (Hinweis verstanden?) von Ihrer Katze fern. Wenn Sie mit ihr mit ihrem Lieblings-»Feder-an-der-Schnur«-Spielzeug spielen, sollten Sie sie unbedingt die ganze Zeit im Auge behalten und dann ein gutes Frauchen oder Herrchen sein: Bewahren Sie es außerhalb ihrer Reichweite auf, wenn nicht gespielt wird.

Wenn meiner Katze ein Faden aus dem Maul hängt, soll ich dann daran ziehen?

Falls Ihnen der Hinweis im vorangegangenen Abschnitt entgangen sein sollte: Überlassen Sie medizinische Dinge Profis und ziehen Sie nicht daran! Die Eingeweide Ihrer Katze werden es Ihnen danken, wenn Sie nicht unprofessionell ziehen. Vertrauen Sie uns – wir mussten acht Jahre lang studieren, um zu verstehen, wie man ziehen muss, also überlassen Sie es uns. Falls der Faden sich um den Zungengrund Ihrer Katze gewickelt hat, könnten Sie ihr damit nämlich schwere Verletzungen zufügen. Im Zweifelsfall sollten Sie das Ende des Fadens festhalten (ohne sich beißen zu lassen und Zug darauf auszuüben), während Sie sich hektisch jemanden suchen, der Sie sofort zur Notaufnahme einer Tierklinik fährt. Und was auch immer Sie tun, schneiden Sie den Faden auf keinen Fall ab! Wir müssen ihn uns ansehen können. Halten Sie ihn einfach, so gut es geht, aus dem Weg, damit Ihre Katze nicht noch mehr davon verschluckt. Unter Umständen können Sie ihn auch mit Klebe-

band am Halsband Ihrer Katze befestigen, während Sie sich auf die Suche nach einem Tierarzt machen.

Darf ich meiner Katze eine Paracetamol-Tablette geben?

Sie sind zu geizig, um Ihre Katze zum Tierarzt zu bringen, und möchten ihr selbst Medikamente verabreichen? Seien Sie vorsichtig (vor allem Sie, Dr. med.)! Alle rezeptfreien Medikamente wie Paracetamol, Ibuprofen oder Naproxen sind nichtsteroidale Antirheumatika, und schon eine einzige Tablette kann eine Katze *töten*. Katzen reagieren überaus sensibel auf diese Präparate (genau genommen reagieren sie auf alle Medikamente sehr sensibel), da sie ein modifiziertes Leber-Glutathion-Enzymsystem besitzen, das verhindert, dass sie bestimmte Medikamente umwandeln können. Aufgrund der Toxizität nichtsteroidaler Antirheumatika zählen zu den Nebenwirkungen schwere Magengeschwüre, gastrointestinale Zeichen wie Erbrechen oder schwarzer, teerartiger Durchfall (verursacht durch verdautes Blut im Darmtrakt), Nierenversagen und Krampfanfälle oder Koma. Auf jeden Fall kein Spaß, und *Ihre* Kopfschmerzen werden sich dadurch drastisch verschlimmern! Wenn Sie Ihrer Katze versehentlich oder absichtlich ein nichtsteroidales Antirheumatikum gegeben haben, bringen Sie sie umgehend zum Tierarzt, damit er ihr ein Brechmittel geben, den Magen auspumpen, Aktivkohle verabreichen (um das Gift zu binden) sowie Infusionen und Magengeschwür-hemmende Medikamente geben kann.

Wenn Ihre Katze sich Paracetamol einverleibt, schwillt ihr Gesicht an, und ihre Zunge verfärbt sich bläulich, ihre Le-

ber kommt aus dem Gleichgewicht, und sie wird vermutlich Sauerstoff, eine Bluttransfusion und Medikamente brauchen, damit der veränderte Sauerstoffgehalt im Blut und die Anzahl der roten Blutkörperchen wieder ins Lot gebracht werden können. Dank Ihres selbst-verliehenen Dr.-vet.-Titels wird Ihre Tierklinik-Rechnung etwa zehnmal höher ausfallen. Die günstigste Rechnung, die ich jemals wegen eines Paracetamol-Zwischenfalls in der Notaufnahme ausgestellt habe, ging an eine Frau, die mit ihrer Katze kam, nachdem ihr eine Tablette auf den Boden gefallen war. Sie hatte die Tablette nicht mehr gefunden und war überzeugt, dass ihre Katze sie gefressen habe. Für 150 Dollar untersuchte ich ihre Katze und entfernte schließlich »medizinisch« die klebrige Paracetamol-Tablette von ihrem flauschigen Bauch. Wenn Sie doch nur auch so viel Glück hätten …

Sind alle Mittel gegen Flöhe gleich?

Viele Hundebesitzer benutzen Floh-Prophylaxe auf Permethrin- oder Pyrethrin-Basis. Permethrine sind künstlich hergestellte Chemikalien, während es sich bei Pyrethrinen um natürliche Substanzen handelt, die ursprünglich in Chrysanthemen entdeckt wurden. Das mag so klingen, als wären sie ungefährlich, doch das sind sie nicht – zumindest nicht für Katzen. Katzen reagieren sensibel auf die Wirkung von Pyrethroiden (die Familie dieser Substanzen) und sind ihnen meistens dann ausgesetzt, wenn ihre Besitzer denken: »Was bei kleinen Hunden funktioniert, funktioniert sicher auch bei großen Katzen!« Die Toxizität kann unbehandelt zu schwerem Muskelzittern

(das Krampfanfällen ähnelt), Dehydration, Hyperthermie und sogar zum Tod führen. Falls Sie irgendwelche dieser Symptome feststellen, sollten Sie Ihre Katze zuerst mit einem ungefährlichen, sanften Geschirrspülmittel baden und dann sofort mit ihr zum Tierarzt fahren. Falls Sie Ihre Katze nicht baden können (weil sie kratzt, faucht, ausflippt und Ihnen die Haut in Fetzen reißt), dann fahren Sie mit ihr gleich zum Tierarzt, damit der es tun kann. Zum Glück erholen sich die meisten Katzen wieder, wenn sie umgehend intravenös Muskelrelaxantien und Valium (bei Krampfanfällen) sowie Infusionen bekommen.

Lassen Sie sich das eine Lehre sein und verwenden Sie bei Ihrer Katze keine Produkte für Hunde. Bedenken Sie, dass viele rezeptfreie Sprays, Puder und Halsbänder zur Floh-Abwehr nicht besonders wirksam sind, und bleiben Sie deshalb bei verschreibungspflichtigen, von Tierärzten empfohlenen Präparaten wie Advantage, Frontline oder Capstar, wenn sich Ihre Katze Flöhe eingefangen hat. Sie können diese oft direkt bei Ihrem Tierarzt erwerben, und sie werden Sie deutlich weniger kosten als ein zwei- bis viertägiger Aufenthalt Ihrer Katze auf der Intensivstation einer Tierklinik. Glauben Sie mir.

Wenn Sie tierärztlich empfohlene Präparate nach Vorschrift anwenden, sich bei Ihrer Katze aber trotzdem eine Nebenwirkung bemerkbar macht – was äußerst selten vorkommt –, sollten Sie sofort einen Tierarzt aufsuchen. Leichte Reizungen oder Haut-Hypersensivitäten (Echo verlor an der Stelle, wo ich die Salbe auftrug, vorübergehend Haare) können oft durch Abwaschen der Salbe mit Spülmittel oder Flüssigseife behan-

delt werden. Falls anschließend noch immer eine Reizung festzustellen ist, können Sie versuchen, eine Vitamin-E-Kapsel zu öffnen und den Inhalt aufzutragen oder Ihre Katze mit dem Saft Ihrer Aloe-vera-Pflanze einzureiben.

Es ist zwei Uhr morgens – muss ich meine Katze wirklich in die Notaufnahme der Tierklinik bringen?

Ach, Katzen. Wir lieben sie, aber nicht so sehr um zwei Uhr morgens, wenn sie würgend eingeliefert werden. Was ist, wenn Ihre Katze einfach nicht aufhört, sich zu übergeben? Wann entscheiden Sie sich, sie in die Notaufnahme zu bringen? Können Sie warten und Felix am Morgen zu Ihrem Tierarzt bringen? Wozu die Eile?

Im Zweifelsfall sollten Sie Ihren Tierarzt oder eine Tierklinik anrufen, um sich beraten zu lassen, ob Sie mit Ihrer Katze vorbeikommen sollen. Einige sichere Anzeichen dafür sind Atemnot, Atmen mit offenem Maul, Keuchen, eine Atemfrequenz von über 50 pro Minute (Tipp: Zählen Sie die Atemzüge, die Ihre Katze in 15 Sekunden macht, und multiplizieren Sie das Ergebnis mit vier, um die Atemfrequenz pro Minute zu ermitteln), starkes Geifern, Verkriechen (unters Bett, in den Schrank), Bewegungslosigkeit, wiederholtes Aufsuchen der Katzentoilette, starkes Erbrechen, regungsloses Verharren an der Wasserschüssel, Krampfanfälle oder Zuckungen, jegliche Form von Trauma, jegliche Art von Vergiftung oder ein Faden, der aus irgendeiner Körperöffnung hängt. Diese Liste ist zwar nicht vollständig, eignet sich aber gut als erste Richtlinie. Konsultieren Sie im Zweifelsfall bitte unbedingt einen

Tierarzt. Sie werden es nicht bereuen, für Ihren flauschigen Freund auf Nummer sicher gegangen zu sein.

Warum sind Lufterfrischer für Katzen giftig?

Ihr Freund beklagt sich über den Geruch der Katzentoilette? Sie denken darüber nach, die unangenehmen Ausdünstungen Ihrer Katze mit künstlichem Duft zu übertünchen? Wegen Ihrer Duftspender für die Steckdose brauchen Sie sich keine Sorgen zu machen. Wenn Sie jedoch versuchen, den Katzentoilettengeruch mit flüssigem Allerlei zu vertuschen, sollten Sie vorsichtig sein. Die Art von Allerlei, von der wir hier sprechen, wird über einer Kerze geschmolzen oder erhitzt und vor allem in Esoterik-Läden verkauft. Sie denken vielleicht, Katzen seien schlau genug, um offenes Feuer zu meiden, doch sie können der seltsam riechenden, schmelzenden Flüssigkeit anscheinend einfach nicht widerstehen. Diese Flüssigkeit besteht aus Reinigungsmitteln und ätherischen Ölen und kann in Mundraum und Rachen zu starken Reizungen führen. Wenn Ihre Katze ein bisschen daran schleckt, kann sie nicht nur Geschwüre im Maul, Geifern, Übelkeit und Erbrechen verursachen, sondern auch Depressionen, neurologische Zeichen und niedrigen Blutdruck.[3] Aufgrund der Speiseröhrenreizung sollten Sie nicht versuchen, zu Hause bei Ihrer Katze Erbrechen zu provozieren (und Ihr Tierarzt sollte es ebenso wenig tun); handeln Sie stattdessen lieber nach dem Motto »Verdünnung ist die Lösung von Verunreinigung« und geben Sie ihr etwas Milch oder Wasser. Leider sind Katzen nicht schlau genug, um nach dem ersten Mal Schlecken aufzuhören,

wenn es um flüssige Lufterfrischer geht, also sollten Sie bei sich zu Hause am besten ganz darauf verzichten. Sie müssen sich eine andere Methode ausdenken, wie Sie den Katzentoilettengestank vor Ihren Liebsten verbergen können.

Warum sind Leuchtstäbe giftig?

Kennen Sie die fluoreszierenden Kunststoffstäbe, die oft bei Konzerten geschwenkt werden? Die sind völlig ungefährlich ... bis Ihre Katze, Ihr Hund oder Ihr kleiner Zweibeiner einen davon zerbeißt. Die ölige Flüssigkeit, die den Kunststoff leuchten lässt, heißt Dibutylphthalat, und obwohl es einer wirklich hohen Dosis davon bedarf, damit es tödlich giftig ist (die armen Laborratten mussten eine *Menge* davon verspeisen, um daran zu sterben), wird Lilly schon bei einer winzigen Menge sofort seine Wirkung zu spüren bekommen. Der starke Speichelfluss und die sofort einsetzende Übelkeit begrenzen normalerweise die Menge, die Lilly sich davon einverleibt. Da Dibutylphthalat zum Glück so scheußlich schmeckt, wird Lilly nicht so viel davon verspeisen, dass es sie das Leben kosten oder ihren Bauch zum Leuchten bringen wird. Wischen Sie die Flüssigkeit auf und geben Sie Lilly ein schmackhaftes Leckerli, um den ekelhaften Geschmack in ihrem Maul zu übertünchen. Falls Sie sich gerade *CSI: Miami* angesehen haben, sich langweilen und mit Ihrer Schwarzlichtlampe spielen möchten, dann gehen Sie mit Lilly in ein dunkles Zimmer, um herauszufinden, ob sich noch irgendwo fluoreszierende Flüssigkeit an ihr befindet. Am besten halten Sie Ihre Leuchtstäbe einfach unter Verschluss.

Warum tötet Rattengift nicht nur Ratten?

Falls Ihre Katze zu faul ist, um die Maus in Ihrem Haus zu fangen, sollten Sie bei der Verwendung von gerinnungshemmenden Rodentiziden vorsichtig sein. Letzteres ist eine blumige Umschreibung dafür, dass es sich bei dieser speziellen Art von Rattengift um einen Vitamin-K-Hemmer handelt, der innere Blutungen verursacht (und normalerweise in der Leber produziert wird). Ob Sie es glauben oder nicht, das ist noch das beste Rattengift, da seine Wirkung reversibel und behandelbar ist. Zu den anderen Arten von Rattengift zählen Bromethalin (das Gehirnschwellungen auslöst) und Cholecalciferol (das einen hohen Calciumgehalt hat und Nierenversagen hervorruft), und zu keinem der beiden gibt es ein Gegengift. Wählen Sie Ihr Gift sorgfältig aus! Und vergessen Sie nicht: Wenn ich als Tierärztin es fast geschafft hätte, meine Katze versehentlich zu vergiften, können Sie das auch. Also seien Sie bitte vorsichtig mit dem Zeug!

Sex, Drogen und Rock and Roll
9. KAPITEL

So, jetzt kommt das pikante Kapitel. Was ihre Geschlechtsorgane betrifft, sind Katzen erstaunlich unterentwickelt, also ist es kein Wunder, dass Katzenfreunde diesbezüglich so viele Fragen haben. Einmal kam eine Frau an einem unglaublich arbeitsreichen Tag mit ihrer nicht-sterilisierten Katze zu mir in die Notaufnahme. Die arme erschöpfte Besitzerin versuchte, mich davon zu überzeugen, dass mit Schnurri irgendetwas ganz und gar nicht in Ordnung sei. Schnurri schrie nicht nur ununterbrochen, sondern stellte ihrer Besitzerin nach, hielt sie nachts mit ihrem ständigen Miauen wach und lief ihr auf Schritt und tritt jammernd hinterher. Außerdem hatte Schnurri offenbar heftige Krämpfe im Rücken. Nachdem die Besitzerin 150 Dollar Notaufnahme-Gebühr bezahlt hatte, musste ich ihr eröffnen, dass sich rollige Katzen nun einmal so verhalten und wir ihren Besitzern deshalb raten, sie in den ersten sechs Monaten ihres Lebens sterilisieren oder kastrieren zu lassen. Wenn Besitzer die Folter einer jaulenden, übertrieben anhänglichen Katze ertragen müssen, die es auf nichts anderes abgesehen hat, als sich flachlegen zu lassen, lernen sie ihre Lektion in der Regel schnell und lassen sie binnen sechs Monaten sterilisieren.

Die amerikanische Fernsehmoderatoren-Legende Bob Barker und Tierärzte predigen immer wieder Sterilisation und Kastration, also finden Sie in diesem Kapitel heraus, ob sich das Krebsrisiko dadurch tatsächlich verringert. Verschaffen Sie sich einen Überblick, worauf Sie sich gefasst machen müssen, wenn es um Sex bei Katzen geht. Erfahren Sie, worauf Sie sich einlassen, wenn Ihr Kind Sie fragt, ob Ihre Katze nicht wenigstens einmal Junge bekommen darf. Falls Sie noch nicht wussten, dass weibliche Katzen einen sogenannten »ausgelösten Eisprung« haben und dass Sie womöglich mit einem Wattestäbchen an seltsamen Stellen herumstochern müssen, um Ihre Katzendame rollig zu machen, sind Sie vielleicht nicht bereit dafür, dass sie Nachwuchs bekommt. Erfahren Sie, woran man eine rollige Katze erkennt und ob sie Monatsbinden tragen muss. Finden Sie heraus, ob es feline Samenspender gibt und wo Sie einen unkastrierten Kater finden, der mit Ihrer Katze Nachwuchs zeugt. Warum bekommt man den Penis eines Katers nie zu Gesicht? Wussten Sie, dass er mit Stacheln versehen ist (der Penis Ihres Katers, nicht sein Fell)? Lesen Sie weiter und erfahren Sie, was Sache ist!

Warum ist es so schwierig, das Geschlecht einer Katze zu bestimmen?

Ich gebe es ja nur ungern zu, aber ich hatte früher große Probleme, das Geschlecht von kleinen Kätzchen zu bestimmen, auch noch während meines Tiermedizinstudiums. Das ist eine erworbene Fähigkeit. Das Geschlecht von Katzen lässt sich so schwer bestimmen, weil bei Katern kein Penis und keine

Hoden zu sehen sind. Im Gegensatz zu Rüden, bei denen der Penis sich in der Nähe des Bauchnabels befindet, sitzt er bei Katern unter dem Schwanz. Genau genommen ist ihr Penis nach innen gestülpt, wenn sie nicht gerade urinieren oder sich paaren. Manchmal ist es möglich, in seiner Nähe zwei winzige Hoden zu spüren, aber überlassen Sie das Ertasten lieber Ihrem Tierarzt, sonst wird Ihre Katze Sie für sehr, sehr seltsam halten. Wenn Sie die Unterseite Ihrer Katze unterhalb ihres Pos betrachten (oder ihres »Rektums«, wenn Sie den hochtrabenderen, wissenschaftlicheren Begriff bevorzugen), sehen Sie direkt unter dem Anus eine kleine Öffnung. Wenn diese Öffnung aussieht wie ein kleiner Punkt, dann handelt es sich um einen Jungen (und nein, er wird es nicht zu schätzen wissen, wenn Sie versuchen, seinen Penis zur Kontrolle herauszuziehen oder herauszudrücken). Wenn Sie einen etwas größeren Strich erkennen können (in den der Punkt hineinpasst, wenn Sie wissen, was ich meine), handelt es sich um ein Mädchen. Schämen Sie sich nicht, falls Sie das Geschlecht Ihrer Katze nicht bestimmen können. Wie ich bereits gesagt habe, hatte meine Wenigkeit ebenfalls Probleme mit der Geschlechtsbestimmung bei Kätzchen, also machen Sie sich keine Gedanken, wenn Sie es versuchen und dabei scheitern. Ich kenne einige Clarences, aus denen Clarissas wurden, und Heras, die jetzt Zeus heißen. Bitten Sie im Zweifelsfall Ihren Tierarzt, einen Blick darauf zu werfen. Überlassen Sie die Geschlechtsbestimmung einem Profi, und wenn selbst der zunächst nicht ganz sicher ist, dann suchen Sie sich einen geschlechtsneutralen Namen aus (oder einen neuen Tierarzt).

Warum haben Kater einen größeren Kopf?

Bei einem Kater handelt es sich um eine männliche Katze, die nicht kastriert wurde. Kater sind berüchtigt wegen ihres »markanten«, übelriechenden Urins und wegen ihres Talents, diesen überall zu versprühen. Dafür sehen sie allerdings so süß aus! Das Testosteron sorgt dafür, dass Kater große Wangenpolster bekommen, die sie größer, kräftiger und gefährlicher aussehen lassen und sie schützen sollen, wenn sie mit einem anderen Kater raufen. Leider bilden sich diese üppigen Wangen, in die man am liebsten ununterbrochen kneifen würde, nach einer Kastration wieder zurück. Wie süß Kater auch aussehen mögen, Sie sollten darauf achten, dass nicht zu viele (sprich gar keine) in Ihrem Haus, Hof oder Garten herumlungern, da sie noch *weitere* territoriale, Urin versprühende Kater anlocken und damit für einen fürchterlichen Gestank sorgen.

Stimmt es, dass Kater einen nach hinten gerichteten, stacheligen Penis haben, oder: »Warum schreien Streunerkatzen?«

Haben Sie sich jemals gefragt, warum diese verfluchten Streunerkatzen so viel Lärm machen? Dafür gibt es einen guten Grund: Kater besitzen einen nach hinten gerichteten, mit Stacheln versehenen Penis, sodass es jedes Mal Geschrei gibt, wenn einer von ihnen ein nicht-sterilisiertes Katzenweibchen ausfindig macht. Autsch! Katzen haben einen ausgelösten Eisprung (das heißt, sie benötigen eine Menge vaginale Stimulation, um ein Ei zur Empfängnis auszustoßen), und der Pe-

nis eines Katers ist darauf ausgelegt, an der inneren Scheidenwand zu kratzen, um den Eisprung herbeizuführen. Gruselig. Der Penis ist auf der gesamten Länge mit faserigen Widerhaken versehen, die das Weibchen dazu stimulieren, zu ovulieren. Um dem Ganzen die Krone aufzusetzen, sind Katzenweibchen superfekund, was bedeutet, dass sie nach mehreren (schmerzhaften) Paarungsversuchen in einem Wurf Junge von verschiedenen Vätern bekommen können.

Das Geschrei mag sich schrecklich anhören, aber Sie können sich gar nicht vorstellen, wie schmerzhaft die Angelegenheit tatsächlich ist!

Woran liegt es, dass ich den Penis meines Katers nie zu Gesicht bekomme?

Das ist gar nicht so schlecht, oder? Die Anatomie von Katzen ist ein wenig unterentwickelt, und im Gegensatz zu Hunden, deren Vorhaut in der Nähe des Nabels endet, ist der Penis von Katern unter ihrem Schwanz versteckt. Er zeigt nicht nur in die verkehrte Richtung, sondern ist von Natur aus stark gekrümmt (was ihnen beim Begatten von Katzenweibchen hilft). Offenbar sind Kater sehr diskret und zeigen ihr bestes Stück nie her – im Gegensatz zu Ihrem erregten Hund, der seinen Lippenstift gerne ausfährt (siehe mein anderes Buch, *Warum der Schwanz mit dem Hund wedelt*).

Falls Sie den Penis Ihres Katers hervorlugen sehen, ist irgendetwas ganz und gar nicht in Ordnung mit ihm, und Sie sollten umgehend tierärztlichen Rat einholen. Ein normaler Kater versteckt seinen Lümmel. Zur Einführung eines Ka-

theders müssen Kater sogar sediert werden, da sie es nicht zu schätzen wissen, wenn wir Tierärzte ihre »Krümmung geradebiegen«. Sollte der Penis Ihres Katers zu sehen sein, deutet das normalerweise auf eine Harnwegsobstruktion hin. Mit anderen Worten: Möglicherweise hat sich irgendetwas Schlimmes in der Spitze seines Penis festgesetzt (wie zum Beispiel ein Harnstein, ein Kristallklumpen oder ein Schleimpfropfen), das ihn am Urinieren hindert (siehe »Warum lecken sich Katzen zwischen den Hinterbeinen?« im 2. Kapitel). Möglicherweise hat er Schmerzen und kann nicht urinieren, und wenn Ihnen das auffällt, sollten Sie ihn sofort zum Tierarzt bringen. Wir halten Sie auch nicht für unanständig, weil Sie dort unten nachgesehen haben.

Warum markiert mein Kater?

Nichts ist schlimmer, als jemanden zu besuchen, bei dem es nach Katzenurin stinkt, nicht wahr? Gut, wahrscheinlich wäre es noch schlimmer, wenn es bei einem selbst nach Katzenurin stinkt. Aber wie spricht man seinen Gastgeber am besten darauf an? Als Tierärztin kann ich dieses unangenehme Thema leicht anschneiden, da ich mich auf meine »medizinische Kompetenz« berufen und freundlich sagen kann: »Mann, was ist denn mit deinen Katzen los? Hier stinkt's nach Pisse!« Dann holt mein Gastgeber sofort das Schwarzlicht hervor, zeigt mir den an den Wänden versprühten Katzenurin, beklagt sich darüber, dass die Katzen seiner Frau seinen ganzen Keller ruinieren, und fragt, was er bloß dagegen tun soll. Von da an laden meine Freunde mich immer häufiger ein, damit

ich ihnen mit ihrem Katzentoilettenproblem helfe. Im Austausch gegen Abendessen und Bier muss ich sie so lange piesacken, bis sie eine weitere Katzentoilette kaufen, muss ihnen zeigen, dass sie ihre eklige, übervolle Katzentoilette häufiger ausschaufeln sollen (anstatt alle zehn Tage den kompletten Inhalt in die Tonne zu kippen), muss sie anschreien, weil sie nicht genug Klumpstreu in die Toilette gefüllt haben, und muss die zusätzliche Katzentoilette für sie aufstellen. Ist die Einladung zum Abendessen das wert? Klar … für Essen (und Bier) tue ich alles.

Katzen markieren, indem sie ihr Hinterteil gegen einen senkrechten Gegenstand drücken, mit dem Schwanz zittern und dann ihren übelriechenden, konzentrierten Urin gegen Ihre frisch gestrichene Wand und auf Ihren Teppich sprühen. Das ist ihre Methode, ihre Visitenkarte zu hinterlassen und den anderen Katzen in ihrer Umgebung zu verstehen zu geben, dass das ihr Revier ist. Das ist eigentlich typisch für Kater, die in der Gegend herumstreunen, lässt sich gelegentlich aber auch bei kastrierten Katzen beobachten (in der Regel bei kastrierten Katern, manchmal markieren aber auch sterilisierte Weibchen). Sterilisierte Katzen oder kastrierte Kater, die im Haus oder in der Wohnung gehalten werden, markieren normalerweise aufgrund irgendwelcher Verhaltensprobleme: Weil zwischen Katzen in einem Haushalt Aggression herrscht, wegen schlechten Katzentoiletten-Managements (Ihre Katzentoilette ist zu schmutzig, da Ihr Ehemann den Reinigungsdienst vernachlässigt hat), weil nicht genügend Katzentoiletten vorhanden sind oder aufgrund der Anwesenheit anderer Katzen.

Falls Ihre Katze bei Ihnen zu Hause markiert, habe ich hier ein paar Tipps für Sie: Finden Sie zunächst mit Hilfe eines Schwarzlichts heraus, woher der Gestank kommt, und platzieren Sie an diesen Stellen zusätzliche Katzentoiletten. Versuchen Sie, mit Klebeband Plastikfolie an den betreffenden Stellen anzubringen, damit der Urin in eine Katzentoilette ablaufen kann; das schützt Ihre Wände und ermuntert Ihre Katze, stattdessen die Toilette zu benutzen. Säubern Sie Ihre Katzentoiletten häufiger (siehe die Informationen über Katzentoilettenhygiene im 3. Kapitel) und achten Sie darauf, ausschließlich Klumpstreu zu verwenden. Falls Ihre Katze Artgenossen außerhalb ihres Reviers beäugt, dann versperren Sie ihr die Aussicht. Wenn sie durchs Fenster andere Katzen im Freien sieht oder wenn Sie den Geruch einer anderen Katze mit nach Hause bringen, wird Ihre scharfsinnige Katze womöglich denken, eine andere Katze könnte in ihr Revier eindringen, und anfangen zu markieren – sie möchte Sie mit niemandem teilen müssen. Verhindern Sie, dass Katzen aus der Nachbarschaft in Ihren Garten kommen, indem Sie mit Ihren Nachbarn sprechen (und für Katzenhaltung im Haus oder in der Wohnung plädieren), zur Wasserspritzpistole greifen oder einen Bewegungsmelder anbringen, um sie zu verscheuchen. Konsultieren Sie einen Tiertrainer und ziehen Sie eine Drogentherapie in Erwägung, wenn alle Stricke reißen. Feliway, ein rezeptfreies Katzen-Pheromonspray, hat schon in vielen Fällen dazu beigetragen, Markieren zu unterbinden (siehe »Was ist ›Feliway‹, und wozu sind Katzen-Pheromone gut?« im 5. Kapitel). Falls all das nichts bringt, sieht es ganz so aus, als bräuchte Ihre Katze Prozac.

Gibt es Samenspender-Kater?

Es gibt tatsächlich Samenspender-Kater und Samenbanken für Katzen, doch Letztere sind in erster Linie dazu da, die genetische Vielfalt bei gefährdeten Katzenarten zu bewahren. Die Zoological Society of London hat vor ein paar Jahren eine große Samenbank aufgebaut, die dabei helfen soll, zukünftige Generationen von seltenen, vom Aussterben bedrohten Wildkatzenarten zu gewährleisten, wie etwa dem Sibirischen Tiger, dem Sumatra-Tiger und dem Amurleoparden (von dem es weltweit nur noch ungefähr 30 Exemplare gibt). Wenn es diese Samenbank nicht gäbe, würde es unter den wenigen verbliebenen Wildkatzen in Zoos eine Menge Inzucht geben. Aufgrund jüngster Fortschritte konnte auch die Effizienz künstlicher Besamung (KB) verbessert werden, sodass mit nur einer »Spende« mehrere Junge gezüchtet werden können (da es Abermillionen Spermien gibt, aber nur eines benötigt wird).

Bei unseren Hauskatzen sind Samenspender und künstliche Besamung ziemlich selten, da die meisten Züchter einen Zuchtkater benutzen (einen glücklichen unkastrierten Kater, dessen Job es ist, sich fortzupflanzen). Dank der Erfindung des Internets ist es wesentlich einfacher geworden, über Zucht-Foren herauszufinden, wo man sich einen Zuchtkater (gegen Bezahlung) »borgen« kann. Während Hundezüchter häufiger auf künstliche Besamung zurückgreifen, ist diese Methode bei Katzenzüchtern weniger verbreitet – ihre Kater haben deshalb eine Menge Spaß!

Woran erkennt man eine rollige Katze?

Nachdem Sie als Katzenbesitzer den ersten offiziellen Brunstzyklus miterlebt haben, werden Sie sofort loslaufen und Ihre
Katze sterilisieren lassen. Während des Östrus, der Brunst,
spielen die Hormone Ihrer Katze verrückt, und es ist prinzipiell die beste Zeit für sie, um trächtig zu werden. In der
Regel findet das zum ersten Mal im Alter von neun bis zehn
Monaten statt, es kann aber auch bereits mit vier Monaten erstmals so weit sein, vor allem zu Jahreszeiten, in denen es lange hell ist. Eine Katze kann diesen Zyklus alle zwei
bis drei Wochen für jeweils ein paar Tage am Stück durchlaufen und Sie damit so lange foltern, bis Sie sie sterilisieren lassen, sich paaren lassen oder zum Wattestäbchen greifen (siehe »Was hat es mit der Wattestäbchen-Methode auf
sich?« in diesem Kapitel). Sie wird ihr gesamtes Repertoire
an provokativen, aufreizenden Maschen an den Tag legen,
um ein Männchen anzulocken. Ihnen wird auffallen, dass
Ihre Katze plötzlich viel anhänglicher wird, den Kopf, Rücken und Körper an Ihren Beinen reibt, während sie Ihnen
auf Schritt und Tritt folgt. Sie wird miauen, wie Sie es noch
nie von ihr gehört haben und vielleicht sogar Urin versprühen, um männliche Kater zu ködern. Keine Sorge – der Spuk
ist nach ein paar Tagen wieder vorbei, und bis dahin ist die
Wirkung Ihres Schlafmittels womöglich ohnehin schon abge-
klungen.

Um eines klarzustellen: Wir Tierärzte sterilisieren nicht
routinemäßig rollige Katzen in der Notaufnahme, nur weil
Schnurri Sie nicht schlafen lässt. Tun Sie der Welt und sich

selbst einen Gefallen und lassen sie sie früh sterilisieren, damit sie nicht zur Katzen-Überbevölkerung beiträgt und Sie in Ruhe schlafen können. Falls Sie darüber nachdenken, mit ihr Nachwuchs zu züchten, sollten Sie sich fragen, ob es sich dafür lohnt, jeden Monat zweimal dieses Ritual mitzumachen. Oder Sie kaufen sich ein Paar gute Ohrstöpsel …

Was hat es mit der Wattestäbchen-Methode auf sich?

Bei der Recherche für dieses Buch musste ich mit Entsetzen feststellen, was alles im Internet zirkuliert. Wussten Sie, dass Sie dort zum Beispiel nachlesen können, was Sie tun müssen, um Ihre Katze zu beruhigen, wenn sie rollig ist? Die einfache, von Tierärzten empfohlene Methode ist die, sie sterilisieren zu lassen, aber Sie können Ihre Katze tatsächlich während ihres Brunstzyklus beschwichtigen. Im Internet kursieren detaillierte (zu detaillierte, wenn Sie mich fragen) Beschreibungen, wie Sie die Vagina Ihrer Katze mit einem Wattestäbchen stimulieren können, damit sie aufhört, nach Liebe zu schreien. Da Katzen einen ausgelösten Eisprung haben, stößt Ihre Katze nur dann ein Ei aus, wenn sie physisch stimuliert wird (was einer der Gründe dafür ist, dass sich am Penis eines Katers Widerhaken befinden). Nachdem sie stimuliert wurde, endet ihr Brunstzyklus schnell. Ohne Stimulation endet der Zyklus *letztendlich* nach ein paar qualvollen Tagen (mit Geschrei, Fluchtversuchen, um Liebe zu finden, und ständigem Beachtet-werden-wollen), um ein paar Wochen später wieder von vorne zu beginnen. Ich werde die Details der Wattestäbchen-Methode hier nicht nennen, doch dank Google finden Sie tat-

273

sächlich alle Informationen, die Ihr Herz begehrt, so anschaulich abgebildet, wie Sie es sich wünschen.

Ist eine »Sterilisation« dasselbe wie eine »Hysterektomie«?

Wir Tierärzte haben schon alles gehört. Lassen Sie mich ein paar Dinge für Sie klarstellen, da die Terminologie ziemlich verwirrend sein kann, was vor allem daran liegt, dass Tierärzte manchmal andere Begriffe verwenden als Humanmediziner. Sie bringen Lizzie entweder für das Substantiv, eine »Ovariohysterektomie«, in die Tierklinik, oder für das Verb, um sie »sterilisieren« zu lassen. Ich bekomme oft Sachen zu hören wie: »Ich glaube, sie wurde schon stilisiert.« *Ehrlich.*

Wir führen in der Regel eine Ovariohysterektomie durch, bei der beide Eierstöcke sowie fast die gesamte Gebärmutter entfernt werden, sodass nur noch der Gebärmutterhals verbleibt. Bei einer Hysterektomie wird nur die Gebärmutter entfernt, während die Eierstöcke im Unterleib verbleiben. Das verhindert zwar unerwünschte Trächtigkeit, Lizzie ist aber trotzdem weiterhin den hormonellen Auswirkungen von Östrogen und Progesteron ausgesetzt, die von den nach wie vor vorhandenen Eierstöcken produziert werden. Da diese Hormone zu einem erhöhten Milchdrüsenkrebs-(Brustkrebs-)Risiko führen, empfehlen wir diesen Eingriff in der Regel nicht. Eine andere Option ist, nur die Eierstöcke zu entfernen (und die Gebärmutter im Körper zu belassen); das wird als Ovarektomie bezeichnet und in der Veterinärmedizin nur äußerst selten, wenn überhaupt, durchgeführt. Nach der Entfernung der

Eierstöcke werden zwar keine Hormone mehr produziert, aber man kann ebenso gut gleich die ganze Installation entfernen, wenn man schon einmal an Ort und Stelle ist.

Bedeutet »sterilisieren« dasselbe wie »kastrieren«?

Sterilisieren bedeutet, ein Tier »unfruchtbar« zu machen.[1] Obwohl der Begriff »kastrieren« sowohl bei Männchen als auch bei Weibchen benutzt werden kann, wird er gewöhnlich mit männlichen Tieren assoziiert. Offenbar veranlasst das Wort »Kastration« Männer dazu, zu anthropomorphisieren und mit ihrer Katze fluchtartig die Tierklinik zu verlassen, was zur Folge hat, dass auf dieser Welt mehr fortpflanzungsfähige Katzen herumlaufen als nötig. Ganz egal, welchen Begriff Sie benutzen, bei einer Kastration oder Sterilisation bleiben der Penis, die penile Harnröhre und das Skrotum unangetastet und unversehrt, und es werden nur beide Hoden aus dem Skrotum entfernt.

Die Kastration von Katern unterscheidet sich von Hassos Kastration. Bei Ihrem Kater Max machen wir einen kleinen Einschnitt auf der Oberseite des Skrotums und entfernen vorsichtig beide Hoden, lassen das Skrotum und den Penis aber ansonsten unversehrt (keine Sorge – das kleine Säckchen verheilt wieder und schrumpft zusammen). Wenn wir Ihren Hund Hasso kastrieren, machen wir einen kleinen Einschnitt unmittelbar *vor* dem Skrotum und entfernen die Hoden durch diesen Einschnitt (indem wir sie aus dem Skrotum nach vorne schieben). Da bei Hunden Einschnitte im Skrotum weniger gut verheilen, gehen wir bei ihnen etwas anders vor. Auf jeden

Fall werden Sie, Max und Hasso nach ein paar Tagen kaum noch merken, dass überhaupt etwas passiert ist.

Der Vorteil daran, Max zu kastrieren, ist der, dass er nach ein paar Tagen oder Wochen seine unangenehmen Männer-Angewohnheiten verliert (wie das Markieren mit konzentriertem, übelriechendem Urin an Ihren Wänden), aber auch seine süßen Pausbacken, in die Sie ihn am liebsten ständig kneifen würden. Die gute Nachricht lautet, dass Max in Zukunft weniger aggressiv sein, weniger masturbieren und weniger markieren wird und dass Sie gleichzeitig etwas gegen die weitere Erhöhung der Katzen-Überbevölkerung tun. Leider wird sich nach der Kastration sein Stoffwechsel verlangsamen, also sollten Sie unbedingt darauf achten, ihm weniger zu füttern, nachdem er sich von dem Eingriff erholt hat.

Masturbieren Katzen?

Ja, Katzen masturbieren oder »trockenpoppen«, wie wir Tierärzte es im Scherz nennen. Wenn Sie feststellen, dass Ihre Katze in eine Decke beißt, sie mit den Vorderpfoten knetet (»Muffins macht«) und dabei die Hüften schwingt, haben Sie sie vermutlich gerade beim Masturbieren ertappt. Was sie tut, unterscheidet sich ziemlich stark von normalem Wolle-Nuckeln und Muffins-Machen (siehe »Warum nuckelt meine Katze an meinem Kaschmir-Pullover?« im 3. Kapitel und »Was geht in meiner Katze vor, wenn sie mit den Pfoten meine Decke durchknetet?« im 4. Kapitel), da Sie beim »Trockenpoppen« ein glücklicheres Grinsen und einen stärkeren Hüftschwung feststellen werden. Glücklicherweise sollte Ihr kas-

trierter Kater nichts produzieren, also brauchen Sie sich keine Sorgen um Großmutters antike Steppdecke zu machen. Da selbst kastrierte Katzen hin und wieder masturbieren, besteht kein Grund zur Beunruhigung.

Gibt es Geschlechtsumwandlung bei Katzen?

Unter Umständen ist Ihnen das schon einmal zu Ohren gekommen, doch wir Tierärzte nennen es normalerweise nicht so (da es nicht ganz zutreffend ist). In der Veterinärmedizin wird in der Regel keine vollständige Penisamputation durchgeführt. Manchmal muss eine Damm-Urethrostomie vorgenommen werden, falls Ihr Kater zu häufigen Harnwegsobstruktionen neigt (siehe »Warum lecken sich Katzen zwischen den Hinterbeinen?« im 2. Kapitel). Das ist keine Penisamputation oder Geschlechtsumwandlung, sondern dient der Erweiterung der Urethra (der Röhre zwischen der Blase und der Penisspitze), damit Ihr Kater Steine und Kristalle und dergleichen in Zukunft herauspinkeln kann. Keine Sorge, Tiger ist anschließend trotzdem noch ein Junge.

Mindert Sterilisation das Krebsrisiko bei Katzen?

Im Zweifelsfall sollten Sie Ihre Katze lieber früher als später sterilisieren lassen. Eine kürzlich durchgeführte Studie hat gezeigt, dass Katzen, die vor dem sechsten Lebensmonat sterilisiert wurden, ein um 91 Prozent geringeres Brustkrebsrisiko hatten als nicht-sterilisierte Weibchen.[2] Diese Studie hat außerdem nachgewiesen, dass mehrere Würfe das Krebsrisi-

ko nicht verringern – im Gegensatz zu mehreren Schwangerschaften bei Menschen. Lassen Sie Ihre Katze also sterilisieren, bevor sie ein Jahr alt wird, um das Krebsrisiko zu verringern *und* um etwas gegen die Katzen-Überbevölkerung zu tun. Tierärzte sind auch deshalb so darauf bedacht, dass Sie Ihre Katze sterilisieren lassen, weil das ihr Krebsrisiko insgesamt verringert; während bei Hündinnen das Risiko, dass Knoten in der Brust nicht gutartig, sondern bösartig sind, bei 50 Prozent liegt, sind bei Katzen 90 Prozent der Knoten in der Brust bösartig – mit anderen Worten: Brustkrebs bei Katzen ist besonders aggressiv. Wenn Sie Ihrer Katze den Bauch streicheln und dabei Knoten in der Nähe der funktionsunfähigen Brustwarzen spüren, sollten Sie unbedingt sofort mit ihr zum Tierarzt gehen, um sich zu vergewissern, dass es sich nicht um Brustkrebs handelt.

Kater haben nur selten Prostatakrebs oder andere Prostataprobleme. Zum einen besitzen sie im Vergleich zu Rüden oder Männern eine winzige, verkümmerte Prostata, die ihnen viel seltener Probleme beschert als ihren caninen und menschlichen Pendants. Zum anderen bekommen wir Tierärzte nicht viele gut umsorgte, unkastrierte Kater zu Gesicht (da diese meistens verwildert sind und auf der Straße umherstreunen), sodass die Statistiken verzerrt sind. Oder anders formuliert: Womöglich ist Prostatakrebs bei diesen Katern sehr häufig, was sich jedoch kaum überprüfen lässt, da sie aufgrund des harten Lebens auf der Straße und ihren seltenen Besuchen beim Tierarzt nur eine geringe Lebenserwartung haben. Glücklicherweise sind Prostata- und Hodenkrebs bei Katern ziemlich selten. Da allerdings auch Kater in seltenen Fällen an

Brustkrebs erkranken können, sollten Sie etwaige Knoten im Zweifelsfall unbedingt kontrollieren lassen.

> Ich möchte, dass meine Katze einmal Junge bekommt, um meinem Kind das Wunder des Lebens zeigen zu können – was muss ich dabei beachten?

Sie möchten einen Teil des Geldes wieder hereinbekommen, das Sie für Ihre reinrassige Perserkatze hingelegt haben, oder Ihren Kindern das Wunder des Lebens demonstrieren? Leihen Sie sich ein Video aus. Sie denken womöglich, es wäre ein Spaß, Ihre Katze einen Wurf haben zu lassen, aber um diesen Wurf anschließend großzuziehen, müssen Sie finanziell, emotional und physisch eine Menge investieren. Für einen durchschnittlichen Wurf sind folgende Aufwendungen nötig:

- Die Kosten für eine tierärztliche Untersuchung der Mutter (um sicherzustellen, dass sie gesund, vollständig geimpft, FeLV- und FIV-negativ, blutgruppentypisiert und entwurmt ist und kein Herzgeräusch oder irgendwelche anderen angeborenen/ererbten Krankheiten hat, deren Weitervererbung Sie aus ethischen Gründen nicht verantworten könnten).
- Die Kosten für einen Zuchtkater.
- Die Kosten für die ersten Impfungen und die Entwurmung des gesamten Wurfs.
- Die Kosten für Milchersatz und Katzenfutter.
- Schlaf, da Sie alle ein bis zwei Stunden aufstehen müssen, um die Kätzchen während der ersten zwei bis drei Wochen

mit der Flasche zu füttern, falls die Katzenmutter sie ablehnt.

- Ein sauberer, warmer und isolierter Bereich für die Aufzucht.
- Die Kosten für eine Heizlampe und Heizkissen.
- Die Tierarztkosten im seltenen Fall, dass die Katzenmutter einen Kaiserschnitt braucht (etwa 500 bis 900 Euro).
- Die Kosten für Inserate zum Verkauf der Kätzchen oder die Zeit, die nötig ist, um ein Heim für sie zu finden.

Das Wunder des Lebens aus nächster Nähe mitzuerleben, hat nicht nur schöne Seiten. Außerdem sollten Sie bedenken, dass jedes Jahr Millionen von Tieren eingeschläfert werden, weil kein Zuhause für sie gefunden werden kann. Bitte ziehen Sie all das in Erwägung, bevor Sie Ihre Katze Junge haben lassen. »Züchten oder kaufen Sie nicht, wenn Tiere ohne Zuhause sterben müssen!«[3] Wenn Sie trotzdem das Wunder des Lebens miterleben möchten, bieten sich Ihnen einige tierfreundliche Alternativen. Überlegen Sie sich, ob Sie nicht eine trächtige Katze aus einem Tierheim oder von einer Rettungsorganisation bei sich aufnehmen möchten. Diese Einrichtungen suchen immer nach Pflegeeltern, die vierbeinigen Müttern kurz vor der Niederkunft ein natürlicheres »Heim« bieten. Unter Umständen können Sie auf diese Weise die Geburt bei sich zu Hause miterleben, wobei viele Leute diesen Zeitpunkt letztendlich verpassen: Da Katzen sehr diskrete Wesen sind und keine große Show abziehen möchten, kann es durchaus passieren, dass Sie ins Kino gehen und bei Ihrer Rückkehr sechs neugeborene Kätzchen vorfinden. Glücklicherweise werden

Ihre Kinder nicht enttäuscht sein, wenn sie das »Spektakel« verpasst haben, weil sie allein beim Anblick der Neuankömmlinge völlig aus dem Häuschen sein werden!

Gibt es Inzucht bei Raubkatzen?

Hoffentlich sind verwilderte, unkastrierte Streunerkater in Ihrer Gegend kein allzu verbreitetes Problem, aber Sie sollten bedenken, dass ein Kater Unmengen von Nachwuchs produzieren kann – ihm geht es nur um Fortpflanzung und die Weitergabe seiner Gene, nicht um die Folgen von Inzucht. Falls seine Nachkommen die einzigen nicht-sterilisierten Streunerkatzen in der Umgebung sind, dann raten Sie einmal, mit wem er »spielen« wird. Wahrscheinlich mit seiner eigenen Tochter oder sogar mit seiner eigenen Mutter (Igitt!). Das trägt dazu bei, dass es immer mehr Inzucht-Katzen gibt.

Dasselbe passiert auch bei Raubkatzen. Nachdem bestimmte Arten vom Aussterben bedroht sind und es immer weniger Artgenossen zur Paarung gibt, kommt es leider immer häufiger zu Inzucht (und Sie dachten, Sie hätten es schwer mit dem verfügbaren Dating-Pool). Vor einem Jahrzehnt stand der Florida-Panther kurz vor dem Aussterben. Da der genetische Pool zur Fortpflanzung immer kleiner wurde, kam es bei dieser Panther-Art zu Inzucht und zu Herzfehlern, hoher Jungtier-Sterblichkeit und niedriger Spermienzahl. Daraufhin wurde ein umstrittener Zuchtplan umgesetzt, und obwohl einige Schwarzmaler menschliches Eingreifen kritisierten, wurde der genetische Pool zur Fortpflanzung mit Hilfe von Texas-Panthern erweitert. Die daraus entstandenen Hybriden (Mi-

schungen aus beiden Arten) hatten eine geringere Sterblich-
keitsrate und weniger angeborene Defekte und trugen dazu
bei, durch die Erweiterung des genetischen Pools den Pan-
ther-Bestand wieder zu vergrößern.

Stimmt es, dass viele Raubkatzen in Zoos mit dem
felinen Immundefizienzvirus infiziert sind?

Die verschiedenen Katzen-Familien können alle von Viren
betroffen sein, und zwar unabhängig davon, wie klein oder
groß sie sind. Von viralen Infektionskrankheiten wie feliner
Panleukopenie, feliner Leukämie, feliner infektiöser Peritonitis und feliner Immundefizienz sind nicht nur unsere Hauskatzen betroffen, sondern auch Raubkatzen wie zum Beispiel
Löwen. Selbst Staupe kann Raubkatzen befallen! Aller Wahrscheinlichkeit nach sind die meisten Löwen, die Sie im Zoo zu
sehen bekommen, mit FIV (dem felinen Äquivalent zu HIV
beim Menschen) infiziert und haben sich auf dieselbe Weise angesteckt wie unsere domestizierten Katzen: durch Blut-
oder Speichelübertragung. Während bei FIV-positiven Hauskatzen eine verkürzte Lebenserwartung, erhöhte Krankheits-
anfälligkeit, chronische Zahnfleischerkrankungen und Gewichtsabnahme zu beobachten sind, scheinen viele Löwen das
Virus in sich zu tragen, ohne davon klinisch betroffen zu sein.
Sie brauchen sich allerdings keine Sorgen zu machen – Sie
können sich weder bei Ihrer Katze noch bei einem Löwen im
Zoo anstecken.

Kann ich mich bei meiner Katze mit Herpes anstecken?

Hat Ihr Tierarzt bei Ihrem neuen Kätzchen das Herpesvirus diagnostiziert? Bevor Sie ausflippen oder Ihren Freund beschuldigen, sollten Sie wissen, dass feliner Herpes für Sie nicht ansteckend ist – nur für Ihre anderen Katzen. Vermutlich hat sich Ihre Katze das Virus im Tierheim von einer anderen niesenden Katze geholt. Das feline Herpesvirus gehört derselben Familie an wie das Virus, das Ihnen lästige Fieberbläschen an den Lippen beschert. Bei Katzen gehört Herpes zu den zahlreichen Viren, die Infektionen der oberen Atemwege auslösen und Symptome wie Niesen, eine laufende Nase und tränende Augen verursachen. In schweren Fällen kann das Herpesvirus auch zu Hornhautgeschwüren in den Augen und zu Geschwüren im Mundraum führen.

Sie waren soeben im Katzensalon? Sie kommen gerade aus dem Tierheim zurück? Sie waren in der Tierklinik? Sie haben zu viele Katzen in Ihrem Haushalt? All diese Dinge sind für Ihre vierbeinigen Freunde äußerst stressig, und das geben Sie Ihnen zu verstehen, indem sie wiederholt niesen. Unter Stress bricht das Virus wieder aus, was bedeutet, dass die entsprechenden Symptome auftreten. Da Herpes eine Viruserkrankung ist, muss er normalerweise nicht mit Antibiotika behandelt werden, es sei denn, der Nasenschleim Ihrer Katze hat eine grünliche Färbung, was auf eine zusätzliche bakterielle Infektion hindeutet. Leider können sich andere Katzen in Ihrem Haushalt mit Herpes anstecken, und im Handumdrehen werden alle – Sie eingeschlossen – nicht mehr mit dem Stress zurechtkommen!

Leider gibt es kein Heilmittel gegen das Herpesvirus, daher ist eine unterstützende Behandlung der Symptome nötig. Achten Sie darauf, Charlies Augen- und Nasenabsonderungen wegzuwischen, seine Nasenlöcher von festgetrocknetem Schleim zu befreien und ihm schmackhafte Leckerlis zu füttern. Da Katzen nicht fressen, was sie nicht riechen können, nützt es unter Umständen, wenn Sie sein Dosenfutter für ein paar Sekunden in die Mikrowelle stellen, um den penetranten Lebergeruch durch Erwärmen zu intensivieren und Charlie zum Fressen zu animieren. Eventuell können Sie Charlie sogar mit ins Badezimmer nehmen, wenn Sie duschen; nehmen Sie ihn aber nicht mit *unter* die Dusche – holen sie ihn nur zu sich ins Badezimmer. Der heiße Dampf trägt dazu bei, dass seine Nase wieder frei wird. Falls all diese Tricks nichts nützen, sollten Sie sich bei Ihrem Tierarzt nach antiviralen Medikamenten, Lysin (eine Aminosäure, die gegen Infektionen der oberen Atemwege hilft) oder im absoluten Notfall nach Antibiotika erkundigen.

Warum bekommen Katzen gerne einen Klaps auf den Steiß?

Sowohl Katzen als auch Kater genießen es, einen Klaps auf den Steiß zu bekommen, auch wenn sie sterilisiert oder kastriert sind. Womöglich werden Sie feststellen, dass Ihre Katze den Rücken krümmt, den Schwanz in die Luft streckt und nach mehr verlangt. Ist Ihre Katze etwa pervers veranlagt, oder steht sie auf sterilisiertes S&M? Dass rolligen Katzen das gefällt, ist bekannt (es ist ihre Methode, um ihre Genitalien her-

zuzeigen und Männchen zu anzulocken), aber mir ist aufgefallen, dass beide Geschlechter gerne einen Klaps auf den Steiß bekommen. Vermutlich ist Ihre Katze trotz ihrer Gelenkigkeit nicht in der Lage, sich am hintersten Teil des Rückens zu kratzen, und durch die Klapse bekommt diese Stelle die dringend benötigten liebevollen Berührungen.

Sind Kätzchen aus einem Wurf eineiige oder mehreiige Mehrlinge?

Auch wenn die geretteten Tierheim-Kätzchen aus einem Wurf alle gleich aussehen, handelt es sich bei ihnen vermutlich nicht um eineiige, sondern um mehreiige Mehrlinge. Eineiige Zwillinge (oder Mehrlinge) entstehen dann, wenn sich ein (von einer Spermie) befruchtetes Ei in zwei (oder mehr) Embryos aufspaltet, was zum selben Erbgut bei allen Kätzchen führt (sozusagen Mutter Naturs Klone). Kätzchen aus ein und demselben Wurf sind aller Wahrscheinlichkeit nach aus unterschiedlichen Eiern und Spermien entstanden. Falls sich die Katzenmutter mit verschiedenen Katern gepaart hat (böses Mädchen), könnte sie sogar bei einem Wurf Kätzchen von verschiedenen Erzeugern bekommen. Glücklicherweise macht sie keine Unterschiede und liebt alle gleichermaßen. Nur ein DNA-Test würde offenbaren, welcher Vater welches Kätzchen gezeugt hat, und ich bezweifle, dass sich eine Katze in eine Nachmittags-Talkshow begeben würde, um die Wahrheit zu erfahren.

Muss ich meine Katze hergeben, wenn ich schwanger werde?

Nein! Was auch immer Ihr Hausarzt sagt, Sie brauchen Ihre Katze nicht herzugeben, nur weil Sie schwanger sind. Katzen sind Überträger des ansteckenden einzelligen parasitären Organismus *Toxoplasma*, aber nur selten selbst davon betroffen – sie geben ihn nur weiter. Fast ein Drittel aller Erwachsenen in den Vereinigten Staaten und etwa 40 Prozent aller Erwachsenen in Deutschland besitzen Antikörper gegen *Toxoplasma*, was bedeutet, dass sie diesem Parasiten ausgesetzt waren, sich aber dadurch keine aktive Infektion zugezogen haben. Die drei häufigsten Möglichkeiten, um mit *Toxoplasma* in Berührung zu kommen oder davon betroffen zu sein, sind (a) die Übertragung von der schwangeren Mutter zu ihrem ungeborenen Kind während der Schwangerschaft (was ziemlich selten vorkommt), (b) der Umgang mit oder der Verzehr von halbgarem oder rohem Fleisch von infizierten Tieren (wie Wild-, Lamm- oder Schweinefleisch) oder (c) das Inhalieren oder die Ingestion der Oozyste (ein frühes Entwicklungsstadium von *Toxoplasma*)[4] durch Kontakt mit Erdreich und Streu oder Sand (aus der Toilette Ihrer Katze oder wenn Sie im Sandkasten Ihrer Kindern spielen). Letzteres kommt besonders häufig vor, wenn Sie in einer Gegend wohnen, in der Streunerkatzen ihre Exkremente in Ihrem Garten oder im Sandkasten Ihrer Kinder verscharren – ein weiterer Grund, weshalb ich dafür plädiere, Katzen in der Wohnung oder im Haus zu halten.

Ein Toxoplasmose-Risiko besteht vor allem für schwangere Frauen und immunsupprimierte Personen (ältere Men-

schen, Kinder, Lupus- und AIDS-Kranke sowie Chemothe-rapie-Patienten). Leider zählen zu den Symptomen Fehlge-burten, mentale Retardierung, Gehörlosigkeit, Blindheit und in seltenen Fällen der Tod. Frauen sollten ihr Blut vor (oder während) einer Schwangerschaft auf *Toxoplasma gondii* tes-ten lassen, denn wenn sie bereits seropositiv sind (mit anderen Worten: falls der Bluttest ein positives Ergebnis liefert), be-steht bei ihnen *kein* Risiko, dass sie sich während der Schwan-gerschaft eine akute Primärinfektion zuziehen. Ein positives Testergebnis ist in diesem Fall also ausnahmsweise einmal eine gute Nachricht! Es bedeutet, dass die Betreffende bereits ge-schützt und ihr Immunsystem mit Antikörpern zur Bekämp-fung bewaffnet ist. Frauen mit einem negativen Testergebnis sind stärker gefährdet, da das bedeutet, dass sie bislang *Toxo-plasma* noch nicht ausgesetzt waren (und deshalb auch nicht über schützende Antikörper verfügen). Negativ getestete Frau-en dürfen während der Schwangerschaft auf keinen Fall mit *Toxoplasma* in Berührung kommen.

Toxoplasma-Oozysten brauchen über 24 Stunden, um zu »reifen« und für den Menschen infektiös zu werden, deshalb hilft tägliches Säubern der Katzentoilette, um diesem Problem vorzubeugen. Falls Sie schwanger sind, ist es angesichts dessen sicherer, wenn Sie die Katzentoilette während Ihrer Schwan-gerschaft ein oder zwei Mal am Tag sauber machen oder – noch besser – den Toilettendienst für die kommenden neun Monate Ihrem Partner übertragen. Das trägt zur Sicherheit aller Beteiligten bei. Überraschenderweise sind einige Tier-ärzte und Katzenbesitzer trotz jahrzehntelangem, intensivem Kontakt mit Katzen nicht seropositiv, was daran liegen kann,

dass sie den Parasiten nicht ausgesetzt waren, dass ihre Katzen ihnen nicht ausgesetzt waren oder dass sie in Bezug auf Katzentoiletten extrem auf Sauberkeit achten.

Anstatt Ihre Katze herzugeben, können Sie sich ganz einfach vor *Toxoplasma* schützen, indem Sie darauf achten, dass Sie sich die Hände sorgfältig mit Seife und Wasser waschen, nachdem Sie mit Katzenstreu, Erde, Sand, Kompost oder Fleisch hantiert haben. Außerdem sollten Sie sichergehen, dass Sie Gemüse aus Ihrem Garten gründlich waschen, bevor Sie es essen, und Wasser aus unbekannten Quellen (zum Beispiel beim Zelten) unbedingt abkochen. Die Zubereitung von Fleisch bei einer Temperatur von über 66 Grad tötet *Toxoplasma* ab. Lassen Sie Ihre Katze nicht ins Freie, weil sie bei der Jagd auf Ungeziefer am ehesten mit Toxoplasmose in Berührung kommt. Außerdem sollten Sie den Sandkasten Ihrer Kinder abdecken, wenn sie nicht darin spielen, um Katzen davon abzuhalten, darin ihr Geschäft zu verrichten (Sandkästen sehen nämlich aus wie eine große Katzentoilette, wenn Sie es unbedingt wissen möchten). Grundsätzlich sollten Sie sowohl mit Ihrem Tierarzt als auch mit Ihrem Hausarzt über mögliche zoonotische Krankheiten sprechen (die vom Tier zum Menschen übertragen werden können). Daneben gibt es viele Quellen im Internet, die tolle Informationen liefern, welche Vorsichtsmaßnahmen Sie sonst noch ergreifen können (siehe Quellenverzeichnis).[5]

Werden meine Katze und mein Baby sich verstehen?

Katzen haben ein unterschiedliches Bedürfnis nach Aufmerksamkeit und sind nicht alle gleich eifersüchtig, aber ich rate Katzenbesitzern trotzdem immer, ihre Vierbeiner vorsichtig an ihr Neugeborenes zu gewöhnen. Ich habe schon viele Erfolgsgeschichten gehört, und ich habe beobachtet, wie gut sich mein kleiner Neffe und sein Kater Elliot miteinander verstehen. Ich bin wirklich erstaunt, wie gut Elliot sich auf den zweibeinigen Knirps eingestellt hat und ihm erlaubt, dass er über ihn klettert, ihn am Fell zieht und sich manchmal sogar auf ihn setzt. Gott segne sie, diese vierbeinigen (okay, und auch diese zweibeinigen) Kreaturen!

Während Ihrer Schwangerschaft (und bevor Sie Ihr Neugeborenes nach Hause bringen) gibt es vieles, was Sie tun können, um Ihrer Katze dabei zu helfen, sich an die merkwürdigen Gerüche zu gewöhnen, die Ihr Baby von sich geben wird. Positionieren Sie zunächst ein paar von den Spielzeugen, die Sie benutzen werden, und Ihren Kinderwagen im Haus oder in der Wohnung. Schalten Sie die (wenn wir ehrlich sind, etwas plärrige) Spieluhr schon mal an, damit sich Ihre Katze an die neuen Geräusche gewöhnen kann. Spielen Sie ein Baby-Video mit Gebrüll ab, um sie auf das lautstarke Geschrei vorzubereiten, das Ihre vier Wände in Zukunft ununterbrochen erzittern lassen wird (Sie Glückspilz!). Es empfiehlt sich auch, dass Sie eine Decke mit dem Geruch Ihres Babys aus dem Krankenhaus mitnehmen, bevor Sie Ihr Baby nach Hause bringen. Lassen Sie Ihre Katze an diesem Geruch schnuppern und ihn inspizieren. Am wichtigsten ist jedoch, dass Sie ihr auch in

Gegenwart Ihres Babys nach wie vor dasselbe Maß an Aufmerksamkeit zukommen lassen, damit sie nicht eifersüchtig wird oder sich übergangen fühlt. Hoffentlich wird Ihre Katze lernen, Ruhe und angenehme Gefühle mit den Babygerüchen und dem Neugeborenen zu assoziieren.

Nebenbei bemerkt, sollten Sie Ihr Zuhause gewissenhaft baby- und katzensicher machen. Schnuller, essenverkrustete Baby-Lätzchen und Baby-Spielzeuge können leicht verschluckt werden und in den Gedärmen Ihrer Katze stecken bleiben. Sobald Ihr Kleinkind anfängt zu laufen, wird es aller Wahrscheinlichkeit nach versuchen, Ihre Katze zu fangen. Lassen Sie Ihre Katze nach Möglichkeit nicht mit Ihrem Neugeborenen oder Ihrem Kleinkind unbeaufsichtigt. Vermutlich wird Ihre Katze Reißaus nehmen, doch sobald Ihr Kleinkind laufen lernt, wird es für Ihre Katze schwieriger, ihm zu entwischen. Deshalb empfehle ich ein kindersicheres Zimmer. Reservieren Sie einen Raum, der mit einem Baby-Schutzgitter versperrt ist, für Ihre Katze, damit sie dem Am-Schwanz-Ziehen und den »liebevollen Berührungen« entfliehen kann. Da das unschuldige Ziehen am Schwanz oder an den Ohren böse Kratzer und Bisse zur Folge haben kann, sollten Sie stets zur Stelle sein, um potentiell gefährliche Situationen rechtzeitig zu entschärfen.

Tierarzt und Haustier
10. KAPITEL

Dieses Buch kann sicher nicht alle Ihre veterinärmedizinischen Fragen beantworten, wird Ihnen aber hoffentlich dabei helfen, den richtigen Tierarzt für Ihre Katze zu finden. In diesem Kapitel befassen wir uns mit einigen ehrlichen Fragen, deren Antworten Sie zwar interessieren, die Sie sich Ihrem Tierarzt aber nicht zu stellen trauen. Finden Sie heraus, weshalb Katzen nicht an Borreliose erkranken, die Herzwurmerkrankung bei ihnen allerdings immer häufiger wird. Erfahren Sie, welche Nebenwirkungen bestimmte Impfstoffe haben und wie oft Sie Ihre Katze *wirklich* impfen lassen sollten. Finden Sie außerdem heraus, ob Sie mit Ihrer Katze jemals wieder zum Tierarzt müssen, wenn Sie sie ausschließlich im Haus oder in der Wohnung halten. (Ja, Sie müssen.)

Für die ausgewogenen Mehr-Arten-Haustierbesitzer unter Ihnen habe ich einen großen Teil dieser Informationen bereits in *Warum der Schwanz mit dem Hund wedelt* zusammengetragen. Sie sind allerdings so wichtig, dass ich sie unbedingt auch Katzenliebhabern zugänglich machen wollte. Sie möchten wissen, welche Voraussetzungen man braucht, um Tierarzt zu werden? Stimmt es, dass es schwieriger ist, einen Tiermedizin-

Studienplatz zu bekommen als einen Humanmedizin-Studienplatz? In den Vereinigten Staaten ebenso wie in Deutschland sind heutzutage über 70 Prozent der Absolventen Frauen.[1] Warum? Erfahren Sie, welche Unterschiede zwischen Ihrem Hausarzt, Ihrem Tierarzt und Ihrem Fachtierarzt bestehen. Dieses Kapitel nimmt Sie mit hinter die Kulissen der sieben- bis 13-jährigen Ausbildung, die Ihr Tierarzt durchlaufen musste, um Ihnen sagen zu können, ob Ihre Katze pupst, warum Ihre Katze Sie attackiert, wenn Sie ihr den Bauch streicheln, und ob es in Ordnung ist, wenn Sie Ihrer Katze die Krallen entfernen lassen. Erfahren Sie jedoch vor allem, was Sie nach Ansicht Ihres Tierarztes wissen sollten, um ein gut informierter Haustierbesitzer zu sein. Lassen Sie sich erklären, wie Sie den besten Tierarzt für sich und Ihren Liebling finden und welche Fragen Sie stellen sollten, um sicherzugehen, dass Ihr flauschiger vierbeiniger Freund in den besten Händen ist! Ihr Tierarzt wünscht sich, dass Sie ein möglichst gut informierter Katzenbesitzer sind, und wenn Sie sich Wissen aneignen, können Sie am besten mit Ihrem Tierarzt zum Wohl der Gesundheit Ihrer Katze zusammenarbeiten. Sie bekommen nicht jeden Tag von einem Tierarzt ehrliche Auskunft über Ihre Katze und deren Gesundheitszustand – deshalb können Sie es sich nicht leisten, nicht zuzuhören.

Die Fahrt zum Tierarzt macht meiner Katze arg zu schaffen – braucht sie in Zukunft nicht mehr geimpft zu werden, wenn ich sie von jetzt an nicht mehr ins Freie lasse?

Wenn die Fahrten zum Tierarzt Ihrer Katze arg zu schaffen machen, heißt das nicht, dass Sie tierärztliche Routineuntersuchungen streichen können. Ob Sie es glauben oder nicht, es ist unerlässlich, dass Sie Ihre Katze einmal im Jahr untersuchen lassen. Auf diese Weise kann Ihr Tierarzt gesundheitliche Probleme anhand von Informationen, die Sie liefern (wie zum Beispiel Gewichtsabnahme und übermäßiges Trinken oder Urinieren), und den Ergebnissen der klinischen und ärztlichen Untersuchung (wie das Abtasten nach Nierenschrumpfungen oder Schilddrüsenknoten) viel früher erkennen, als Sie denken. Das wird besonders wichtig, wenn Ihre Katze ein mittleres Alter erreicht (acht bis neun Jahre) oder aufs Greisenalter zugeht (ab 14 Jahren) und das Risiko von Nierenversagen, Hyperthyreose, entzündlichen Darmerkrankungen und Krebs zunimmt. Falls die Fahrt zum Tierarzt Ihrer Katze tatsächlich *so* zu schaffen macht, sollten Sie vorher bei ihm anrufen und ihn nach Beruhigungsmitteln fragen (wie zum Beispiel Acepromazin oder Butorphanol), um den Ausflug für alle Beteiligten (Sie, Ihren Tierarzt und Ihre Katze) angenehmer zu gestalten.

Alljährliche Untersuchungen können mit der Zeit teuer werden, doch es besteht die Möglichkeit, dass Sie zusammen mit Ihrem Tierarzt ein Impfprotokoll erarbeiten, das auf Sie und Ihre Katze zugeschnitten ist, damit Sie nicht jedes Jahr für Impfungen bezahlen müssen, die gar nicht erforderlich sind.

Aufgrund der (äußerst seltenen) Nebenwirkungen von Impf-stoffen spreche ich mit allen Katzenbesitzern, die zu mir kom-men, über deren individuelle finanzielle Möglichkeiten und erkundige mich, mit welchen anderen Tieren Ihre Katze in Kontakt kommt. Falls eine Katze ein paar Jahre lang die ge-samte Palette jährlicher Impfungen bekommen hat, empfehle ich in der Regel, sie einmal im Jahr *untersuchen* zu lassen, aber nur alle zwei bis drei Jahre impfen zu lassen, je nachdem, wel-chen Gefahren sie ausgesetzt ist (siehe unten, »Wie viele Imp-fungen braucht meine Katze wirklich?«). Suchen Sie sich ei-nen Tierarzt, der auf Ihre Bedürfnisse eingeht – falls er das nicht tut, dann suchen Sie sich einen anderen!

Wie viele Impfungen braucht meine Katze wirklich?

Wenn Ihre Katze nicht ins Freie darf und keinen Kontakt mit anderen Katzen hat, sollte sie eine komplette Kätzchen-Impf-Serie bekommen (eine Impfung alle drei bis vier Wochen im Alter zwischen sechs und 16 Wochen) und anschließend drei bis fünf Jahre lang eine jährliche Impfung gegen Katzenstau-pe und Tollwut. Danach sollte sie einmal jährlich untersucht werden, während die Impfungen auf alle zwei bis drei Jah-re reduziert werden können, je nachdem, welche gesetzlichen Tollwut-Bestimmungen in Ihrem Land gelten. Falls Ihre Kat-ze nach draußen darf, oder wenn Sie häufiger Katzen in Pfle-ge nehmen, sind neben der Impfung gegen feline Leukämie (FeLV) weitere jährliche Impfungen zu empfehlen. Da der FeLV-Impfstoff nicht so wirksam ist wie der Impfstoff gegen Katzenstaupe (siehe unten, »Soll ich meine Katze gegen feline

Leukämie impfen lassen?«), sollten Sie mit Ihrem Tierarzt absprechen, ob Ihre Katze diese Impfung wirklich braucht und ob die Vorteile oder die Nachteile überwiegen. Falls Ihre Katze nicht Borreliose, Giardia oder FeLV ausgesetzt ist, halte ich es nicht für erforderlich, ihr die zusätzlichen Impfungen zu geben. Halten Sie sich an entsprechende Hinweistexte wie den Feline Vaccine Advisory Report der American Association of Feline Practitioners (den Sie sowohl auf der AAFP-Website als auch auf der Website des Cornell Feline Health Center finden), damit Sie besser mit Ihrem Tierarzt zusammenarbeiten und sich auf das passende Impfprotokoll für Ihre Katze einigen können.[2]

Soll ich meine Katze gegen feline Leukämie impfen lassen?

Impfungen gegen feline Leukämie (FeLV) bieten zwar einen *gewissen* Schutz, sind jedoch nicht hundertprozentig effektiv. Sie vermindern die *Schwere* des Krankheitsverlaufs, können dem tödlichen Virus aber nicht *vorbeugen*. Darin unterscheiden sie sich stark von Impfungen gegen Katzenstaupe, die zu beinahe 99 Prozent wirksam sind und der Krankheit *vorbeugen*. Der Impfstoff gegen FeLV ist einer der am wenigsten wirksamen Impfstoffe überhaupt, und aufgrund des damit verbundenen, wenn auch geringen Risikos (insbesondere das eines bösartigen Tumors namens Fibrosarkom) empfehlen wir Tiermediziner diese Impfung derzeit *ausschließlich* für besonders gefährdete Katzen: für diejenigen, die sich draußen herumtreiben, immunsupprimiert sind oder häufig mit fremden

Katzen in Kontakt kommen (also wenn Sie oft Katzen bei sich zu Hause in Pflege nehmen). Weitere Informationen, sowohl für Tierärzte als auch für Katzenbesitzer, sind auf der Website des Cornell Feline Health Center zu finden (siehe Quellenverzeichnis).

Warum sollte meine Katze keine Impfung zwischen den Schulterblättern bekommen?

1991 stellten Tierärzte erstmals fest, dass Katzen häufig an den Stellen, an denen sie geimpft worden waren, Bindegewebstumore (Sarkome und Fibrosarkome) bekamen. Seither werden bestimmte Impfstoffe mit der Bildung von Sarkomen assoziiert. Auch wenn das beunruhigend klingen mag, sollten Sie wissen, dass Tierärzte auf die Gesundheit Ihrer Katze bedacht sind, und sich darüber im Klaren sein, dass Ihre Katze trotzdem bestimmte Impfungen zur Verhinderung tödlicher Krankheiten braucht. Die Gefahr eines Sarkoms infolge einer Impfung ist zwar äußerst gering, Ihr Tierarzt sollte aber dennoch gemeinsam mit Ihnen beurteilen, welchem Krankheitsrisiko Ihre Katze ausgesetzt ist, damit sie keine unnötigen Impfungen bekommt.

Wissenschaftliche Richtlinien helfen Tiermedizinern bei der Entscheidung, welche Impfungen Ihre Katze benötigt.

Nach derzeitigen Empfehlungen sollen bestimmte Impfstoffe nur an spezifischen Stellen verabreicht werden. Da Fibrosarkome äußerst invasiv sind, sollte die Impfung möglichst weit unten am Bein erfolgen. Für den seltenen Fall, dass sich ein Sarkom bildet, kann es so leichter vollständig entfernt wer-

den (im Extremfall durch Amputation der betroffenen Gliedmaße); außerdem braucht bei einer Strahlentherapie nicht der ganze Körper, sondern nur der untere Teil eines Beins bestrahlt zu werden. Aus diesem Grund wird mittlerweile auf Impfungen zwischen den Schulterblättern verzichtet. In den Vereinigten Staaten halten sich Tierärzte derzeit an folgendes Schema: rechtes Ohr = Tollwut, rechtes Vorderbein = Katzenstaupe, linkes Hinterbein = feline Leukämie. Das mag nach einer Menge Information klingen, verschafft Ihnen aber genug Insiderwissen, um entscheiden zu können, wo Ihre Katze geimpft werden soll.

Soll ich mein neues Kätzchen auf FeLV und FIV testen lassen?

Ich bin immer wieder verblüfft, wenn mir manche Leute sagen, dass sie nicht wüssten, ob ihre Katze jemals auf feline Leukämie (FeLV) oder Katzen-Aids (felines Immundefizienzvirus oder FIV) getestet wurde. In der Notaufnahme bekomme ich auf meine Nachfrage in der Regel Antworten wie: »Tja, ich bin mir nicht ganz sicher, aber ich glaube, sie wurde regelmäßig dagegen geimpft.« Leute, Ihr müsst das wissen! Wie bereits erwähnt, ist der FeLV-Impfstoff äußerst ineffektiv, weshalb die meisten Tierärzte ihn nicht verwenden. Sie sollten den Status Ihrer Katze unbedingt kennen, was diese beiden wichtigen Krankheiten anbelangt. Bei Ihrem neuen Liebhaber vergewissern Sie sich doch auch, dass er HIV-negativ ist, bevor Sie ihn in Ihr Bett lassen. Um sich in Zukunft eine Menge Kummer zu ersparen, sollten Sie sich (und Ihren anderen

Katzen) einen Gefallen tun und bei jeder neuen Katze einen Bluttest machen lassen, bevor Sie auch nur daran *denken*, sie zu adoptieren. In manchen Tierheimen werden grundsätzlich alle Katzen getestet – aber verlassen Sie sich darauf nicht blind und lassen Sie das Testergebnis bei Ihrem Tierarzt *unbedingt* noch einmal nachkontrollieren. Ein FeLV-Bluttest ist einfach durchzuführen und umfasst in der Regel automatisch auch einen FIV-Test. Für diesen Test sind nur ein paar Tropfen Blut erforderlich, und die Eiligen unter uns können Karlo gleich mit nach Hause nehmen, da sie das Ergebnis binnen Minuten bekommen. Falls Sie Ihre Katze im Haus oder in der Wohnung halten, müssen Sie diesen Test nur ein oder zwei Mal in ihrem ersten Lebensjahr durchführen lassen, solange keine anderen gesundheitlichen Probleme auftauchen.

Wenn der Test bei Ihrer Katze bei einem der beiden Viren positiv ausfällt, sollten Sie in Erwägung ziehen, einen Veterinär-Onkologen oder einen Spezialisten für innere Tiermedizin zu konsultieren, um zu erfahren, welche Behandlungsmöglichkeiten zur Verfügung stehen. Leider wird Karlos Lebenserwartung durch diese Erkrankungen drastisch verkürzt. Meine Philosophie lautet, dass man trotzdem versuchen sollte, sein Leben möglichst angenehm zu gestalten, bevor er richtig krank wird, da jeder glückliche Tag ein Geschenk ist. Sie sollten Karlo allerdings unbedingt von Ihren anderen Katzen fernhalten und ihn nicht ins Freie lassen, da er keinen Kontakt mit Artgenossen haben sollte. Diese Viren sind nämlich extrem ansteckend für andere Katzen! Schließlich möchten Sie nicht, dass Ihre Katze irgendetwas Tödliches in der Nachbarschaft verbreitet, oder? Ihr Vorgarten würde für alle Zeit zur

Zielscheibe der Aggressionen Ihrer Nachbarn werden (und das zurecht)!

Warum erkranken Katzen nicht an Borreliose?

Katzen scheinen ziemlich resistent gegen Spirochäteninfektionen zu sein (die gemeinen spiralenförmigen Organismen, die Krankheiten wie Borreliose oder Leptospirose auslösen). Wissenschaftliche Studien haben gezeigt, dass Katzen zwar an künstlich ausgelöster Borreliose erkranken können, sich im wirklichen Leben aber nur selten infizieren.[3] Das mag daran liegen, dass Katzen sich so penibel putzen und Zecken sich deshalb nicht lange genug an ihnen festbeißen können. In der Regel muss eine Zecke sich 48 Stunden lang an Ort und Stelle befinden, um Borreliose zu übertragen, und in dieser Zeit hat Ihre Katze sie aller Wahrscheinlichkeit nach längst abgekaut, vertilgt und wieder ausgespuckt. Viele Katzen dürfen zwar in den Garten, gehen aber normalerweise nicht im Wald spazieren, weshalb sie seltener mit Zecken in Kontakt kommen als Hunde. Außerdem haben wir Tierärzte auch deshalb selten mit Borreliose bei Katzen zu tun, weil denjenigen, die ausschließlich im Freien leben, weniger medizinische Fürsorge zuteil wird. Die Besitzer von Katzen, die auf Bauernhöfen zu Hause sind und durch zeckenversuchte Wälder streifen, nehmen die entsprechenden Symptome unter Umständen gar nicht wahr und bringen ihre Katzen womöglich nicht für Routineuntersuchungen zum Tierarzt, was dafür verantwortlich sein könnte, dass feline Borreliose unterrepräsentiert ist und nur selten diagnostiziert wird.

Was versteht man unter der Katzenkratzkrankheit?

Die Katzenkratzkrankheit (KKK) wird von einer Bakterie namens *Bartonella henselae* verursacht. Etwa 40 Prozent aller Katzen tragen sie irgendwann in ihrem Leben in sich, wobei Kätzchen am häufigsten davon betroffen sind. Obwohl Katzen Überträger dieser Krankheit sind, zeigen sie häufig keine Symptome (Erkennen Sie hier einen Trend? Katzen tragen oft Krankheiten in sich, haben aber so viele Leben, dass sie nicht von ihnen betroffen sind!), sodass es beinahe unmöglich ist festzustellen, bei welcher Katze Sie sich anstecken könnten. Ein unbeabsichtigter Kratzer kann bei *Ihnen* zu allgemeinem Unwohlsein, Fieber, geschwollenen Lymphknoten, Appetitlosigkeit und Rückenschmerzen führen.

Die Katzenkratzkrankheit ist zwar einfach zu behandeln, kann jedoch schwere Symptome auslösen, vor allem bei Menschen, die immunsupprimiert sind (aufgrund von Organtransplantationen, Krebstherapie oder HIV/Aids). Obwohl das nicht bedeutet, dass Sie deshalb Angst vor Ihrer Katze haben müssen, sollten Sie bestimmte Vorsichtsmaßnahmen ergreifen. Lassen Sie sich nach Möglichkeit nicht von Ihrem Kätzchen oder Ihrer Katze kratzen. Wildes Spielen mit einem jungen Kätzchen ist keinesfalls zu befürworten, da es leicht mit einem Kratzer enden und dem beeinflussbaren Jungspund den Eindruck vermitteln könnte, gegen Kratzen sei nichts einzuwenden. Außerdem sollten Sie darauf achten, dass die Krallen Ihrer Katze kurz getrimmt sind. Falls Sie doch gekratzt werden, sollten Sie die Wunde gründlich mit Seife unter fließendem Wasser reinigen und umgehend einen Arzt konsultieren.

Da *Bartonella* in Flöhen gefunden werden kann, ist es zudem wichtig, entsprechende Floh-Prophylaxe anzuwenden, und zwar kein billiges Floh-Halsband, sondern ein wirksames Präparat (siehe »Sind alle Mittel gegen Flöhe gleich?« im 8. Kapitel). Es ist unwahrscheinlich, dass Sie sich durch einen Floh-Biss anstecken werden – schließlich würde man sonst von der Flohbisskrankheit sprechen –, trotzdem sollten Sie verhindern, dass Flöhe diese Bakterie auf Ihre Katze übertragen. Wenn Sie gekratzt werden und anschließend Symptome feststellen, sollten Sie sich umgehend an Ihren Hausarzt wenden und ihm sagen, dass Ihre Katze Sie gekratzt hat. Und nein, Sie können keine von den erdbeerfarbenen Clavamox-Tabletten Ihrer Katze nehmen, anstatt zum Arzt zu gehen.

Pest: die neue Gefahr …

Kaum zu glauben, aber die Pest gibt es auch heute noch und könnte Sie und Ihre Katze heimsuchen. Die Weltgesundheitsorganisation meldete Ende des 20. Jahrhunderts etwa 1500 Todesfälle in rund 20 Ländern. Zu Beginn des 21. Jahrhunderts gab es einzelne Fälle in Algerien, Madagaskar und in der chinesischen Provinz Qinghai. Aber keine Sorge: Die Gefahr einer Pestpandemie besteht nicht. Falls Sie in den Rocky Mountains oder den Four Corners (dem Grenzgebiet zwischen den Bundesstaaten Utha, Colorado, New Mexico und Arizona) wohnen, sollten Sie jedoch besonders aufpassen. Der *Oropsylla montana* oder Nagetierfloh kann ein Überträger der Pest sein, die von *Yersinia-pestis*-Bakterien ausgelöst wird. Falls dieser Floh ein infiziertes Nagetier beißt, kann er die Pest wei-

tergeben, die höchst ansteckend ist. Und welche Schuld trifft dabei Katzen? Nun, Katzen sind äußerst empfänglich für die Pest, wenn sie draußen umherstreunen, infizierte Nagetiere fangen und diese zu Ihnen nach Hause bringen. Dabei können sie von Flöhen befallen werden und die Krankheit verbreiten. Ein weiterer guter Grund, Ihre Katze im Haus oder in der Wohnung zu halten, habe ich recht?

Die Pest lässt sich zwar behandeln, sollte allerdings schnell erkannt und mit den entsprechenden Antibiotika (wie zum Beispiel Tetracyclin) behandelt werden. In den vergangenen drei Jahrzehnten sind im Zusammenhang mit Katzen 15 Fälle bei Menschen verzeichnet worden. Wir Tierärzte nehmen die Pest übrigens sehr ernst, da es sich bei der Hälfte der infizierten Personen um Tierärzte handelte! Das macht Ihnen vermutlich nicht gerade Lust darauf, Ihren Tierarzt zu umarmen und zu küssen. Aber Spaß beiseite, die Pest ist eine äußerst ernst zu nehmende Krankheit und muss laut Gesetz bei den Gesundheitsbehörden gemeldet werden, die dann Meldung bei der Weltgesundheitsorganisation erstatten. Leider ist die Pest auch ein potentieller Kampfstoff zur Kriegsführung. Ehrlich. Möchte irgendjemand Floh-Prophylaxe kaufen?

Warum ist die Herzwurmerkrankung bei Katzen auf dem Vormarsch?

Wenn Sie einen Hund besitzen, wissen Sie, wie wichtig (aber teuer) es ist, ihm eine Herzwurmprophylaxe zu geben (diese schmackhafte Tablette, die einmal im Monat verabreicht

wird). Denjenigen von Ihnen, die keine Hundebesitzer sind, sei gesagt, dass es sich bei Herzwürmern um winzige, aber zerstörerische Würmer (sogenannte Mikrofilarien) handelt, die von Moskitos in den Blutkreislauf Ihres vierbeinigen Freundes übertragen werden. Diese mikroskopisch kleinen Würmer nisten sich in den Lungengefäßen und im Herzen Ihres Haustiers ein und lösen schwere, lebensbedrohliche Komplikationen aus. Falls Sie in einer mückenverseuchten Gegend wohnen (wie im Mittleren Westen, an der Ostküste, im Süden, im Mittelmeerraum … verstanden?), sind sowohl Ihr Hund als auch Ihre Katze in Gefahr. Bei Hunden gehören zu den klinischen Zeichen der Herzwurmkrankheit Husten, Belastungsintoleranz (schnelles Ermüden), Gewichtsverlust, Ohnmachtsanfälle und Flüssigkeit im Bauch (alles Anzeichen für rechtsseitiges Herzversagen), während die Krankheit bei Katzen unauffälliger, aber ebenso tödlich verläuft. Bei Katzen kann die Herzwurmkrankheit zu Atemproblemen und chronischem Erbrechen führen, und anders als bei Hunden gibt es bei ihnen kein wirksames »Heilmittel«.

Glücklicherweise lässt sich der Herzwurmkrankheit leicht vorbeugen – Ihre Katze braucht nur eine Tablette im Monat, die alle Mikrofilarien abtötet, ehe sie sich zu ausgewachsenen Würmern entwickeln können. Ich habe erst angefangen, meinen Katzen Herzwurmprophylaxe zu geben, als ich nach Minnesota umzog. Obwohl ich alles tue, was in meiner Macht steht, habe ich (sogar im Winter) hartnäckige Moskitos im Haus. Da es kein Heilmittel für Katzen gibt (nur vorbeugende Medikamente), gebe ich meinen Katzen lieber Herzwurmprophylaxe, als das Risiko einzugehen, dass sie sich infizie-

ren. Es handelt sich dabei also nicht um einen Schwindel, mit dem Ihr Tierarzt versucht, mehr Geld zu verdienen. Die Herzwurmkrankheit bei Katzen zu diagnostizieren ist nämlich sogar teurer als vorbeugende Medikamente (da dazu spezielle Bluttests und Lungenuntersuchungen nötig sind). Falls Sie also an einem Ort wohnen, wo Moskitos gerne stechen, und Ihre Katze ins Freie darf, dann tun Sie ihr und sich selbst einen Gefallen und sprechen Sie mit Ihrem Tierarzt über Herzwurmprophylaxe.

Was tut mein Tierarzt, wenn er mit meiner Katze im Hinterzimmer verschwindet?

Als Tierarzt ist es immer unangenehm, von einer Katze vor den Augen ihres Besitzers malträtiert zu werden, da weder Besitzer noch Katze verstehen, was wir tun, wenn wir sie fixieren (die Katze, hoffentlich nicht den Besitzer). Da es schmerzhaft ist, mit ansehen zu müssen, wie die eigene Katze außer Gefecht gesetzt wird (auch wenn das mit den besten Absichten geschieht), und da einige Katzen in Gegenwart ihres Besitzers widerspenstiger sind als in dessen Abwesenheit, nehmen wir Ihre Katze oft in das gefürchtete »Hinterzimmer« mit, um sie in Seitenlage fixieren und ihr vorsichtig Blut abnehmen zu können. Im Gegensatz zu Ihrem Phlebologen, der Ihnen sagen kann, dass Sie aufhören sollen herumzuzappeln, haben wir diesen Luxus bei Katzen nicht und müssen deshalb oft einen »Partyhut« (sprich Maulkorb) oder ein Handtuch (sprich die Burrito-Technik) benutzen, um ihrer Herr zu werden. Je schneller die Sache erledigt ist, desto schneller ist sie erledigt –

also bitte vertrauen Sie uns: Es würde Sie mehr Nerven kosten, Ihre Katze in einem Handtuch-Burrito zu sehen.

Wie oft werden Tierärzte von Katzen gebissen?

Unser Anästhesie-Dozent Dr. John Ludders brachte meinen Tiermedizin-Kommilitonen und mir zwei wichtige Dinge bei: »Mit Chemikalien lebt es sich besser«, und: »Sagen Sie ›ja‹ zu Drogen.« Wir sprechen hier allerdings nur von wissenschaftlichen Betäubungsmitteln, nicht von sogenannten Freizeitdrogen. Ich erwähne das nur, weil wir Tierärzte viel seltener gebissen würden, wenn wir häufiger Betäubungsmittel einsetzen würden.

Als meine Hausärztin bei meinem letzten Termin bei ihr meine Hände und Arme betrachtete, fragte sie mich besorgt, ob ich in einer glücklichen, nicht-gewalttätigen Beziehung leben würde. Offenbar sahen meine Arme dank kratzender und beißender Katzen aus, als wären sie mit einer Rasierklinge bearbeitet worden (mein Job in der Notaufnahme ist zwar hart, *so* hart aber auch wieder nicht). Leider bringt mein Beruf es mit sich, gekratzt und gebissen zu werden (und angekotet, angepinkelt, angekotzt und mit Analbeutelsekret beschmiert). Da Katzen nicht verstehen, weshalb wir sie fixieren müssen (was wir nur tun, um ihnen zu helfen, versprochen), wehren sie sich häufig mit ihren Krallen und Zähnen. Denjenigen von Ihnen, die ihrer Katze die Krallen haben entfernen lassen, sei gesagt: Wenn Ihre Katze keine Krallen mehr besitzt, ist die Wahrscheinlichkeit höher, dass sie uns beißt. Im Grunde genommen sind uns Kratzer nämlich lieber als Beißer. Es mag zwar

traumatisierender sein, lange Fleischstreifen aus den Armen gerissen zu bekommen, doch die Wahrscheinlichkeit einer Infektion ist dabei geringer als bei einem Biss. Katzen haben gemeine Zähne, und Bisswunden entzünden sich leicht. Glücklicherweise bekomme ich – toi, toi, toi – im Durchschnitt pro Jahrzehnt nur einen schlimmen Katzenbiss ab (der starke Antibiotika und einen Besuch in der Notaufnahme erfordert).

Seit meinem letzten ernsthaften Katzenbiss übe ich Veterinärmedizin auf eine klügere, stressfreiere Art und Weise aus – mit anderen Worten: Ich setze um, was Dr. Ludders gepredigt hat, und wende medikamentöse Ruhigstellung an. Heutzutage kümmern sich meine Assistenten um die Fixierung, während ich zu Beruhigungsmitteln greife, um meinen hysterischen Patienten Stress zu ersparen (damit meine ich Ihre Katze, nicht *Sie*!), und jeden Abend meine Ninja-Fähigkeiten vor dem Spiegel übe, um noch schnellere Reflexe zu entwickeln. Falls Sie uns zusätzlich unterstützen möchten, können Sie Ihrer Katze ein bis zwei Stunden, bevor Sie mit ihr in die Tierklinik kommen, eine Beruhigungstablette verabreichen; ich versichere Ihnen, dass Ihr Tierarzt, seine Assistenten und Ihre aufgekratzte Glückskatze das zu schätzen wissen werden! Rufen Sie uns an, bevor Sie kommen, dann geben wir Ihnen gerne Beruhigungsmittel für den nächsten Besuch Ihrer Katze. Das rettet eine Menge Haut.

Sind Tierärzte allergisch gegen Katzen?

Überraschenderweise sind tatsächlich viele Tierärzte allergisch gegen Katzen, aber wir kämpfen trotz juckender, geröteter Au-

gen und laufender Nase wacker weiter. Schließlich gibt man wegen ein bisschen Leiden doch nicht seine Liebe zu Katzen auf, oder? Dank Antihistaminika (und vor allem dank rezeptfreier Antihistaminika) sind allergische Tierärzte inzwischen in der Lage, ihren Job zu behalten, ohne ständig ein Tröpfchen an der Nase hängen zu haben. Nehmen Sie es bitte nicht persönlich, wenn wir darauf verzichten, Wange an Wange mit Ihrer Katze zu kuscheln, da uns das manchmal einen Allergieanfall beschert. Und nehmen Sie es Ihrer Tierärztin nicht übel, wenn Sie ihre verquollenen Augen sehen und feststellen, dass sie heult – entweder reagiert sie stark allergisch auf Ihre Katze, oder sie ist gerade sitzengelassen worden.

Haben Tierärzte Flöhe?

Haben Sie sich jemals gefragt, warum Ihr Tierarzt nicht in schicken Klamotten zur Arbeit erscheint, sondern im Arztkittel? Das tun wir nicht, weil unser Bekleidungs-Budget erschöpft ist oder um smarter und cooler zu wirken – wir tun es, um keine ansteckenden Krankheiten mit nach Hause zu unseren *eigenen* Tieren zu nehmen. Am Ende des Arbeitstags legen wir unseren Kittel ab, da wir keine Flöhe, Fäkalien oder ansteckenden Viren, kein Analbeutelsekret, Blut oder Erbrochenes und keinen Urin mit nach Hause schleppen möchten. Das heißt allerdings nicht, dass unsere zivile Bekleidung nicht den moschusartigen Tiergeruch annimmt, weshalb ich nach Feierabend lieber in Freizeitklamotten schlüpfe, als mich in Schale zu werfen. An meinem 24. Geburtstag machte mich meine Mutter freundlicherweise darauf aufmerksam, dass ich

längst einen Mann gefunden hätte, wenn ich weniger Flanell und Fleece tragen würde (sie meint es sehr gut mit mir, versprochen!). Wenn sie versucht, mir etwas Schickes zum Anziehen zu kaufen, kann ich mich mit einer ganz simplen Ausrede aus der Affäre ziehen: »Das würde ich mir doch sowieso nur vollsauen!«

Tierärzte haben Glück, dass das Risiko, sich bei einer Katze mit einer ansteckenden Krankheit zu infizieren, geringer ist, als sich bei einem anderen Menschen anzustecken. Ich muss mir weniger Sorgen machen, mich mit einer Nadel zu stechen oder Katzenblut in meine Kratzwunden zu bekommen, da nur wenige Krankheiten von Katzen auf Menschen übertragbar sind. Trotzdem gibt es ein paar, die durch Körperkontakt oder Körperflüssigkeiten übertragen werden können, wie zum Beispiel Borkenflechte, Parasiten, Milben, Flöhe und andere spaßige Beschwerden. Deshalb bringen wir Tierärzte trotz aller Vorsichtsmaßnahmen leider doch hin und wieder einen Bazillus oder Floh mit nach Hause. Aber das ist eben Berufsrisiko. Sie sehen also, dass wir eine Menge dieser infektiösen Probleme vermeiden können, indem wir unser Stethoskop desinfizieren und mehrere Kittel zum Wechseln haben. Sie können beruhigt sein, dass Tierärzte im Allgemeinen ziemlich sauberkeitsbedacht sind. Wir werden zwar ständig mit Körperflüssigkeiten vollgekleckert, achten jedoch darauf, nichts davon mit nach Hause zu nehmen. Haben Sie keine Angst davor, sich in unsere Nähe zu begeben (es sei denn, wir können Sie nicht leiden)!

Welches sind die zehn häufigsten Gründe, warum Katzenbesitzer zum Tierarzt gehen?

Der größten amerikanischen Haustier-Krankenversicherungsgesellschaft zufolge sind die zehn häufigsten Gründe, weshalb Katzen zum Tierarzt gebracht werden, die folgenden:

1. Harnwegsinfektionen
2. Magenverstimmung
3. Nierenversagen
4. Hautallergien
5. Diabetes
6. Atemwegserkrankungen
7. Ohrenentzündungen
8. Zahnextraktion
9. Dickdarmentzündung (Durchfall)
10. Hyperthyreose

Diese Liste ist natürlich ein wenig verzerrt, da sie nur das berücksichtigt, was in normalen Tierarztpraxen anfällt. Was ich in der Notaufnahme zu sehen bekomme, ist etwas erschreckender und viel kränker. Nierenversagen, Krebs, Gelbsucht, Anämie, Magenverstimmungen, Harnwegsobstruktionen, Herzversagen ... Die Liste ist lang.

Was versteht man unter einem Fachtierarzt?

Um Tierarzt zu werden, muss man im Grundstudium ein naturwissenschaftlich ausgerichtetes vormedizinisches Kurspro-

gramm absolvieren (einschließlich Anatomie, Physiologie, organischer Chemie, Biochemie und Physik). Ich habe am Virginia Tech Tiermedizin im Hauptfach studiert und einen großen Teil meiner Studienzeit auf Farmen und in Labors verbracht. In den Vereinigten Staaten ist es an manchen veterinärmedizinischen Fakultäten möglich, sich als Zehntklässler oder Highschool-Schüler im dritten Jahr für das Grundstudium zu bewerben (und sich so pro Jahr unter Umständen 20000 bis 50000 Dollar zu sparen). Im Hauptstudium durchläuft man dann eine gründliche vierjährige Ausbildung in sämtlichen -ologien (Pharmakologie, Physiologie, Toxikologie – hört sich nach einer Menge Spaß an, oder?), wobei man im letzten Jahr sein Klinikum in einer Tierklinik absolviert (und unter Anleitung von Dozenten Arzt spielen darf). Nach dem Examen ist man voll qualifizierter Veterinär und kann als Allgemein-Tierarzt praktizieren.

Im Dezember 2007 waren in den Vereinigten Staaten 58240 Tierärzte in Einzel- und Gemeinschaftspraxen tätig und behandelten Kleintiere (Hunde und Katzen), exotische Tiere (Vögel, Wildtiere und Zootiere), Großtiere (Rinder, Schafe und andere exotischere Spezies wie Emus, Alpakas, Elche, Lamas etc.), Pferde, Schweine und andere Arten.[4] Weitere 29000 waren im öffentlichen Dienst oder in der freien Wirtschaft beschäftigt und widmeten sich der Forschung, der Verwaltung und verschiedenen Wissenschaftsfeldern. Insgesamt gab es zum Zeitpunkt der Erhebung in den Vereinigten Staaten 83730 Tierärzte, unter ihnen 8885 Fachtierärzte. In Deutschland waren zum Jahresende 2008 laut Statistik der Bundestierärztekammer 11546 praktizierende Veterinärmedi-

ziner in Einzel- und Gemeinschaftspraxen registriert. Zudem gibt es etwa ebenso viele Tierärzte in öffentlichen Institutionen und der Industrie. Unter ihnen sind 8893 Fachtierärzte.

Fachtierarzt darf sich nennen, wer im Rahmen eines Praktikums noch eine zusätzliche, stärker spezialisierte Ausbildung absolviert, gefolgt von einer Facharztausbildung, die weitere zwei bis vier Jahre dauert. Derzeit gibt es zahlreiche Spezialgebiete wie zum Beispiel Anästhesiologie, Verhaltensforschung, Kardiologie, Zahnheilkunde, Dermatologie, Notfall- und Intensivmedizin, innere Medizin, Neurologie, Ernährungswissenschaft, Augenheilkunde, Onkologie, Pathologie, Radiologie, Chirurgie und Zoomedizin.

Wie die Humanmedizin ist die Veterinärmedizin in den vergangenen Jahren immer fortschrittlicher und spezialisierter geworden. Im Allgemeinen werden komplizierte Fälle an Fachtierärzte überwiesen. Falls Ihre Katze zum Beispiel eine Chemotherapie oder eine Ultraschall-Herzuntersuchung braucht, kann Ihnen ein Fachtierarzt für Onkologie oder Radiologie weiterhelfen. Wenn sie von fortgeschrittenem Nierenversagen betroffen ist, sollten Sie unbedingt einen Fachtierarzt für innere Medizin konsultieren. Falls Ihre Katze rund um die Uhr versorgt werden muss und kritisch erkrankt ist, empfiehlt es sich, die Meinung eines Fachtierarztes für Notfall- und Intensivmedizin einzuholen. In der Regel wird Ihr Tierarzt Sie an einen Fachtierarzt überweisen. Weitere Informationen zu Fachtierärzten finden Sie auf der Website der American Medical Association (siehe Quellenverzeichnis) oder auf den Websites der jeweiligen Spezialisten. Mein Spezialgebiet ist Notfall- und Intensivmedizin, und ich bin Ab-

solventin des American College of Veterinary Emergency and Critical Care.

Was ist Justines tiermedizinisches Lieblingsärgernis?

Bei der Orientierungsveranstaltung am Cornell University's College of Veterinary Medicine gab uns der Dekan folgenden klugen Rat: Wenn man in seinem Tiermedizinstudium eines lernt, dann das, wie man »Veterinär« richtig ausspricht. Es heißt nicht »Ve-tre-när«, sondern »Ve-teri-när«. Mag sein, dass es von Überheblichkeit zeugt, so etwas bei der Orientierungsveranstaltung zu sagen, doch es hat sich seither zu einer heftig diskutierten Streitfrage entwickelt, wie mein verrückter alter Professor vorhergesagt hatte. Jetzt ist es allerdings zu spät – Sie haben dieses Buch bereits gekauft und halten mich hoffentlich nicht für einen allzu großen Schnösel.

Kann ich einem Tierarzt vertrauen, der selbst keine Katze besitzt?

Würden Sie einem Koch vertrauen, der seine eigenen Gerichte nicht isst?

Ich gebe mich in diesem Punkt streitsüchtig und behaupte, dass Sie es nicht tun sollten. Würden Sie mit Ihrem Kind gern zu einem Kinderarzt gehen, der keine eigenen Kinder hat? Ich gebe zu, dass ich persönlich eher ein Hunde-Typ bin, da ich gerne wandern gehe und mich zusammen mit meinem Hund schmutzig mache, aber letzten Endes liebe und vergöttere ich auch Katzen. Glücklicherweise mögen die meisten Tierärzte

beide Spezies, doch im Zweifelsfall sollten Sie sich vergewissern, ob Ihr Tierarzt Katzen auch tatsächlich genauso sehr liebt wie Sie! Ich bin der Meinung, dass sich ein Tierarzt besser in Sie und Ihre Katze einfühlen kann, wenn er wirklich weiß, was Felix und Sie durchmachen. Verstehen Sie mich bitte nicht falsch – es gibt wunderbare Tierärzte, die selbst keine Katze besitzen. Trotzdem kann ich Ihnen mit ziemlicher Sicherheit garantieren, dass Ihr flauschiges Kätzchen von einem Tierarzt, der sein Zuhause nicht mit einer Katze teilt, nicht ganz dieselbe liebevolle Pflege bekommen wird.

Können Katzen mit Herz-Lungen-Wiederbelebung reanimiert werden?

Herz-Lungen-Wiederbelebung wird tatsächlich auch bei Tieren durchgeführt. Interessanterweise werden vor allem Schweine als Versuchstiere für die Reanimationsforschung in der Humanmedizin herangezogen, um zu ermitteln, wie sich der Prozess optimieren lässt und welche Medikamente am besten wirken. Tierärzte werten die Forschungsergebnisse aus und entscheiden darüber, wie sich Herz-Lungen-Wiederbelebung in der Veterinärmedizin anwenden lässt. Leider unterscheidet sich die Realität von dem, was man in Fernsehserien wie *Emergency Room* oder *Grey's Anatomy* zu sehen bekommt. Wir machen bei Katzen keine Mund-zu-Mund-Beatmung, sondern führen einen Schlauch in Felix' Luftröhre ein, um ihn künstlich zu beatmen.

Die Wahrscheinlichkeit, ein Tier nach einem Atem- oder Herzstillstand mit Hilfe von Herz-Lungen-Wiederbelebung

reanimieren zu können, ist wesentlich geringer als beim Menschen und liegt bei Katzen im Durchschnitt zwischen vier und zehn Prozent.[5] Bei Katzen stehen die Chancen etwas besser als bei Hunden, was vermutlich daran liegt, dass Katzen neun Leben haben (im Ernst). Menschen erleiden einen Herzstillstand in der Regel infolge eines Infarkts, und ihre Herzrhythmusstörungen können verhältnismäßig »leicht« durch Defibrillation behoben werden. Katzen bekommen dagegen nur selten einen Herzinfarkt, sodass bei ihnen ein Herzstillstand meistens auf Nierenversagen, Lebererkrankungen, Krebs oder andere schwerwiegende gesundheitliche Probleme zurückzuführen ist. Sollte das Herz einer Katze erst einmal stehen geblieben sein, ist es unwahrscheinlich, dass Tierärzte Felix wiederbeleben können, und noch unwahrscheinlicher, dass es nicht noch einmal passieren wird. Besprechen Sie diese wichtige Entscheidung also unbedingt rechtzeitig im Familienkreis, falls sie im Leben Ihrer Katze irgendwann einmal anstehen sollte.

Wie teuer ist es, eine Katze einschläfern zu lassen?

Leider ist nichts im Leben umsonst, und ich habe mir schon des Öfteren die entmutigenden Worte anhören müssen: »Wenn ich gewusst hätte, wie teuer das ist, hätte ich ihn einfach zu Hause sterben lassen!« Wie viel es kostet, Karlo einschläfern zu lassen, hängt von der Honorarordnung des jeweiligen Tierarztes ab, also lohnt es sich im Fall der Fälle herumzutelefonieren. Die Kosten in Deutschland betragen in der Regel zwischen 50 und 100 Euro. Oft ist es billiger, Ihren Stamm-Tierarzt zu bemühen, als eine universitäre Tierkli-

nik aufzusuchen, wogegen Autopsien in Ausbildungskranken-
häusern kostengünstiger oder sogar kostenlos angeboten werden. Wie dem auch sei, kommen Sie bitte bloß nicht auf die
Idee, es selbst zu versuchen. Einige Leute rechnen damit, dass
Karlo »friedlich zu Hause sterben« wird, doch das geschieht
nur in den seltensten Fällen. Sehen Sie nicht untätig zu, wie
Karlo leidet, wenn Sie ihm seine Schmerzen ersparen können.
Manche Tierärzte machen auch Hausbesuche und erlösen Ihren Liebling in seiner vertrauten Umgebung von seinem Leid.
Ganz egal, wofür Sie sich entscheiden, zum Portemonnaie
werden Sie in jedem Fall greifen müssen – betrachten Sie es
einfach als Ihr letztes Geschenk an Ihren treuen vierbeinigen
Freund. Und sorgen Sie dafür, dass Karlo in seinen letzten Tagen so viel Thunfisch und Milch bekommt, wie er möchte.

Muss ich dabei sein, wenn meine Katze eingeschläfert
wird?

Der Entschluss, ein Tier durch Einschläfern von seinem Leid
zu erlösen, ist eine sehr persönliche Angelegenheit, und kein
Tierarzt sollte *jemals* Ihre Entscheidung in Frage stellen, ob
Sie dabei anwesend sein möchten oder nicht. Es ist auf jeden
Fall eine herzzerreißende und emotional überaus schwierige
Erfahrung, auch wenn wir Tierärzte uns alle Mühe geben, sie
möglichst friedlich zu gestalten. Ich sage Katzenbesitzern immer, dass ihre letzte Erinnerung an ihren vierbeinigen Freund
eine schöne sein sollte, und wenn Sie lieber im Gedächtnis behalten möchten, wie Sie mit Ihrer Katze auf dem Sofa geku-
schelt oder sie bei einem Nickerchen in der Sonne betrachtet

haben, als sich an ihre letzten Minuten in einer sterilen Tierklinik zu erinnern, ist dagegen nichts einzuwenden. Falls Sie sich dafür entscheiden, nicht bei Ihrer Katze zu bleiben, werden Ihr Tierarzt und seine Assistenten bis zu ihrem letzten Atemzug bei ihr sein, sie halten, streicheln und beruhigen und ihr einen liebevollen Abschied bereiten.

Falls Sie sich dazu entschließen, dabei zu bleiben, wenn Ihre Katze eingeschläfert wird, sollten Sie sich darüber im Klaren sein, dass das Beruhigungsmittel möglicherweise bestimmte Reaktionen bei ihr auslösen wird. Ich warne Besitzer immer davor, dass ihre Katze unter Umständen urinieren, defäkieren, einen letzten schweren Atemzug tun oder auch noch nach Eintreten des Todes die Augen geöffnet haben wird. In ganz seltenen Fällen kann es nach dem Tod zu Muskelzuckungen kommen, die durch das Kalzium und die Elektrolyte im Blut ausgelöst werden. Trotz all der beschriebenen Begleiterscheinungen können Sie uns vertrauen, dass der Tod sehr schnell (binnen weniger Sekunden), aber vollkommen friedlich eintritt. Der Entschluss, das Leiden Ihrer Katze zu beenden, ist alles andere als einfach, aber Ihr Tierarzt wird Ihnen dabei mitfühlend zur Seite stehen und Ihre Entscheidung respektieren, ob Sie dabei bleiben möchten oder nicht.

Kann ich eine Patientenverfügung für meine Katze erstellen?

Als ich Echo rettete, war mir bewusst, dass er wegen seines angeborenen Herzgeräuschs aller Wahrscheinlichkeit nach einen schrecklichen Tod sterben würde. Entweder würde ein

Schlaganfall seine Hinterbeine lähmen (Sattelthrombus), oder in seiner Lunge würde sich Flüssigkeit bilden (Stauungsinsuffizienz) und ihm Atemnot verursachen. Es gab sogar die Anweisung, dass sich nur ein Tierarzt seiner annehmen dürfe, da sich Tierärzte über seine geringe Lebenserwartung im Klaren wären und deshalb »Distanz wahren« würden (von wegen!). Ich verliebte mich natürlich Hals über Kopf in Echo, wusste jedoch, als ich ihn adoptierte, dass ich ihm eine hohe Qualität seines (wenn auch kurzen) Lebens garantieren konnte, bis irgendwann der Zeitpunkt kommt, ihn von seinem Leiden zu erlösen und einzuschläfern.

Da ich Echo Leid ersparen möchte, habe ich eine Patientenverfügung für ihn ausgestellt. Ich habe eine detaillierte Liste mit Reanimierungsanweisungen erstellt, damit meine Haustiersitter im Notfall wissen, was zu tun ist, wenn sie mich aus irgendeinem Grund nicht erreichen sollten. Diese Informationen habe ich in der elektronischen Krankenakte meiner Tiere in der Tierklinik gespeichert, und ich rate anderen Leuten oft, dasselbe zu tun. Fragen Sie Ihren Tierarzt, ob er Ihnen eine Patientenverfügung für Ihre Katze anbietet, damit er im Ernstfall genau weiß, wie er Ihrem Wunsch gemäß handeln soll. Das mag für manch einen schmalzig (oder neurotisch) klingen (und meinem Tiersitter Angst machen), aber meiner Meinung nach sind Patientenverfügungen für Vierbeiner genauso wichtig wie für Zweibeiner. Normalerweise ist das kein Thema, über das wir mit unseren Liebsten sprechen, doch wenn wir es tun, ist es oft schon zu spät.

Während meiner Facharztausbildung habe ich all die irrsinnigen Dinge zu sehen bekommen, die manche Menschen

ihren Tieren entgegen der Empfehlungen ihrer Tierärzte an-
tun. Nachdem ich manche Tiere mehr Prozeduren unterzogen habe, als ich es bei meinen eigenen Tieren im selben Fall
tun würde (und sie dabei habe leiden sehen), beschloss ich,
auch für mich selbst eine Patientenverfügung auszustellen. Ich
möchte nicht, dass solche Heldentaten an mir ausgeübt werden, sondern will lieber in Frieden gehen, ohne zu einer finanziellen, emotionalen und physischen Belastung für meine
Liebsten zu werden. Etwa zur selben Zeit beschloss ich, auch
für JP, Seamus und Echo Patientenverfügungen auszustellen.
Wir alle lieben unsere Tiere, aber unsere »Liebe« für sie zeigt
sich auf unterschiedliche Weise. Vergewissern Sie sich, dass
Ihr Tierarzt, Ihre Angehörigen und Ihre Tiersitter wissen, dass
Ihre Tiere Patientenverfügungen haben, damit sie Ihre Wün-
sche respektieren können.

Nehmen Tierärzte Autopsien an Haustieren vor?

Ja, so eklig und gruselig es klingen mag, wir Tierärzte führen
Autopsien bei unseren vierbeinigen Freunden durch. In der
Humanmedizin werden Krankenhäusern magere zehn Prozent der Autopsierechte[6] zugesprochen (mit anderen Worten,
die meisten Hinterbliebenen sind nicht damit einverstanden,
dass ihre Liebsten obduziert werden). Auch in der Veterinärmedizin hängt die Entscheidung für oder gegen eine Autopsie
von verschiedenen Faktoren ab. Möglicherweise lässt sich eine
Autopsie nicht mit Ihren Plänen für Karlos sterbliche Überreste vereinbaren. Falls Sie Karlo nach seinem Tod für eine
Erdbestattung oder das tierische Äquivalent eines »offenen

Sargs« mit nach Hause nehmen möchten, kann eine optisch unauffällige Autopsie durchgeführt werden, doch Sie sollten sich darüber im Klaren sein, dass Sie ihn nach einer vollständigen Obduktion nicht mehr mitnehmen können – es sei denn, in Form von Asche nach einer von Ihnen in Auftrag gegebenen Feuerbestattung. Das dient nur Ihrem Schutz, damit Sie bei der Abholung nicht zufällig seine Organe und sein Gewebe im Abfalleimer entdecken. Sollten Sie sich dazu entschließen, Karlos sterbliche Reste von der Tierklinik entsorgen zu lassen, können Sie trotzdem eine Autopsie durchführen lassen. Die Frage ist, weshalb Sie das tun sollten.

Es gibt verschiedene Argumente, die für eine Autopsie sprechen. Zum einen liefert sie Ihrem Tierarzt wichtige diagnostische und therapeutische Informationen – oder anders formuliert, sie gibt Ihrem Tierarzt Auskunft über die Wirksamkeit der Behandlung oder die wirkliche Todesursache bei seinem Patienten. Des Weiteren verrät sie, ob noch irgendetwas anderes hätte unternommen werden können, und trägt dazu bei, dass die jeweilige Erkrankung in Zukunft rascher erkannt und hoffentlich eine Heilungsmethode gefunden werden kann. Für Sie als Besitzer des verstorbenen Tiers ist eine Autopsie insofern von großer Bedeutung, als Ansteckungsgefahr für Sie und Ihre anderen Haustiere bestanden haben könnte (wie zum Beispiel bei feliner infektiöser Peritonitis, bei Katzenleukämie im Knochenmark oder im seltenen Fall von Pest). Manchmal hilft eine Autopsie, die Ursache für ein abruptes, unerwartetes Ableben unserer Tiere festzustellen, wobei plötzliche Blutgerinnsel (wie etwa bei einer Lungenembolie) oder ein Herzinfarkt oftmals nicht zu erkennen sind. Zu guter Letzt

kann eine Autopsie manchmal erforderlich sein, um Beweise für eine Vergiftung zu liefern. Wenn Sie den Verdacht haben, Ihr Nachbar könnte Ihre Katze mit Frostschutzmittel vergiftet haben (was glücklicherweise selten vorkommt), ist eine Autopsie unbedingt anzuraten. Manchmal ordnen auch Tierheimärzte eine Autopsie an, wenn sie Tierquälerei als Todesursache vermuten, da sie verpflichtet sind, solche Fälle zu melden.

Ihre Entscheidung für oder gegen eine Autopsie ist möglicherweise auch eine Preisfrage. Die Kosten für Autopsien variieren und hängen davon ab, ob Ihr eigener Tierarzt sie durchführt oder ob Sie sie bei einem Amtstierarzt in Auftrag geben (der vermutlich umfangreiche Gewebe- oder Zellanalysen und Toxizitätstests durchführen wird). Letztendlich ist das die exakteste Methode zur Ermittlung der Todesursache, wenn alle anderen Tests kein Ergebnis gebracht haben. Die Autopsieergebnisse verhelfen Besitzern oft zu Seelenfrieden, wenn sie bescheinigt bekommen, dass Karlo Krebs hatte und ihre Entscheidung, ihn einschläfern zu lassen, die richtige war.

Wohin mit den sterblichen Überresten meiner Katze?

Kein Tierarzt sollte Ihre Entscheidung in Frage stellen, was Sie mit den sterblichen Resten Ihrer Katze tun. Falls er es doch tut, dann suchen Sie sich einen anderen! Manche Leute entschließen sich, ihre Katze mit nach Hause zu nehmen, um sie im Garten zu beerdigen; bitte erkundigen Sie sich vorher, ob das gesetzlich erlaubt ist. Andere überlassen es lieber ihrem Tierarzt, die sterblichen Reste in ihrer Abwesenheit einäschern oder beerdigen zu lassen. Wieder andere möchten die

Asche ihrer Katze gerne zurückhaben. Ist das seltsam oder abgeschmackt? Auf gar keinen Fall! Jedem das Seine. Wenn Sie Ihre Katze gerne in Erinnerung behalten, indem Sie sich ihre Asche ins Regal stellen, ist daran nicht das Geringste auszusetzen. Manche Leute entscheiden sich aber auch dafür, die Asche an den Lieblingsplätzen ihrer Katze zu verstreuen, wie zum Beispiel im Garten unter ihrem bevorzugten Baum.

Seit Kurzem ist es auch möglich, die Asche in Glasschmuck einarbeiten zu lassen (siehe Quellenverzeichnis). Das mag für manch einen merkwürdig klingen, aber ich habe einige dieser Schmuckstücke gesehen und kann bestätigen, dass sie äußerst kunstvoll gemacht und wunderschön sind. Wahrscheinlich möchte nicht jeder die sterblichen Überreste seiner Katze um den Hals tragen, doch diese Art von Schmuck ist eine saubere, sichere Sache – für die man allerdings tief in die Tasche greifen muss!

Stimmt es, dass es schwieriger ist, einen Studienplatz in Tiermedizin zu bekommen als in Humanmedizin?

Da es in den Vereinigten Staaten derzeit nur 27 (Tendenz steigend) Hochschulen für Tiermedizin gibt (im Gegensatz zu über 120 Hochschulen für Humanmedizin) – in den meisten Ländern gibt es weit weniger Tierärztliche Hochschulen als Hochschulen für Humanmedizin –, ist es unter Umständen schwieriger, einen Studienplatz zu ergattern. Möglicherweise liegt es aber auch an dem höheren gesellschaftlichen Ansehen und der besseren Bezahlung von Humanmedizinern, dass bei Studienanfängern ein Abschluss als Dr. med. höher im Kurs

steht als ein Abschluss als Dr. vet. Nicht, dass ich mich beschweren möchte – schließlich sorgt das dafür, dass mein Job auch in Zukunft sicher bleibt! Außerdem sind viele Hochschulen für Tiermedizin staatlich finanziert, sodass sich Bewerber unter Umständen nur an einer Hochschule in ihrem Bundesstaat einschreiben können. So gesehen ist es hierzulande tatsächlich schwierig, einen Studienplatz in Tiermedizin zu bekommen, auch wenn das nicht auf hohe Zulassungsanforderungen zurückzuführen ist. Die Ausbildung zum Tiermediziner dauert fast genauso lang wie die Ausbildung zum Humanmediziner; aufgrund des hohen Zeitaufwands und der Diskrepanz bei den Verdienstmöglichkeiten (falls es nicht klar sein sollte: Tierärzte verdienen viel weniger als Humanmediziner) bewerben sich vermutlich weniger Leute für einen Studienplatz in Tiermedizin. Hinzu kommt, dass ein Großteil des Grundstudiums in beiden Studiengängen identisch ist und sich deshalb viele Studierende während ihrer Ausbildung noch für die andere Seite entschieden. Falls Ihnen Ihr Hausarzt also jemals den Kopf tätschelt, nachdem er Sie untersucht hat, wissen Sie, warum!

In den Vereinigten Staaten braucht man als Tierarzt mindestens einen ersten akademischen Abschluss (mit einer Regelstudienzeit von drei bis fünf Jahren) sowie ein vierjähriges Studium an einer Hochschule für Veterinärmedizin. Im letzten (vierten) Studienjahr an einer veterinärmedizinischen Hochschule absolviert man sein Klinikum und »spielt Arzt«, indem man unter Aufsicht des Lehrkörpers verschiedene Stationen in der Universitätstierklinik durchläuft. Nach dem Examen darf man dann sofort als Allgemeintierarzt praktizieren. Ein

Teil (zwischen zehn und 20 Prozent) jedes Abschlussjahrgangs macht im Anschluss noch eine Ausbildung zum Fachtierarzt. Diese besteht oft aus einem einjährigen chirurgischen Praktikum, gefolgt von einer zwei- bis vierjährigen Assistenzzeit zur weiteren Spezialisierung. Auch wenn fast alle siebenjährigen Mädchen davon träumen, Tierärztin zu werden, überlegen sie es sich oft anders, sobald sie erfahren, dass das mindestens sieben (und bis zu 13) Jahre Hausaufgaben und Hysterie bedeutet. Nur wer wirklich mit ganzem Herzen bei der Sache ist, wird die Herausforderung bewältigen, und das ist es, was unseren Beruf wettbewerbsfähig hält.

Warum gibt es so viele Tierärztinnen?

Bis Ende der Sechzigerjahre war die Tiermedizin eine Männerdomäne mit einem Frauenanteil von nur zehn Prozent. Das ist keine allzu große Überraschung, da zu dieser Zeit die ganze Welt eine Männerdomäne zu sein schien. Als Frau war es damals extrem schwierig, einen Studienplatz an einer Hochschule für Tiermedizin zu bekommen. Seitdem ist die Veterinärmedizin zweifellos nach und nach frauenfreundlicher geworden, da sich für Frauen immer mehr Möglichkeiten auftaten. Ich persönlich glaube, dass viele pferdevernarrte und stofftierverliebte Mädchen später einmal Tierärztin werden wollen (bis sie erfahren, wie lange die Ausbildung dauert und dass sie womöglich Tiere einschläfern müssen), daher verwundert es mich nicht, dass dieses Berufsfeld einen solchen Zustrom von Frauen erlebt. In der Humanmedizin haben sich die Geschlechterverhältnisse zwar weniger stark ver-

ändert, man könnte jedoch trotzdem mutmaßen, dass Frauen von Natur aus mitfühlender und fürsorglicher sind und das angeborene Bedürfnis haben, Tieren zu helfen. Das möchte ich als Frau zumindest gerne glauben.

Hassen Tierärzte es, wenn sie zu hören bekommen: »Eigentlich wollte ich Tierarzt werden, aber ich konnte die Vorstellung einfach nicht ertragen, Tiere einschläfern zu müssen«?

Ja. Erstaunlicherweise ist das auch nicht der Grund, warum wir Tierärzte werden wollten. Ehrlich.

Werden Tierärzte mit Fällen von Tiermisshandlung konfrontiert?

Leider ja, und das gehört zu den schlimmsten Erfahrungen, die man in diesem Job macht. Bedauerlicherweise können sich Hunde und Katzen ihre Besitzer ebenso wenig aussuchen wie Kinder ihre Eltern, und manche ziehen dabei ein schlimmes Los. Leider kann man nicht immer sofort erraten oder erkennen, wer sein Tier misshandelt. Ich habe erlebt, dass auf den ersten Blick völlig »normale« Leute immer wieder Unsummen hinblätterten, um Knochenbrüche, Milzrisse und innere Blutungen ihrer Tiere behandeln zu lassen. In solchen Fällen dauert es allerdings nicht lange, bis bei mir die Alarmglocken läuten.

Fälle von Tiermisshandlung sind immer eine komplizierte Angelegenheit. In Amerika sind Tierärzte nicht in allen Bun-

desstaaten dazu verpflichtet, solche Fälle an offizieller Stelle zu melden. Einige Fälle von Tiermisshandlung sind auf häusliche Gewalt zurückzuführen, weshalb Tierärzte unter Umständen aus Angst vor möglichen Konsequenzen in Form von gewalttätiger Vergeltung davor zurückschrecken, Anzeige zu erstatten. Manchmal sind Symptome, die auf Misshandlung hindeuten, auch eine Folge des sogenannten Münchhausen-Vertreter-Syndroms, einer psychischen Erkrankung, bei der Betroffene ihrem Tier Verletzungen zufügen, um Aufmerksamkeit auf sich zu lenken oder um in eine Pflegerolle schlüpfen zu können. Ich weiß nicht, wie es Ihnen geht, aber für mich hört es sich nicht gerade nach einem großen Vergnügen an, wie in Stephen Kings *Misery* im Namen der Liebe die Knochen gebrochen zu bekommen. Ich bin sicher, Tiere würden mir da zustimmen, sie können jedoch leider nicht für sich selbst sprechen. Wie dem auch sei, Fälle von Tiermisshandlung sind immer eine heikle Angelegenheit, da dabei vielleicht nicht nur das Tier leiden muss.

Falls Sie den Verdacht haben, einen Fall von Tiermisshandlung zu kennen, gibt es Stellen, an die Sie sich wenden können. Tierheime arbeiten mit Tierschutzbeauftragten zusammen, die bei solchen Verdachtsmomenten in der Regel Nachforschungen anstellen. Sie sind zwar oft überlastet, doch Sie sollten wissen, wohin Sie sich wenden können, wenn Sie einen Fall von Tiermisshandlung oder Tierquälerei vermuten.

Woher weiß ich, ob ich
eine gute Tierarztpraxis gefunden habe?

Medizinische Betreuung zu finden, in die man Vertrauen hat, ist sowohl für zweibeinige als auch für vierbeinige Patienten ein absolutes Muss. Bei der Suche nach einer Tierarztpraxis oder Tierklinik sollte man folgende Kriterien besonders beachten:[7]

- Fühlen Sie sich bei dem betreffenden Arzt und seinem Team gut aufgehoben? Nimmt man sich Zeit, um Ihre Fragen zu beantworten?
- Führt die Tierarztpraxis detaillierte Krankenakten, in denen über Verordnungen, Untersuchungsbefunde und Blutuntersuchungsergebnisse lückenlos Buch geführt wird? Händigt man Ihnen Kopien der Blutuntersuchungsergebnisse aus?
- Kommen Ihnen die Sprechzeiten entgegen?
- Welche Zahlungsmethoden werden akzeptiert?
- Welche medizinischen Dienstleistungen bietet die Praxis an? Werden Blutuntersuchungen und Röntgenbilder an Ort und Stelle gemacht? Verfügt die Praxis über Narkose- und Sauerstoffgeräte sowie eine gut sortierte hauseigene Apotheke? Werden Sie bei Bedarf an Fachtierärzte überwiesen?
- Wie geht man mit Notrufen um?
- Bietet die Praxis nicht-medizinische Leistungen wie Fellpflege, Krallenschneiden und Unterbringung an, und falls nicht, bekommen Sie Empfehlungen?
- Ist der betreffende Tierarzt Mitglied in einem Berufsverband oder einer staatlichen Tierärztevereinigung?

Fragen Sie Ihre Freunde, Ihren Züchter oder Ihre Arbeitskollegen, zu welchem Tierarzt sie gehen, und stellen Sie Vergleiche an. Erweisen Sie sich Ihrem vierbeinigen Familienmitglied zuliebe als verantwortungsbewusster Verbraucher. Es geht in diesem Fall um mehr, als eine neue Sorte Katzenfutter auszusuchen, und es bedarf einiger Recherche und Bedachtsamkeit, um die beste Wahl zu treffen. Am allerwichtigsten ist, dass Sie sich einen Tierarzt aussuchen, den Sie für einfühlsam, fürsorglich und sachkundig halten, der Ihnen alle Möglichkeiten erklärt (von medizinischen Optionen bis hin zur Überweisung an einen Spezialisten) und der mit Ihnen zusammenarbeitet, um das Bestmögliche für Kitty und Sie zu tun.

Wir Tierärzte wünschen uns Katzenbesitzer, die klug, lebensfroh und verantwortungsbewusst sind. Der erste Schritt in diese Richtung ist der, einen Tierarzt zu finden, der Ihnen sympathisch ist und bei dem Sie sich in guten Händen fühlen. Genau wie bei Ihrem Hausarzt ist es wichtig, dass Sie Ihren Tierarzt mögen und ihm vertrauen. Falls dem nicht so ist, sollten Sie sich nach einer Alternative umsehen. Gleichzeitig sollten Sie jedoch im Kopf behalten, welche Möglichkeiten Ihnen sonst noch zur Verfügung stehen. Heutzutage ist eine Menge Wissen im Internet abrufbar, doch dazu müssen Sie in der Lage sein, die Spreu vom Weizen zu trennen. Es kursieren viele falsche Informationen, und Ihre Katze und ich würden es Ihnen wirklich übelnehmen, wenn Sie eine überhastete Entscheidung träfen. Sprechen Sie im Zweifelsfall immer mit Ihrem Tierarzt und vergessen Sie nie, dass Sie immer die Möglichkeit haben, noch eine zweite Meinung einzuholen oder einen Spezialisten zu konsultieren – ob Ihr Tierarzt da-

mit einverstanden ist oder nicht. Machen Sie sich schlau, was die Gesundheit Ihrer Katze betrifft, indem Sie entweder veterinärmedizinische Quellen zu Rate ziehen oder Ihren Tierarzt fragen.

Als Nächstes sollten Sie bei sich zu Hause eine detaillierte, lückenlose Krankenakte für Ihre Katze anlegen, damit Sie im Notfall alle wichtigen Informationen zur Hand haben. Ein hilfreicher Hinweis: Lassen Sie sich für Ihre eigenen Unterlagen eine Kopie der Untersuchungsergebnisse aushändigen, wenn bei Ihrer Katze ein Blutbild erstellt wird. All die Abkürzungen und Zahlen werden Ihnen zwar vermutlich nichts sagen, Ihrem Veterinär-Notarzt oder Ihrem nächsten Tierarzt aber eine Menge wichtige Informationen liefern. Zu guter Letzt sollten Sie sichergehen, dass Ihr Tierarzt im Besitz Ihrer aktuellen Kontaktdaten ist, einschließlich Ihrer Handynummer und E-Mail-Adresse sowie gegebenenfalls einer Patientenverfügung. Seien Sie der Anwalt Ihrer Katze, denn Ihr vierbeiniger Freund kann nicht für sich selbst sprechen!

Welche gesundheitlichen Vorteile hat es, eine Katze zu besitzen?

Sie sind sich nicht sicher, ob sich die überall herumfliegenden Haare, das Erbrechen um drei Uhr morgens, die nächtliche Tollerei auf Ihrem Kopfkissen und die Katzenstreu auf der Bettwäsche wirklich lohnen? Tja, wussten Sie schon, dass es sich binnen kürzester Zeit deutlich blutdrucksenkend auswirkt, eine Katze zu besitzen – vor allem dann, wenn Sie zu Bluthochdruck neigen?[8] Eine Studie des National Institute of

Health Technology hat gezeigt, dass Haustiere das Infarktrisiko ihrer Besitzer senken. Offenbar sinkt mit dem Besitz eines loyalen Gefährten auch die Gefahr psychisch zu erkranken, da einem ein Haustier erwiesenermaßen zu »größerer psychologischer Stabilität« verhilft. Außerdem hat man festgestellt, dass Haustierbesitzer seltener wegen leichter Beschwerden zum Arzt gehen. Angesichts dieser Erkenntnisse muss man sich wundern, dass Krankenversicherungsgesellschaften nicht zur Kostensenkung Tiere verschenken.

Wir Katzenbesitzer wissen alle, dass sich unsere pelzigen Freunde hervorragend zum Stressabbau eignen. Nach einem langen, harten Arbeitstag kann man sich viel leichter entspannen und das Leben genießen, wenn man ein Glas Rotwein in der einen Hand hat und eine schnurrende Katze unter der anderen. Von unseren Katzen können wir alle eine wichtige Lektion fürs Leben lernen: Mach jede Menge Nickerchen, lass dich nicht aus der Ruhe bringen, sei der Herr im Haus, lass jemand anderen für dich sorgen und deine Hinterlassenschaften beseitigen, und sei mit den einfachen Dingen im Leben zufrieden – mit einem Schläfchen, einem Sonnenstrahl und einem warmen Schoß.

Anmerkungen

1. KAPITEL

1 Leslie A. Lyons. »Why Do Cats Purr?« 27. Januar 2003, abrufbar unter: www.sciam.com/article.cfm?id=why-do-cats-purr.

2 R. Gunter. »The Absolute Threshold for Vision in the Cat.« *Journal of Physiology* 114 (1195): 8–15.

3 Paul E. Miller. »Vision in Animals – What Do Dogs and Cats See?« Protokoll, The Twenty-fifth Annual Waltham/OSU Symposium, Oktober 2001.

4 American Veterinary Dental College Position Statement: Feline Odontoclastic Resorption Lesions, abrufbar unter: www.avdc.org/FORL.pdf.

5 D. Vnuk, B. Pirkic, D. Maticic et al. »Feline High-Rise Syndrome: 119 Cases (1998–2001).« *Journal of Feline Medicine and Surgery* 6, 5 (2004): 305–312. F. Collard, J. P. Genevois, C. Decosnes-Junot et al. »Feline High-Rise Syndrome: A Retrospective Study on 42 Cases.« *Journal of Veterinary Emergency Critical Care* 15, 1 (2005): S15–S17. Amy Kapatkin und D. T. Matthiesen. »Feline High-Rise Syndrome.« *Compendium and Continuing Education for the Practicing Veterinarian* 13, 9 (1991): 1389–1397.

6 Ibid.

7 L. N. Trut. »Early Canid Domestication: The Farm-Fox Experiment.« *American Scientist* 87 (1999): 160–169.

8 www.patentstorm.us/patents/5443036.html.

9 www.freepatentsonline.com/crazy.html.

10 www.lib.unc.edu/ncc/gallery/twins.html.

2. KAPITEL

1 IDEXX Senior Care-Broschüre, abzurufen unter: www.idexx.com/animalhealth/education/diagnosticedge/200509.pdf.

2 B. M. Kuehn. »Animal Hoarding: A Public Health Problem Vet-

erinarians Can Take a Lead Role in Solving.« *Journal of American Veterinary Medical Association* 221, 8 (2002): 1087–1089. G J. Patronek. »Hoarding of Animals: An Under-recognized Public Health Problem in a Difficult-to-Study Population.« *Public Health Reports* 114, 1 (1999):81–87.

3 Ibid.

4 »Your Cat: Indoors or Out?«, abzurufen unter: www.hsus.org/pets/pet_care/our_pets_for_life_program/cat_behavior_tip_sheets/your_cat_indoors_or_out.html.

5 Richard D. Kealy, D. F. Lawler, J. M. Ballam et al. »Effects of Diet Restriction on Life Span and Age-Related Changes in Dogs.« *Journal of the American Veterinary Medical Association* 220, 9 (2002): 1315–1320.

6 Ibid.

7 A. J. German. »The Growing Problem of Obesity in Dogs and Cats.« *Journal of Nutrition* 136 (2006): 1940S–1964S.

8 www.partnersah.vet.cornell.edu/pet/fhc/pill_or_capsule.

9 www.authorsden.com/visit/viewshortstory.asp?id=10278.

10 www.lifestylepets.com/hypocat.html.

11 Steve Sternberg. »To Head Off Allergies, Expose Your Kids to Pets and Dirt Early, Really.« USA Today, 19. März 2006, abzurufen unter: www.usatoday.com/news/health/2006-03-19-allergies-cover_x.htm. Gina Greene. »Kids' Best Friends: Cats Help Prevent Allergies.« CNN.com Health. 28. August 2002, abzurufen unter: www.archives.cnn.com/2002/HEALTH/parenting/08/27/kid.pet.allergies. D. R. Ownby, C. C. Johnson und E. L. Peterson. »Exposure to Dogs and Cats in the First Year of Life and Risk of Allergic Sensitization at 6 to 7 Years of Age.« *Journal of the American Medical Association* 288 (2002): 963–972. T. A. E. Platts-Mills. »Paradoxical Effect of Domestical Animals on Asthma and Allergic Sensitization.« *Journal of the American Medical Association* 288 (2002): 1012–1014.

12 G. M. Strain. »Hereditary Deafness in Dogs and Cats: Causes, Prevalence, and Current Research.« Protokoll, Tufts' Canine and Feline Breeding and Genetics Conference, Oktober 2003.

13   G. M. Strain. »Deafness in Dogs and Cats«, abzurufen unter: www. lsu.edu/deafness/deaf.htm. D. R. Bergsma und K. S: Brown. »White Fur, Blue Eyes, and Deafness in the Domestic Cat.« *Journal of Heredity* 62, 3 (1971): 171–185. I. W. S. Mair. »Hereditary Deafness in the White Cat.« *Acta Otolaryngologica*. Nachtrag 314 (1973): 1–18. I. W. S. Mair. »Hereditary Deafness in the Dalmatian Dog.« *European Archives of Otorhinolaryngology* 212, 1 (1976): 1–14. G. M. Strain. »Congenital Deafness and Its Recognition.« *Veterinary Clinics of North America: Small Animal Practice* 29, 4 (1999): 895–907. G. M. Strain. »Deafness Prevalence and Pigmentation and Gender Associations in Dog Breeds at Risk.« *Veterinary Journal* 167, 1 (2004): 23–32.

14   D. A. Gunn-Moore und C. M. Shenoy. »Oral Glucosamine and the Management of Feline Idiopathic Cystitis.« *Journal of Feline Medicine and Surgery* 6, 4 (2004): 219–225.

3. KAPITEL

1   ww.peteducation.com/article.cfm?cls=1&cat=1838&articleid=1542.

2   Jacqueline C. Nelson. »Top Ten Behavioral Tips for Cats.« Protokoll, Western Veterinary Conference, Februar 2003.

3   Sarah Hartwell. »The Domestication of the Cat.« Cat Resource Archive, abzurufen unter: www.messybeast.com/cathistory.htm.

4   J. A. Baldwin. »Notes and Speculations on the Domestication of the Cat in Egypt.« *Anthropos* 70 (1975): 428–448.

5   www.karawynn.net/mishacat/toilet.html und www.petplace.com/ cats/how-to-toilet-train-your-cat/page1.aspx.

6   www.thecatsite.com/Snips/107/Cat-Litter-The-Dust-Settles. html.

7   Amanda Yarnell. »Kitty Litter: Clay, Silica, and Plant-Derived Alternatives Compete to Keep Your Cat's Box Clean.« *Science & Technology* 82, 17 (2004): 26.

8   www.minerals.usgs.gov/ds/2005/140/claysbentonite-use.pdf.

9   www.catgenie.com/compare-save/3-save-environment.

4. KAPITEL

1 Karen Overall. *Clinical Behavioral Medicine for Small Animals* (St. Louis: Mosby, 1997).

2 Sharon A. Center, T. H. Elston, P. H. Rowland et al. »Fulminant Hepatic Failure Associated with Oral Administration of Diazepam in 11 Cats.« *Journal of American Veterinary Medical Association* 209, 3 (1996): 618–625. Dez Hughes, R. E. Moreau, L. L. Overall et al. »Acute Hepatic Necrosis and Liver Failure Associated with Benzodiazepine Therapy in Six Cats, 1986–1995.« *Journal of Veterinary Emergency Critical Care* 61, 1 (1996): 13–20.

3 PetPlace Staff. »Do Dogs Mourn: Canine Grief«, abrufbar unter: www.petplace.com/dogs/do-dogs-mourn/page1.aspx. Nashville Pet Finders. »Do Dogs Mourn?« ASPCA Mourning Project, abrufbar unter: www.nashvillepetfinders.com/mourn.cfm.

4 Ibid.

5 S. M. Reppert, R. J. Coleman, H. W. Heath et al. »Circardian Properties of Vasopressin and Melatonin Rhythms in Cat Cerebrospinal Fluid.« *American Journal of Physiology – Endocrinology and Metabolism* 243, 6 (1982): E498–E498.

6 David M. Dosa. »A Day in the Life of Oscar the Cat.« *New England Journal of Medicine* 357 (2007): 328–329.

7 E. Fuller Torrey und Robert H. Yolken. »Toxoplasma gondii and Schizophrenia.« *Emerging Infectious Diseases* 9, 11 (2003): 1375–1380.

8 Alan S. Brown, Catherine A. Schaefer, Charles P. Quesenberry Jr. et al. »Maternal Exposure to Toxoplasmosis and Risk of Schizophrenia in Adult Offspring.« *American Journal of Psychiatry* 162, 4 (2005): 767–773.

9 Ibid.

10 Beth Thompson. »Flawed Conclusion Fingers Cats as Cause of Mental Illness.« *Compendium and Continuing Education for the Practicing Veterinarian* 27, 9 (2005): 648–649.

11 Ibid.

6. KAPITEL

1 Pet Connection Staff. »Pet-food Recall: The Scope of the Tragedy.«
  Universal Press Syndicate, abrufbar unter: www.petconnection.com/
  recall.

2 Ibid.

3 Ibid.

4 Ibid.

5 Ibid.

6 A. J. German. »The Growing Problem of Obesity in Dogs and Cats.«
  Journal of Nutrition 136 (2006): 1940S–1946S.

7 D. R. Strombeck. *Home-Prepared Dog & Cat Diets: The Healthful Alternative* (Ames: Iowa State Press, 1999).

8 Charlotte H. Edinboro, Catherine Scott-Moncrieff, Evan Janowitz
  et al. »Epidemiologic Study of Relationships Between Consump-
  tion of Commercial Canned Food and Risk of Hyperthyroidism in
  Cats.« *Journal of the American Veterinary Medical Association* 224, 6
  (2004): 879–886.

9 C. B. Chastain, Dave Panciera und Carrie Waters. »Evaluation of
  Dietary and Environmental Risk Factors for Hyperthyroidism in
  Cats.« *Small Animal Clinical Endocrinology* 11, 2 (2001): 7.

10 J. Olczak, B. R. Jones, D. U. Pfeiffer et al. »Multivariate Analysis of
   Risk Factors for Feline Hyperthyroidism in New Zealand.« *New
   Zealand Vet Journal* 53, 1 (2005): 53–58.

7. KAPITEL

1 James E. Childs, Lesley Colby, John W. Krebs et al. »Surveillance
  and Spatiotemporal Associations of Rabies in Rodents and Lago-
  morphs in the United States, 1985–1994.« *Journal of Wildlife Diseases* 33, 1 (1997): 20–27.

8. KAPITEL

1 Valentina Merola und Eric Dunayer. »The 10 Most Common Toxicoses in Cats.« *Veterinary Medicine*, 2006: 339–342.

2 Animal Poison Control Center. »17 Common Poisonous Plants«,

abrubar unter: www.aspca.org/site/PageServer?pagename=proapcc_common.

3 Valentina Merola und Eric Dunayer. »The 10 Most Common Toxicoses in Cats.«

9. KAPITEL

1 D. C. Blood und V. P. Studdert. *Baillière's Comprehensive Veterinary Dictionary* (Oxford: Baillière Tindall, W. B. Saunders, 1988).

2 Beth Overley, Frances S. Shofer, Michael H. Goldschmidt et al. »Association Between Ovariohysterectomy and Feline Mammary Carcinoma.« *Journal of Veterinary Internal Medicine* 19, 4 (2005): 560–563.

3 www.isaronline.org/index.html.

4 www.dpd.cdc.gov/dpdx/HTML/Toxoplasmosis.htm.

5 www.petsandparasites.com/cat-owners/toxoplasmosis.html, www.pawssf.org, www.cdc.gov/healthypets, www.avma.org/animal_health/brochures/toxoplasmosis/toxoplasmosis_brochure.asp und www.cdc.gov/toxoplasmosis/pdfs/toxocatowners_8.2004.pdf.

10. KAPITEL

1 Carin A. Smith. »The Gender Shift in Veterinary Medicine: Cause and Effect.« *Veterinary Clinics of North America: Small Animal Practice* 36, 2 (2006): 329–339. Veterinary Market Statistics, American Veterinary Medical Association, 2007, abrufbar unter: www.avma.org/reference/marketstats/usvets.asp.

2 American Association of Feline Practitioners, Feline Vaccine Advisory Panel Report. *Journal of the American Veterinary Medical Association* 229, 9 (2006): 1405–1441, abrufbar unter: www.aafponline.org/resources/guidelines/2006_Vaccination_Guidelines_JAVMA.pdf.

3 E. C. Burgess. »Experimentally Induced Infection of Cats with Borelia Burgdorferi.« *American Journal of Veterinary Research* 53, 9 (1992): 1507–1511.

4 Veterinary Market Statistics, American Veterinary Medical Asso-

ciation, 2007, abrufbar unter: www.avma.org/reference/marketstats/usvets.asp.

5 D. T. Crowe. »Cardiopulmonary Resuscitation in the Dog: A Review and Proposed New Guidelines (Part II).« *Seminars in Veterinary Medicine and Surgery (Small Animal)* 3, 4 (1988): 328–348. B. A. Gilroy, B. J. Dunlop und H. M. Shapiro. »Outcome of Cardiopulmonary Resuscitation in Cats: Laboratory and Clinical Experience.« *Journal of the American Animal Hospital Association* 23, 2 (1987): 133–139. W. E. Wingfield und D. R. Van Pelt. »Respiratory and Cardiopulmonary Arrest in Dogs and Cats: 265 Cases (1986–1991).« *Journal of the American Veterinary Medical Association* 200, 12 (1992): 1993–1996. Philip H. Kass und S. C. Haskins. »Survival Following Cardiopulmonary Resuscitation in Dogs and Cats.« *Journal of Veterinary Emergency Critical Care* 2, 2 (1992): 57–65.

6 Atul Gawande. *Complications: A Young Surgeon's Notes on the Imperfect Science* (New York: Metropolitan Books, 2002). E. C. Burton und P. N. Nemetz. »Medical Error and Outcome Measures: Where Have All the Autopsies Gone?« *Medscape General Medicine* 2, 2 (2000). G. D. Lundberg. »Low-Tech Autopsies in the Era of High-Tech Medicine: Continued Value for Quality Assurance and Patient Safety.« *Journal of the American Medical Association* 280, 14 (1998): 1273–1274.

7 American Veterinary Medical Association: »What You Should Know About Choosing a Veterinarian for Your Pet.« Juni 2004, abrufbar unter: www.avma.org/animal_health/brochures/choosing_vet/choosing_vet_brochure.asp.

8 Karen Allen, Barbara E. Shykoff und Joseph L. Izzo. »Pet Ownership, But Not ACE Inhibitor Therapy, Blunts Home Blood Pressure Responses to Mental Stress.« *Hypertension* 38 (2001): 815–820.

Quellenverzeichnis und weiterführende Informationen

Amerikanische Internetseiten

Altersvergleichstabellen:
* www.idexx.com/animalhealth/education/diagnosticedge/200509. pdf

American College of Veterinary Behaviorists:
* www.dacvb.org

American College of Veterinary Emergency and Critical Care:
* www.acvecc.org

American College of Veterinary Nutrition:
* www.acvn.org

American Veterinary Dental College:
* www.avdc.org/index.html

American Veterinary Medical Association:
* www.avma.org/
* www.avma.org/reference/marketstats/default.asp
* www.avma.org/reference/marketstats/vetspec.asp

American Society for the Prevention of Cruelty to Animals:
* www.aspca.org/site/pageServer
* www.aspca.org

Bandfield, The Pet Hospital:
* www.banfield.net

Cat Fanciers' Association:
* www.cfa.org

Centers for Disease Control and Prevention:
* www.cdc.gov/healthypets

Companion Animal Parasite Council:
- www.capcvet.org
- www.petsandparasites.com

Cornell Feline Health Center:
- www.vet.cornell.edu/FHC

Eukanuba/Iams-Katzennahrung:

International Society for Animal Rights:
- www.isaronline.org/index.html

Katzenzäune:
- www.purrfectfence.com

Kremationsschmuck:
- www.ashestoashes.com
- www.memorypendants.huffmanstudios.com

Merial Frontline and Heartworm Products:
- www.merial.com

PetsHotel:
- www.petshotel.petsmart.com/

Pet Support Hotline:
- www.vet.cornell.edu/Org/PetLoss
- www.vet.cornell.edu/Org/PetLoss/OtherHotlines.htm

Point Reyes Bird Observatory:
- www.prbo.org/

Poison Control Hotlines:
- www.petpoisonhelpline.com
- www.aspca.org/apcc

Purina-Tiernahrung:
- www.purina.com/cats/health/BodyCondition.aspx

SoftPaws:
- www.softpaws.com/

Toiletten-Training:

- www.petplace.com/cats/how-to-toilet-train-your-cat/page1.aspx
- www.citikitty.com/

Veterinary Pet Insurance:

- www.petinsurance.com/

Welactin-Omegafettsäuren:

- www.nutramaxlabs.com/Brochures/Welactin%20for%20Cats%20br-ochure.pdf

Deutsche Internetseiten

Bundestierärztekammer:

- www.bundestieraerztekammer.de

Deutsche Gesellschaft für Tierzahnheilkunde:

- www.tierzahnaerzte.de

Eukanuba:

- www.eukanuba.com

Institut für Veterinärpharmakologie und -toxikologie:

- www.vetpharm.uzh.ch

Landesgesundheitsämter, zum Beispiel Baden-Württemberg:

- http://www.landesgesundheitsamt.de/servlet/PB/menu/1148549/index.html

Landesämter für Verbraucherschutz und Lebensmittelsicherheit, zum Beispiel Niedersachsen:

- http://www.laves.niedersachsen.de/master/C827_L20_D0.html

Notdienste in Ihrer Nähe:

- http://www.tierklinik.de/notdienst.00009.

Purina:

- http://www.indoor-living.de

Robert-Koch-Institut:

- http://www.rki.de

Verband der Tierpsychologen und Tiertrainer (Ableger der Association of Animal Psychologists and Behaviour Counselors):

- www.vdtt.org

Vergiftungen:

- http://saeugetiere.suite101.de/article.cfm/vergiftungen_bei_tieren_symptome_erste_hilfe.

Dank

An meine Eltern, deren Weisheit ich hoch schätze – danke, dass ihr immer an mich geglaubt und mir bei der Verwirklichung meiner Träume geholfen habt. Ich liebe euch über alles und weiß nicht, was ich ohne euch tun würde.

An Dan – weil du gelernt hast, meine Katzen zu *mögen*, und mir bei der Umsetzung dieses Projekts zur Seite gestanden hast. Mir fehlen die Worte, um meiner Dankbarkeit Ausdruck zu verleihen, dass du mir dabei geholfen hast, das alles durchzustehen.

Warum der Schwanz mit dem Hund wedelt und *Hunde haben Herrchen – Katzen haben Dosenöffner* hätten ohne die wunderbare Unterstützung meines Literaturagenten Rick Broadhead, meiner Lektorin Heather Proulx, meiner Presseagentin Alice Peisch und *aller* anderen bei Crown niemals erscheinen können – ein riesiges Dankeschön dafür, dass ihr euch darauf eingelassen habt!

Und zu guter Letzt an all die hingebungsvollen Tierfreunde – ob Sie ein herrenloses Tier adoptiert oder in Pflege genommen haben, ob Sie sich für die Reduzierung der Tier-Überbevölkerung einsetzen, oder ob Sie Tieren das Leben retten … ich danke Ihnen.

Register

Buch

Welcher Katzenbesitzer hat sich nicht schon mal gewundert, was im Kopf seines Lieblings vorgeht. Stolziert eine Katze unnahbar, fast hinterlistig durch den Raum, kann sie im nächsten Moment schon beinahe lästig anhänglich werden. Oder sie steht laut miauend vor der Tür, nur um sich uninteressiert wieder wegzudrehen, wenn man ihr den Weg nach draußen tatsächlich gestattet. Tierärztin Justine Lee lebt selbst mit zwei eigenwilligen Katzen und hatte schon unzählige Exemplare, von der gewöhnlichen Hauskatze bis zur edlen Siamkatze, auf ihrem Praxistisch. In diesem Buch beantwortet sie Fragen rund um unsere schnurrenden Samtpfoten. Warum dösen Katzen dauernd? Wie kann ich meine Katze davon abhalten, mich frühmorgens erwartungsvoll aus dem Schlaf zu stubsen? Können Katzen den Tod eines Menschen vorhersagen? Wie mache ich aus einem »lonesome rider« einen Kuscheltiger? Wie finde ich die Katze, die wirklich zu mir passt? Katzenfreunde bekommen hier fundierte, witzige und oft auch verblüffende Antworten. Justine Lee zeigt: Jeder Dosenöffner hat das Zeug dazu, ein echter Katzenversteher zu werden.

Autorin

Justine A. Lee ist Notfall-Tiermedizinerin und unterrichtet an der Universität von Minnesota. Nach umfassender Ausbildung und Spezialisierung zählt sie heute zu den weltweit etwa 200 Experten auf dem Gebiet der Veterinär-Notfallmedizin. Die leidenschaftliche Hundeliebhaberin und Autorin von »Warum der Schwanz mit dem Hund wedelt« lebt mit zwei Katzen.

Im Goldmann Verlag ist von Justine A. Lee außerdem erschienen

Warum der Schwanz mit dem Hund wedelt (15571)

JUSTINE A. LEE

Hunde haben Herrchen – Katzen haben Dosenöffner